OUI vous pouvez éviter la GRIPPE!
Paquebots volants
vions substratosphériques ?
TGV : LA TOILE EST TISSE
Du rêve à la réalité
SNCF: PROJET DE SCHEMA DIRECTEUR NATIONAL DES LIAISONS FERROVIAIRES A GRANDES VITESSE
LE RESEAU INTERNET CROULE SOUS LES TRANSMISSIONS
LA PLANETE CYBERNETIQUE EST SATUREE
ECONOMIE
ANNIVERSAIRE
MINITEL, DIX ANS ET CINQ MILLIONS D'ECRANS
Dix ans après l'installation des premiers appareils, le Minitel est arrivé à maturité: il dégag des bénéfices depuis quatre ans et les entreprises l'ont adopté. Mais, après la période «rose», la croissance du trafic est arrivée à un seuil, et France Télécom voudrait l'exporter.
PREPAREZ VOTRE CAFE VOUS-MEME SUR VOTRE TABLE AVEC LA
cafetière électrique
Lemercier, Frères
(Brevet standart)
A TITRE PUBLICITAIRE POUR LES VACANCES
1000 APPAREILS PHOTO ANASTIGMAT 1:4,5
LE "VOLTAX" VALEUR 400 fr.
Automatique 6x9
Obturateur 1/100e
Se chargeant de 8 poses. Seront vendus au
PRIX EXCEPTIONNEL
DE 295 frs
ou 1er versement de 40 fr. le solde en 9 mensualités de 30 fr.
GARANTIE : 2 ANS
PHOTO-PLAIT
39, RUE LAFAYETTE - PARIS-9e
Succursales de Paris :
142, Rue de Rennes (Montparnasse)
12, Bd Victor-Emmanuel (Ch.-Elys.)
142, Rue de Rivoli (Pont-Neuf)
104, Rue de Richelieu (Bourse)
15, Galerie des Marchands (Gare St-Lazare)
(Rez-de-chaussée, Gare St-Lazare)
A la recherche de "L'ESPACE VITAL"...
MORSE-RADIO
"LA MARQUE DE QUALITÉ"
Construit et vend sans intermédiaire
le dernier cri de la TECHNIQUE 1939
Invention Française - Brevet N° 424.258
995 F COMPTANT
Machines à soigner
Le clystère, symbole et d'ailleurs principal élément de l'appareillage des médecins de Molière,

Les Inventions du siècle

LES GRANDS ÉVÉNEMENTS DU 20e SIÈCLE

Les Inventions du siècle

PRÉFACE

Peut-on imaginer une accélération aussi prodigieuse du savoir de l'humanité ? En un siècle, l'intelligence de l'homme a donné lieu à plus d'inventions et d'applications concrètes que toutes les civilisations antérieures. Le téléphone, la voiture, le médicament, le stylo à bille, la caméra, autant d'objets qui aujourd'hui nous paraissent ordinaires et qui hier semblaient inconcevables... Nous sommes ainsi passés du cheval de labour aux stations orbitales, du crayon à l'ordinateur, du télégraphe à Internet, du four à charbon au génie génétique. Les plus anciens d'entre nous, à travers leurs souvenirs, ont du mal à se remémorer tant d'accélérations et d'embardées qui ont affecté leur quotidien, leur rapport au monde, et prolongé leur existence. Et les jeunes n'imaginent guère ce qu'étaient les conditions de travail et de confort de leurs propres grands-parents.

Dans une planète aux distances sans cesse rétrécies, trois foyers de recherche et d'industrie ont ainsi irradié : l'Europe, les États-Unis et le Japon. Si le reste du monde a très inégalement bénéficié de leurs avancées, trois révolutions au moins sont désormais largement communes à l'humanité : l'électricité, l'automobile et le transistor.

C'est l'histoire de ces inventions que vous propose Sélection du Reader's Digest dans le cinquième ouvrage d'une nouvelle collection consacrée aux grands événements du XXe siècle. Pour célébrer la fin du millénaire, nous vous entraînerons dans le tourbillon des bouleversements qui ont marqué notre époque. Pas seulement les mutations collectives, les conflits et les révolutions, mais aussi les métamorphoses de la vie quotidienne, de la famille, des loisirs, de l'alimentation, des transports. Nous ranimerons le souvenir des vedettes, des modes et des chansons, des faits divers et des scandales : cette petite histoire familière marque les mémoires d'une manière plus indélébile, parfois, que bien des événements gonflés, sur le moment, d'importance. Nous évoquerons les avancées de la science et de la médecine, les pionniers et les héros, les œuvres et les artistes qui laisseront pour les générations à venir la trace glorieuse du siècle, et nous célébrerons ainsi, lourd de souvenirs et de promesses, l'avénement du prochain.

Christine OCKRENT

Christine Ockrent

LES GRANDS ÉVÉNEMENTS DU 20e SIÈCLE

Les Inventions du siècle

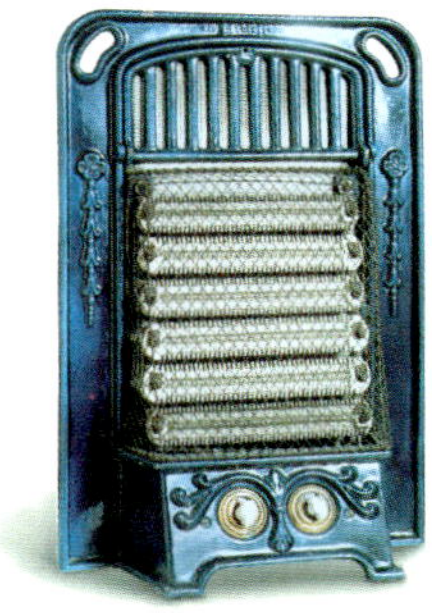

Sélection du Reader's Digest

PARIS • BRUXELLES • MONTRÉAL • ZURICH

LES INVENTIONS DU SIÈCLE
appartient à la collection
LES GRANDS ÉVÉNEMENTS DU 20e SIÈCLE

LES INVENTIONS DU SIÈCLE
est l'adaptation française de ***INVENTIONS THAT CHANGED THE WORLD***

Édition originale
TOUCAN BOOKS LIMITED
Auteurs :
Richard Walker, Richard Tames, John Man, Charles Freeman
Réalisation éditoriale
Robert Sackville West et Mandie Rickaby
Conception graphique : **Bradbury et Williams**
Iconographie : **Julie McMahon**

ÉDITION FRANÇAISE
sous la direction de l'équipe éditoriale de Sélection du Reader's Digest
Direction éditoriale : **Gérard Chenuet**
Responsable de la collection : **Rémy Coton-Pélagie**
Secrétaires d'édition : **Anne Thomas, Michèle Delagneau**
Couverture : **Dominique Charliat**
Lecture-correction : **Catherine Decayeux, Jacqueline Bernard**
Recherche iconographique : **Anne Mensior, Françoise Roche**
Fabrication : **Geneviève Farrugia**

Consultants :
Michel Rival et Laurent Baudoin
Traducteurs :
Fabienne Duvigneau, Anne-Marie Hussein et Michel Rival
Auteur :
Olivier Calon sous la direction d'AMDS
(Atelier Martine et Daniel Sassier)
pour les pages 18 à 22, 30-31, 34, 58-59, 117, 145
et pour les encadrés p. 47 (Des robots et des autos),
p. 71 (Christian Cabrol, un homme de cœur),
p. 98 (Auto et environnement),
p. 112-113 (Le luxe à la française sur l'eau)
p. 140 (Le dessin animé « made in France »)

Montage PAO : **Frédéric Bellay, Atelier Michel Ganne**

DEUXIÈME ÉDITION

ISBN : 2-7098-1064-6

SOMMAIRE

DES BONDS DE GÉANT POUR L'HUMANITÉ

EN UNE GÉNÉRATION, L'HOMME DU XXᵉ SIÈCLE EST PASSÉ DU TRAIN À VAPEUR À LA CONQUÊTE DE LA LUNE

L'innovation et l'expertise technologiques se sont accélérées à un rythme tel en cette fin de siècle que la somme des connaissances humaines a doublé chaque décennie, provoquant d'extraordinaires transformations. Une seule génération a vu l'humanité passer de l'horloge à pendule au voyage spatial et aux autoroutes de l'information.

L'âge de la pierre a duré deux millions d'années ; les âges du bronze et du fer ont couvert cinq mille ans ; celui de l'énergie hydraulique et éolienne a perduré encore mille ans jusqu'à ce qu'il soit remplacé, en l'espace de quelque cent cinquante ans, par la révolution industrielle du charbon et de la vapeur.

NAISSANCE D'UN SIÈCLE Qui aurait pu prédire des changements aussi incroyables à une époque où le cheval restait le mode principal de locomotion ?

Au cours des cent années qui ont suivi, on distingue deux périodes : celle de l'électricité, puis celle de l'électronique. Aujourd'hui, nous sommes au cœur de l'ère de l'information, où la matière première est la donnée, que l'on peut traiter de manière infinie.

Le XXᵉ siècle est né dès les années 1880, grâce aux travaux d'inventeurs de génie. Vers 1900, l'énergie et la lumière électriques, le téléphone, la turbine et le moteur à combustion interne étaient déjà découverts, de même que les procédés de fabrication de l'acier et de l'aluminium. Au cours de cette même période, la chimie organique prit son envol en Allemagne avec l'industrie des colorants. Là, des fabricants cherchèrent des substituts synthétiques aux matériaux naturels que les colonies ne fournissaient plus. Ce faisant, ils ouvrirent une véritable caverne d'Ali Baba, en inventant notamment les premiers plastiques. Les grandes firmes, déterminées à exploiter les nouvelles technologies, multiplièrent les laboratoires de recherche. Car, à la différence des pionniers – dont Thomas Edison, autodidacte, est le prototype –, qui travaillaient essentiellement au flair, tout dépendait en vérité de l'effort discipliné d'équipes de savants hautement spécialisés. Et une simple découverte pouvait déboucher sur des perspectives tout à fait inespérées.

De nouvelles technologies

L'électricité fut la clé qui ouvrit la porte de la technologie. Elle s'immisça bientôt dans la vie de chacun. Tout commença avec les premières centrales électriques capables d'illuminer quelques milliers d'ampoules à New York et à Londres en 1892. Cette découverte entraîna, à la fin du XIXᵉ siècle, une avalanche d'inventions électromécaniques. Avec l'apparition des turbogénératrices, l'électricité fournit de l'énergie à de nouvelles industries. Elle permit aussi l'essor de la communication, via les ondes électromagnétiques. Puis, avec l'invention, en 1907, du tube à vide amplificateur, ou lampe de radio, elle relia le monde grâce à la radiodiffusion et, plus tard, la télévision. Au même moment, la mobilité des hommes s'accrut avec le développement de l'automobile. Le moteur à combustion interne devait encore faire ses preuves en 1900. L'industrie automobile était embryonnaire, la plupart des véhicules étant motorisés à la vapeur ou à l'électricité, plutôt qu'à l'essence. Des moteurs à vapeur légers furent même employés sur des avions prototypes avant que les frères Wright motorisent leur biplan avec un moteur à combustion interne, en 1903. C'est Henry Ford et son fameux modèle T à essence qui donnèrent une impulsion décisive à l'automobile et à la production de masse en général – à tel point que Ford se crut autorisé à dire qu'il avait « inventé le XXᵉ siècle ».

L'industrie automobile ne tarda pas à devenir l'un des piliers économiques des nations occidentales et à refaçonner le monde. Elle donna à la croissance industrielle un rythme soutenu et ses exigences ouvrirent la voie à de nouvelles inventions : des machines-outils pour ses chaînes de montage, des aciers rapides, ainsi que d'innombrables innovations mineures, comme le pistolet à peinture. D'abord créée pour la propulsion des voitures, l'industrie pétrolière éclipsa bientôt celle du charbon comme principale source d'énergie, et fournit la matière première à de nouveaux plastiques et autres produits pétrochimiques.

Alors que la dépression économique amorcée en 1929 aurait dû menacer l'essor technologique, les nécessités de la Seconde Guerre mondiale le ravivèrent en générant une myriade d'inventions : la fusée et l'avion à réaction, l'énergie nucléaire, l'électronique, l'ordinateur et une foule de nouveaux matériaux sont les fruits de cette période dramatique.

L'apparition du transistor en 1947 marqua le passage de la technologie électrique à la technologie électronique. Il remplaçait le tube à vide, encombrant, peu fiable et gourmand en

MAISON MOBILE L'invention de l'automobile favorisa la mobilité personnelle et introduisit un tout nouveau concept : la caravane.

énergie. Cependant, la prééminence de l'électronique ne se fit réellement sentir que dans les années 60 avec le développement de circuits intégrés, plus petits et meilleur marché. L'apogée fut atteint avec l'arrivée du microprocesseur. L'électronique opéra une révolution technologique en facilitant l'automatisation industrielle et l'émergence de l'ordinateur comme outil universel. Le laser permit, de son côté, d'utiliser l'énergie de la lumière pour

HAUTE SOCIÉTÉ **Vue de l'une des 16 100 fenêtres du siège social de Sears, Roebuck & Co à Chicago, dans l'Illinois, aux États-Unis. Achevé en 1973, il était, avec ses 443 m, le plus haut immeuble de bureaux au monde.**

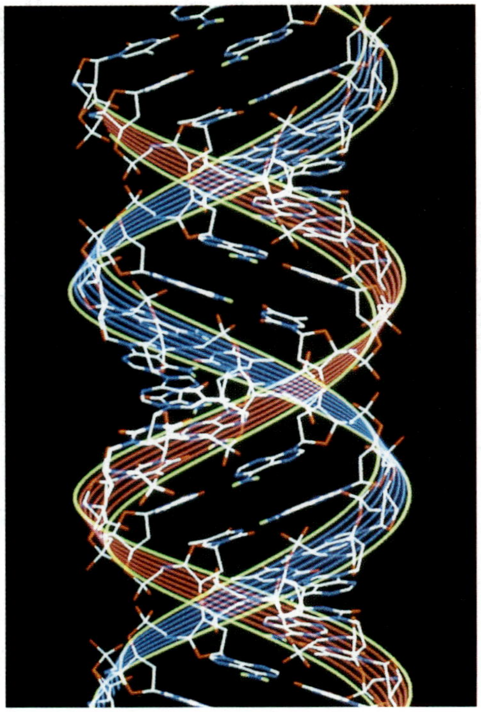

LE CODE DE LA VIE Il fallut attendre le milieu du siècle avant que des savants découvrent la structure de l'ADN et comprennent l'hérédité. Trente ans plus tard, les médecins développaient le génie génétique.

faire fonctionner les scanners optiques et les lecteurs de disques compacts.

Allié aux réseaux de satellites de télécommunication, l'ordinateur permet désormais de développer de façon exponentielle la capacité de stockage, de manipulation et de transmission de l'information. Aucun des domaines essentiels aux nations industrialisées – échanges commerciaux, stratégie militaire, recherche fondamentale – n'y échappe. Toute image, tout concept ou objet, même complexes, peuvent être traduits dans le langage binaire (une suite de 0 et de 1) des données informatiques. La matière même de la vie – l'acide désoxyribonucléique (ADN) – a même pu être réduite à un alignement d'informations codifiées et la cartographie complète du gène humain enfin entreprise.

Dans cette ère nouvelle de l'information, le temps et l'espace finissent par s'interpénétrer. L'échange de données est devenu instantané grâce au fax, au modem et au courrier électronique ; le magnétoscope permet de programmer ses loisirs en toute liberté ; on conduit ses affaires depuis des lieux éloignés et sans rendez-vous préalable ; on peut retirer de l'argent de jour comme de nuit, depuis la mise en place des billetteries automatiques.

De meilleures conditions de vie

C'est la médecine, dont les progrès se sont incroyablement accélérés au XXe siècle, qui profite le plus pleinement de la convergence des nouvelles technologies. Au seuil des années 90, les mécanismes les plus complexes du corps humain livrent leurs secrets, et la maladie peut être diagnostiquée et parfois guérie sans intervention chirurgicale directe. Les organes, même vitaux, sont remplacés ou réparés, tandis que les généticiens envisagent la possibilité de « déprogrammer » les maladies héréditaires, c'est-à-dire d'isoler et détruire les gènes qui en sont responsables.

Cependant, si aujourd'hui les gens vivent plus vieux, parce qu'ils parviennent à mieux s'alimenter, qu'ils bénéficient en théorie d'une meilleure qualité de vie et qu'ils ont plus largement accès aux soins qu'avant, la question se pose des manipulations génétiques, rendues possibles grâce à cette importante découverte qu'est la carte du génome humain, et surtout des dérapages incontrôlés que le système du clonage ferait subir au genre humain.

L'interrogation sur l'avenir

Le revers du tout technologique trouve son aboutissement absurde et tragique dans les bombardements atomiques sur Hiroshima et Nagasaki de la Seconde Guerre mondiale, et l'inquiétude suscitée, lors de la Guerre froide, par le risque d'une apocalypse nucléaire, constitue la prise de conscience d'un progrès devenu aveugle. Le club de Rome, qui réunit en 1968 des économistes, des savants et des hommes d'affaires, alarma le monde avec un rapport intitulé *les Limites de la croissance*. Projections informatiques à l'appui, ils démontrèrent que le monde allait connaître de graves pénuries et des famines dues à l'épuisement de ressources naturelles non renouvelables.

Des mouvements écologistes se constituèrent alors afin de renverser la tendance. Mais le faux espoir d'une énergie nucléaire propre et bon marché a été enseveli sous des tonnes de déchets radioactifs. Au cœur des centrales, de très graves accidents de réacteurs ont encore accru la désillusion. Tout comme les pluies acides qui déciment les forêts, herbicides, pesticides et autres engrais chimiques, s'ils rendent l'agriculture plus productive, détruisent les milieux naturels où grandissent les générations et favorisent l'émergence d'anciennes ou de nouvelles maladies. Enfin, effet de serre et trou d'ozone sont autant d'hypothèques sur l'avenir, incertain, de la planète.

De nos jours néanmoins, les chercheurs se tournent de plus en plus vers le remplacement de produits chimiques non toxiques et l'assainissement de l'environnement. Le recyclage des déchets est le nouveau mot d'ordre. Le retour à des moyens classiques, plus « naturels », ainsi que le développement de solutions propres et bon marché – énergies solaire, éolienne, hydraulique… – deviennent une priorité croissante. En parallèle, les recherches se concentrent sur des modes de propulsion électrique pour remplacer le moteur à combustion interne et ses conséquences néfastes pour l'environnement.

On prend conscience des aspects négatifs du progrès. Le « choc du futur » – provoqué par une technologie qui se développe trop vite pour l'esprit humain – est un facteur puissant de stress, auquel peuvent s'ajouter des déséquilibres sociaux, avec la perte de millions d'emplois due à l'automatisation et à l'informatisation, le sous-emploi et le spectre de la pauvreté. Chaque nouvelle invention rend obsolète les compétences acquises au cours d'une vie entière. Faire des choses et les fabriquer dépend d'un nombre de plus en plus restreint de personnes. Que va-t-il donc advenir des autres ? Alors que s'achève le siècle des inventions, les perspectives pour le futur n'ont jamais été aussi ouvertes.

RÉVOLUTION DE POCHE Aujourd'hui aussi banales qu'un stylo à bille – une autre invention du XXe siècle –, les calculatrices électroniques virent le jour grâce au développement de la technologie du transistor, en 1947.

TRANSFORMER LE MONDE QUI NOUS ENTOURE

L'AVÈNEMENT DE L'ÉLECTRICITÉ A LIBÉRÉ LES ACTIVITÉS QUOTIDIENNES DES CONTRAINTES NATURELLES – EN PARTICULIER DES RYTHMES DU JOUR ET DE LA NUIT, DU CHAUD ET DU FROID. IL A AUSSI PERMIS L'ÉMERGENCE DE MACHINES QUI ONT FACILITÉ LES TÂCHES MÉNAGÈRES. CE FAISANT, LE CONFORT EST DEVENU LE MAÎTRE MOT DU SIÈCLE DANS TOUS LES DOMAINES, DES ACHATS COURANTS À LA RESTAURATION RAPIDE.

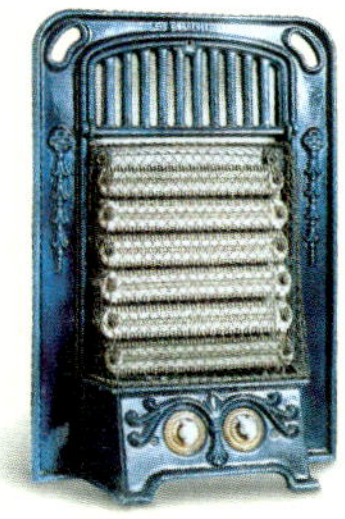

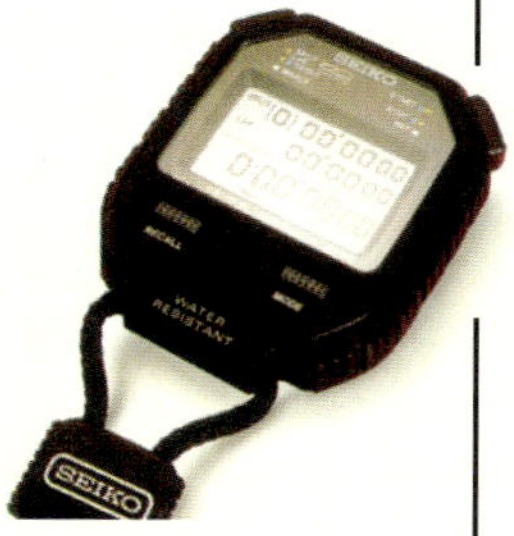

FAÇONNER UN NOUVEL ÂGE

L'ACIER ET LE BÉTON REDESSINENT LE MONDE

Jusqu'à la première moitié du XIXe siècle, les murs des étages inférieurs d'un immeuble devaient supporter le poids des étages supérieurs. Si l'on ne voulait pas que ces murs soient excessivement épais, la hauteur d'un immeuble devait se limiter à cinq étages. La mise en œuvre d'une ossature d'acier, pourvue de façades légères comme protection contre les intempéries, permit aux architectes américains du tournant du siècle de réaliser de véritables prouesses. Les ascenseurs hydrauliques de l'époque ne pouvaient pas dépasser plus de vingt étages, mais, en 1903, la firme Otis mit au point l'ascenseur électrique utilisant un contrepoids coulissant pour contrebalancer le poids de la cabine. L'esprit conservateur des architectes européens fut un obstacle à l'innovation. Le premier immeuble londonien à ossature d'acier, l'hôtel Ritz, ne fut achevé qu'en 1904. Il présentait les derniers raffinements de la technique, avec des lampes électriques, des ascenseurs et des téléphones. Mais, en raison des normes strictes de construction, la structure d'acier dut recevoir des murs porteurs, qui n'offraient aucune fonction architectonique.

Ça monte ! Elisha Graves Otis démontre comment l'ascenseur fit du gratte-ciel un bâtiment pratique.

À la conquête des cieux

La première phase de construction de gratte-ciel fut l'achèvement, en 1913, du Woolworth Building de New York, doté de cinquante cinq étages. Avec ses 232 m de haut, il détint le record d'élévation pendant un quart de siècle, tandis que, parallèlement, le béton s'imposait dans la construction des immeubles.

Toutefois, ce matériau avait le défaut de se fissurer sous l'action de fortes pressions. Pour pallier ce problème, des ingénieurs allemands eurent l'idée d'insérer des tiges d'acier dans les plaques de béton pour absorber la tension. La technique fut perfectionnée en France par l'ingénieur François Hennebique, qui, en 1900, avait achevé la construction du premier pont en béton armé. Aux États-Unis, à Cincinnati, l'Ingals Building, avec ses seize étages, fut le premier immeuble de bureaux construit selon la nouvelle technique.

Pour faire face à la demande, on mit au point la bétonnière, suivie en 1926 du camion-bétonnière. De vastes usines automatisées furent conçues pour des projets gigantesques, comme le barrage du Grand Coulee, aux États-Unis, dont la construction, commencée en 1933, consomma plus de 19 millions de tonnes de béton pour son mur de 165 m de haut.

HAUT DANS LE CIEL Le Woolworth Building de New York combina, en 1913, des technologies nouvelles avec une architecture traditionnnelle. Il demeure un monument très apprécié des New-Yorkais.

TOUCHER LE CIEL

Le gratte-ciel fut le point d'exclamation du XXe siècle. Comme la plupart des réalisations de cette époque, il dut son origine aux efforts d'un innovateur du XIXe siècle, l'architecte de Chicago William Le Baron Jenney. Lors d'un voyage en Asie du Sud-Est, Jenney fut frappé par la conception des maisons traditionnelles faites de nattes de roseaux tendues sur un cadre de troncs d'arbre. Il eut alors l'idée d'un « cadre interne en acier sur lequel un matériau pourrait être tendu, comme la peau sur un squelette ». Le résultat, en 1885, fut le Home Insurance Company Building de dix étages, l'ancêtre des gratte-ciel.

Un autre architecte de Chicago, Louis Sullivan, développa les lignes pures et fonctionnelles du gratte-ciel moderne, mais ses projets se révélèrent trop novateurs par rapport à leur époque. La plupart des promoteurs préféraient au début que les buildings se contentent d'imiter l'architecture classique comme, à New York, le néoclassique Flatiron Building et le néogothique Woolworth Building.

Les années 20 furent l'âge héroïque du gratte-ciel : les grandes firmes rivalisaient pour construire des immeubles de plus en plus élevés, notamment au nord de Manhattan, à New York. Mais, en 1929, avec le crack boursier de Wall Street, toute construction fut interrompue – à l'exception d'un projet gigantesque qui devint un symbole d'espoir pendant les années de dépression économique. Il s'agissait de l'élégant Empire State Building, de cent deux étages, conçu par l'architecte William Lamb et achevé en 1931. Il devint l'édifice le plus populaire du monde et le décor de nombreux films, dont King Kong. Le 28 juillet 1945, un bombardier B-25 percuta son soixante-dix-neuvième étage, à 320 km/h. Quatorze personnes furent tuées, mais la structure de l'immeuble fut à peine touchée. En effet, capable de résister à des forces de plus de 6 000 tonnes de pression, l'Empire State Building contenait trois fois plus d'acier qu'il n'en nécessitait.

1900 — 1950

- 1903 Invention de l'ascenseur à contrepoids
- 1913 Construction du Woolworth Building, à New York
- 1924 Invention de l'Isorel
- 1931 Fin de la construction de l'Empire State Building, à New York

L'utilisation du béton précontraint, rendu possible par le développement de câbles d'acier à haute résistance, se répandit rapidement. Il fut mis au point à partir de 1904 par l'ingénieur civil français Eugène Freyssinet, qui étira des câbles d'acier à travers une plaque de béton, tandis que celle-ci était encore humide. Une fois que le béton avait pris, il relâchait la tension, qui comprimait – ou précontraignait – le béton, ce qui le renforçait. Ce nouveau matériau de construction permit la réalisation de poutres porteuses plus légères et de ponts extraordinairement élancés.

De nouveaux matériaux

D'autres matériaux apparurent aussi dans les premières décennies du siècle. Le placoplâtre, sandwich de plâtre et de papier utilisé pour recouvrir les murs et les plafonds, fut inventé aux États-Unis, où il était d'usage courant dès 1910. En 1924, l'inventeur américain William Mason découvrit par hasard le carton dur, après que la soupape défaillante d'un autocuiseur eut cuit en une feuille dense, résistante et imperméable une fibre comprimée à base de sciure : l'Isorel était né et, en l'espace d'une année, conquit les constructeurs.

Pendant quarante ans – et jusqu'à la construction, au début des années 70, du World Trade Center, à New York, et de la Sears Tower, à Chicago –, l'Empire State Building fut le plus haut gratte-ciel du monde. Ce devait être le dernier et le plus majestueux des géants en acier. Ensuite, les architectes se tournèrent vers des matériaux plus légers, comme le verre. La fusion de l'acier et du verre fut parachevée par l'architecte Mies van der Rohe, dont les structures transparentes devinrent la marque distinctive des années 50. Les techniques de production de masse, empruntées à l'industrie, furent appliquées pour faire face aux besoins en logements après la Seconde Guerre mondiale. Les réalisations, très diverses en qualité, allaient des maisons préfabriquées à base d'amiante et d'aluminium aux lotissements composés de plusieurs dizaines ou centaines de résidences simples et toutes identiques. Les plans d'urbanisation, avec leurs alignements d'immeubles locatifs, proliférèrent dans les années 60 et 70, grâce à l'emploi de composants préfabriqués en béton, fixés à un cadre d'acier.

Dans les années 50, avec l'apparition d'aciers plus résistants, les gratte-ciel devinrent d'immenses tubes creux. L'axe structurel au cœur de l'immeuble – une série d'entretoises en acier – fut abandonné au profit d'un exosquelette, une

UN DÔME EXTRARÉSISTANT

L'architecte visionnaire Buckminster Fuller devint mondialement connu dans les années 60 avec ses sphères habitables, les célèbres dômes géodésiques. Une dizaine d'années plus tard, des savants utilisèrent de la suie pour créer des molécules de carbone d'un type nouveau : elles possédaient une structure géodésique et étaient particulièrement résistantes et élastiques. Ils les nommèrent fullerènes ou Buckyballs.

LÉGER COMME L'AIR... Un hélicoptère transporte son propre hangar. Le dôme géodésique fut une tentative des années 60 pour construire des structures légères et à bas coût.

HARMONIES CÉLESTES L'âge d'or du gratte-ciel new-yorkais vit apparaître une génération d'ouvriers du bâtiment particulièrement audacieux. Cette équipe des années 30 vient de construire dix étages en seulement dix jours...

1950 — 2000

1973 Fin de la construction du World Trade Center, à New York

1990 Fin des travaux de la Super Tour NEC, à Tokyo

ÉVACUATION DES EAUX USÉES

Pour faire face au problème croissant de l'évacuation des eaux usées dans les villes, le chimiste londonien William Dibden conçut un procédé qui utilisait des bactéries naturelles. L'usine biologique de Manchester était opérationnelle en 1914, et le système fut adopté dans le monde entier à partir des années 20.

charpente extérieure souple chargée de contenir la pression du vent, comme les branches d'un arbre. La construction y gagnait en espace intérieur et la pression extérieure étant réduite, l'immeuble ne risquait pas de s'effondrer. Cependant, ce principe d'oscillation fut remis en cause avec la découverte, au début des années 70, qu'un mouvement, même imperceptible, pouvait provoquer des nausées chez les occupants. L'effet était amplifié au sommet des tours du World Trade Center à New York, hautes de 412 m, qui oscillaient indépendamment l'une de l'autre et de manière visible.

LE LOOK DES ANNÉES 90 La Super Tour NEC à Tokyo (à droite) fut conçue dans le respect de l'environnement. Ci-dessous : Dallas au couchant, un spectacle urbain caractéristique des années 90.

1900 — 1950

- 1903 Invention de l'ascenseur à contrepoids
- 1913 Le Woolworth Building, à New York
- 1924 Invention de l'Isorel
- 1931 Fin de la construction de l'"Empire State Building, à New York

Les gratte-ciel du futur

La construction, en 1977, du centre Georges-Pompidou, à Paris, ouvrit la voie à une architecture high-tech, où la structure était littéralement inversée pour exposer tubulures, ascenseurs et autres parties fonctionnelles. Mais les problèmes soulevés par la question de l'environnement stimulèrent aussi l'émergence d'une « architecture verte », dont un exemple fut le Chevron Plaza Building, construit à la Nouvelle-Orléans en 1979. Cette structure en béton armé était spécifiquement conçue pour réduire les pertes énergétiques. À partir de 1987, le mouvement s'étendit pour produire des édifices comme le siège de la Nederlanden Bank, à Amsterdam, dont les dix tours coiffées de verre sont conçues pour collecter la chaleur solaire et optimiser l'emploi de la lumière naturelle. Par ailleurs, les panneaux solaires sont de plus en plus utilisés dans l'architecture privée.

MISE À NU Le centre Georges-Pompidou, à Paris, conçu par Richard Rogers et Enzo Piano. Cette innovation architecturale produit un effet surprenant.

Le gratte-ciel et l'ordinateur

Avec l'assistance des ordinateurs, cette approche a permis l'émergence de gratte-ciel « intelligents » qui combinent efficacité de l'automatisation et qualité des conditions de travail. À Tokyo, la firme électronique NEC a investi dans la construction d'une Super Tour de quarante-trois étages pour son siège employant 6 000 personnes. Surnommé la « navette spatiale » en raison de son aspect, le bâtiment dispose d'un immense atrium qui s'élève jusqu'au douzième étage et d'un toit qui s'ouvre par beau temps.

Toutes les fonctions, de l'éclairage à la sécurité, sont gérées par ordinateur, avec un contrôle de l'absorption de la lumière solaire pour optimiser le rendement énergétique. Le cerveau électronique du bâtiment peut localiser tous les employés et les relie par vidéo à leurs 35 000 collègues du monde entier. Depuis le début des années 90, les architectes scrutent de nouveau le ciel espérant y trouver la réponse à la demande accrue en espaces de bureaux des grandes villes. Il est significatif que même dans les villes anciennes et historiques, le gratte-ciel ait fini par s'imposer, ainsi qu'en témoignent la tour Montparnasse et le quartier de la Défense à Paris ou les impressionnantes tours jumelles Petronas de Kuala Lumpur en Malaisie.

1950 — 2000

1973 Fin de la construction du World Trade Center, à New York

1990 Fin des travaux de la Super Tour NEC, à Tokyo

FOURNIR L'ÉNERGIE ET LA LUMIÈRE

L'ÉLECTRICITÉ : BONNE FÉE DE LA VIE QUOTIDIENNE

La lumière électrique, qui a si radicalement transformé notre vie quotidienne – chez soi, au bureau et dans la rue – , s'est répandue plus lentement qu'on ne le croit. En effet, la distribution d'énergie s'est faite de manière assez anarchique au début du siècle, et la mise en place du premier réseau national n'est apparue que vers 1926.

La qualité de la lumière

La recherche d'un modèle satisfaisant de lampe fut aussi très longue. Les tubes à vide, de type Swan et Edison, qui dataient des années 1880, comportaient des filaments en carbone qui se consumaient rapidement. Il fallait un métal qui ait un haut point de fusion et donne une lumière plus brillante et plus blanche.

Au début du siècle, le chimiste et ingénieur autrichien Carl Auer von Welsbach fabriqua des filaments composés d'un élément métallique, l'osmium. En 1905, une firme berlinoise expérimenta le tantale. Mais l'osmium était rare et cher, et le tantale ne produisait pas une lumière assez brillante. La solution vint du tungstène, qui a le plus haut point de fusion de tous les métaux, mais qui est si dur et si cassant qu'il fallut plusieurs années avant de trouver le moyen de fabriquer des filaments de tungstène fins.

Ce fut William Coolidge, aux États-Unis, qui parvint à comprimer de la poudre de tungstène dans un moule en forme de tige, puis à l'étirer en filaments après l'avoir soumis à un intense pilonnage et à une forte chaleur. Le problème est que, lorsque le filament de tungstène était porté à incandescence, ses atomes s'évaporaient sous l'effet de la chaleur, réduisant son épaisseur et donc sa durée de vie. Enfin, de la vapeur d'eau se déposait sur les parois de l'ampoule, ce qui avait pour conséquence d'affecter sa luminosité. Un autre Américain, Irving Langmuir, trouva la solution en enroulant le filament de tungstène autour d'une barrette afin de former des spires, ce qui permit de réduire la déperdition de chaleur ; puis l'ampoule fut remplie d'un gaz inerte ralentissant le processus d'évaporation sans provoquer de réaction avec le filament. En 1913, la lampe à incandescence faisait son entrée, sous la forme qu'on lui connaît encore aujourd'hui.

L'AMPOULE IDÉALE **Depuis la première lampe d'Edison, au XIXe siècle (ci-dessous, à gauche), on a sans cesse amélioré l'éclairage domestique : de la lampe à incandescence de 1929 (à gauche) à l'ampoule sans filament (ci-dessous), dont la durée de vie est de 60 000 heures.**

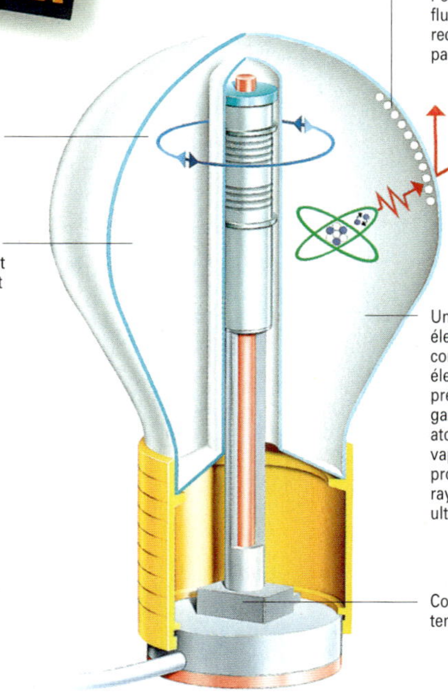

LA TORCHE ÉLECTRIQUE

Au tournant du siècle, l'Américain Lionel Howard eut l'ingénieuse idée de raccorder une petite ampoule à une batterie électrique (une invention du XIXe siècle). Il pressa un bouton et le dispositif illumina un pot de fleurs. Howard montra fièrement le pot illuminé à son ami, un immigrant russe du nom de Conrad Hubert. Ce dernier plaça la batterie et l'ampoule dans un tube : la torche électrique était née. Lionel Howard, auquel son ami avait volé son invention, ne se découragea pas pour autant. Il devint l'inventeur du train électrique miniature.

Le néon fut le fruit de recherches basées sur l'optimisation des qualités de l'éclairage. L'ingénieur chimiste français Georges Claude eut l'idée de faire passer un courant électrique à travers du gaz néon et découvrit qu'il luisait d'un rouge brillant. Mais si le néon déçut finalement son inventeur, il intéressa un certain Jacques Fonsèque, agent publicitaire, qui remarqua que l'absence de filament permettait de modeler le tube de néon et de lui donner la forme de lettres qui pourraient briller dans la nuit. La première enseigne au néon fut posée en 1912 chez un coiffeur de Montmartre ; la même année, la première publicité au néon vantait la marque Cinzano.

D'autres gaz électriquement chargés furent aussi utilisés. Les lampes à vapeur de sodium produisaient une lumière jaune orangé capable de percer le brouillard. Elles se révélèrent particulièrement adaptées à l'éclairage des rues. Les lampes à vapeur de mercure émettaient une lumière bleuâtre qui produisait de dangereux rayons ultraviolets, ce qui limita leur usage. Les savants découvrirent qu'en enduisant l'intérieur du tube avec des composés chimiques, appelés substances phosphorescentes, les lampes donnaient une lumière fluorescente et consommaient trois fois moins d'électricité que les lampes à incandescence. Cet éclairage fluores-

DE L'ÉLECTRICITÉ POUR TOUS

L'électricité pour tous n'était encore qu'un rêve quand Émile Zola écrivit, en 1901 : « Le jour viendra où tout le monde pourra disposer de l'électricité, comme des eaux des rivières ou de l'air des cieux. L'électricité ne devra pas seulement être fournie, mais prodiguée en abondance, afin que les hommes puissent l'utiliser à leur guise, comme l'air qu'ils respirent. »

1900 — 1950

1908 William Coolidge démontre les capacités du filament de tungstène

1912 Première enseigne au néon

1935 Éclairage public avec des lampes à vapeur de sodium

1939 Démonstration de l'éclairage fluorescent à l'Exposition universelle de New York

ÉCLAIRAGE PUBLIC Des lampadaires passent un test à Harow, en Angleterre, en 1961. Chacun devait fournir un type différent d'éclairage public.

cent fut l'une des principales attractions de l'Exposition universelle de New York, en 1939, année où des lampes de couleurs furent lancées sur le marché américain. Les lampes halogènes, introduites à la fin des années 70, ont permis de fournir un éclairage très brillant et économe. Récemment, une autre approche de la lumière – par ondes radio – a été proposée par le physicien américain Don Hollande et développée par la firme Philips : il s'agit de la lampe-E, une ampoule virtuellement indestructible et qui consomme très peu d'énergie. À la place du filament, c'est un signal radio à haute fréquence qui active le gaz, lui faisant émettre de la lumière.

JUNGLE DE NÉONS Personne n'aurait pu imaginer le succès durable qui allait accompagner l'apparition des premières enseignes au néon (à droite). Au moins 150 teintes différentes et des dizaines de kilomètres de tubes pour les enseignes lumineuses des casinos de Las Vegas (ci-dessous).

L'ÉNERGIE LIBÉRÉE

Le physicien hollandais Heike Kamnerling Ones découvrit, en 1911, que certains alliages métalliques soumis à de très basses températures perdent toute résistance à l'électricité. Ils deviennent supraconducteurs et propagent l'électricité sans déperdition de chaleur ou d'énergie. Le phénomène se produit aux abords du zéro absolu (– 273 °C) et ne peut être obtenu qu'en baignant le métal dans de l'hélium liquide. En 1987, des savants obtinrent le prix Nobel pour la découverte de la supraconductivité, à des températures, élevées, de certains matériaux céramiques. En 1993, des chercheurs de Zurich ont découvert un matériau supraconducteur à – 220 °C. Il offre la perspective d'un monde libéré de l'esclavage des câbles à haute tension, la possibilité de mettre au point des moteurs et des générateurs plus petits et plus puissants et celle, infinie, de stocker l'énergie.

1950 — 2000

1987 Remise du prix Nobel à des chercheurs basés en Suisse, qui ont découvert la supraconductivité de certains matériaux céramiques

Années 90 Introduction de la Lampe-E par Philips

LE BIEN-ÊTRE DOMESTIQUE

QUAND LA MAISON DEVIENT PLUS CONFORTABLE ET PLUS PRATIQUE

En 1900, l'électricité était chère et disponible uniquement dans les centres urbains. De nombreux foyers ont utilisé le chauffage et l'éclairage au gaz jusque dans les années qui ont suivi la Seconde Guerre mondiale. À partir de là, des changements sont intervenus sur le plan domestique grâce à l'amélioration de la distribution d'électricité.

Une chaudière fut commercialisée en 1900 par un industriel de Birmingham, John Wright, qui utilisa des colonnes d'argile pour diffuser la chaleur. Si le modèle de Wright devait rester d'usage courant pendant tout le siècle, le chauffage électrique connût lui aussi des améliorations. Un prototype avait été breveté à Londres, en 1892 ; en 1906, l'Américain Albert Marsh fit un pas décisif en inventant le Nichrome, un alliage de nickel et de chrome qui rougeoyait sans se désintégrer sous l'effet de la chaleur. Le premier chauffage électrique réellement performant fut développé en 1912 par l'Anglais Charles Belling, qui reprit le fil de Nichrome pour l'enrouler autour d'une barre d'argile. La fabrication du modèle de Belling, comportant six barres et un bouton de contrôle, commença aussitôt et fut adoptée dans le monde entier. L'électricité n'étant pas encore bien maîtrisée et restant mystérieuse, on apposait sur les premiers appareils l'avertissement suivant : « N'utilisez pas de tisonnier. »

CHAUFFAGE ÉLECTRIQUE Le modèle standard de Belling, conçu en 1912, était portable et pouvait recevoir une bouilloire ou une poêle à frire.

De nouveaux matériaux pour la maison

L'environnement domestique se transformait donc très vite avec l'essor de matériaux divers qui modifiaient l'apparence et l'usage du mobilier et des appareils ménagers. Dans les premières années du siècle, le plastique existait seulement sous forme de Celluloïd. Dès 1900, on l'employait sous de nombreux aspects : boucles de chaussures, peignes, montures de lunettes, touches de piano, ainsi que différents objets imitant l'ivoire et la nacre.

On trouvait des nappes, des faux cols, des manchettes et même de fausses dents en Celluloïd. Mais celui-ci se craquelait, était inflammable, et fondait, même à basse température, à telle enseigne qu'il était déconseillé de boire du thé si l'on portait une prothèse dentaire.

L'âge moderne du plastique débuta en 1909, quand Leo Baekeland inventa la Bakélite, « le matériau aux mille usages ». Celle-ci était dure, résistante à la chaleur et pouvait être teinte en couleurs brillantes ; elle constituait aussi un excellent isolant. À partir des années 20, on la trouvait partout, comme manches de couteau, poignées de porte, téléphones, postes TSF…

Le succès de la Bakélite stimula la recherche et entraîna la production d'une quantité impressionnante de nouveaux matériaux pour la maison. Les peintures devinrent plus résistantes, plus faciles à étaler et plus colorées avec l'introduction de résines à base de pétrole et, à partir de 1927, de peintures à l'aniline. Les peintures au polyuréthanne, dures et résistantes, furent inventées en 1939 par le chimiste allemand Otto Bayer, et le développement pendant la Seconde Guerre mondiale de l'acétate polyvinylique ouvrit la voie aux premières peintures à émulsion.

La diffusion des plastiques fut progressive : il fallut du temps aux fabricants et aux décorateurs pour se familiariser avec leur utilisation et pour les expérimenter. Mais sans cesse de nouvelles textures arrivaient sur le marché. Le polypropylène, un plastique dur que l'on pouvait aussi bien employer pour les revêtements d'appareils ménagers que pour les moquettes, fut perfectionné en 1954 en Italie, pays qui peu à peu supplanta les États-Unis comme leader dans le domaine du design. Le papier peint lavable, fait en Polythène, reste néanmoins une création américaine de l'année 1968.

Le fait de pouvoir bénéficier d'eau chaude à débit constant prit plus de soixante ans. Les « geysers » à gaz du XIXe siècle – terme donné par un inventeur de l'époque – emplissaient l'air de vapeurs nocives et contaminaient l'eau. En 1912,

L'HEURE DU BAIN Un prospectus vante les atouts du chauffe-eau électrique Sadia dans une salle de bains des années 30.

LES BIENFAITS DU JACUZZI

Le jacuzzi, en vogue en Californie dès les années 60 – et, plus tard, dans le monde entier –, fut inventé par un immigrant italien qui fabriquait des pompes pour les fermes. Roy Jacuzzi construisit sa première baignoire à hydromassage pour tenter de soulager l'arthrite d'un cousin. Il en fit la démonstration publique en juin 1968. Depuis les années 80, on trouve des jacuzzis pour six personnes, avec éclairage intégré.

1900 – 1950

- 1900 La chaudière à gaz de John Wright
- 1909 Invention de la Bakélite
- 1912 Le premier chauffage électrique efficace
- 1927 Des thermostats sont utilisés dans les systèmes de chauffage central
- 1939 Invention de la peinture au polyuréthanne

DES JARDINS TIRÉS AU CORDEAU

Il aurait été impossible d'obtenir les pelouses soigneusement tondues du XXe siècle sans la motorisation de la tondeuse à gazon. Après les tondeuses mécaniques tractées par des chevaux, produites en masse à partir de la première moitié du XIXe siècle, le développement du moteur à combustion interne facilita grandement la tâche du jardinier.

En 1902, une tondeuse avec un moteur à essence fut commercialisée par la firme Ransome d'Ipswich, en Grande-Bretagne. La même société breveta la première tondeuse électrique en 1926. Mais c'est en 1969 que la société Black & Decker créa le premier modèle électrique léger. Puis la tondeuse à coussin d'air, particulièrement mobile, fut inventée et développée par la firme Flymo, en 1963. Depuis 1990, on peut jardiner de nuit et en toute discrétion, grâce à une tondeuse silencieuse qui, fonctionnant sur batteries, pulvérise l'herbe tondue et en fait du paillis.

DES MACHINES POUR GRANDES PROPRIÉTÉS La tondeuse Ransome du début du siècle était très encombrante...

Charles Belling créa un geyser électrique pouvant porter à ébullition 5 litres d'eau à la minute. Malheureusement, on ne pouvait en contrôler la température.

De l'eau chaude à domicile

Le thermostat que l'Écossais Andrew Ure inventa en 1830 ne fut utilisé dans les appareils électriques que dans les années 20. Il consistait en une plaquette de deux métaux agglomérés, ayant des taux différents d'expansion, qui se pliait pour ouvrir ou fermer le courant selon la température. Équipé d'un tel élément, le chauffe-eau électrique à immersion – et, à partir de 1927, le chauffage central automatique – devint réellement pratique.

Un thermostat à gaz, constitué d'une soupape de commande en Invar – alliage de nickel et d'acier, résistant à la chaleur – et en laiton, fut breveté en 1923, mais ce n'est qu'en 1931 que Bernard Friedman et la Junkers Company allemande mirent au point le Progas, premier chauffe-eau à gaz performant.

À la même époque, des chauffe-eau électriques à immersion double emploi, alimentant les baignoires et les éviers, furent lancés par plusieurs compagnies. Ils restèrent d'un usage courant pendant longtemps.

UN LIT BIEN CHAUD Et si cette bouillotte datant de 1949, avec son revêtement en Bakélite, était l'ancêtre de notre Thermos. À moins que ce ne soit le contraire...

La domotique ou maison « intelligente »

Le premier système de chauffage central à réglage instantané, employant des ultrasons, fut produit par la firme japonaise Matsushita, en 1972 ; au cours des vingt-cinq années qui suivirent, le problème de la commande à distance et de l'automatisation fut résolu grâce à la microélectronique et aux ordinateurs.

Honeywell, aux États-Unis, a développé depuis un système domestique total qui offre une gamme de quinze commandes. La sécurité, la température et l'éclairage peuvent être vérifiés et reprogrammés par téléphone.

Pacific Gas & Light, à Sacramento, a construit un prototype de maison « intelligente » qui permet de réduire de moitié la consommation d'énergie grâce à un verre sensible à la température, des persiennes à claire-voie automatiques et un système d'automatisation domestique programmé pour fonctionner pendant les heures creuses.

À Tokyo, la maison Tron, projet expérimental des années 90, est soutenu par Mitsubishi. Le prototype comporte mille micro-ordinateurs et des centaines de détecteurs et d'appareils de commande, pour répondre à chaque désir de l'utilisateur. La cuisine automatisée est capable de gérer plus de trois cents recettes et, dans la salle de bains, on peut prendre son pouls et sa tension artérielle en appuyant sur un simple bouton. Le ménage est lui aussi automatisé : grâce à un sélecteur vidéo et à un système de convoyage, les objets sont ramassés et rangés. L'objectif est de convaincre qu'une maison peut et doit pouvoir s'autonettoyer.

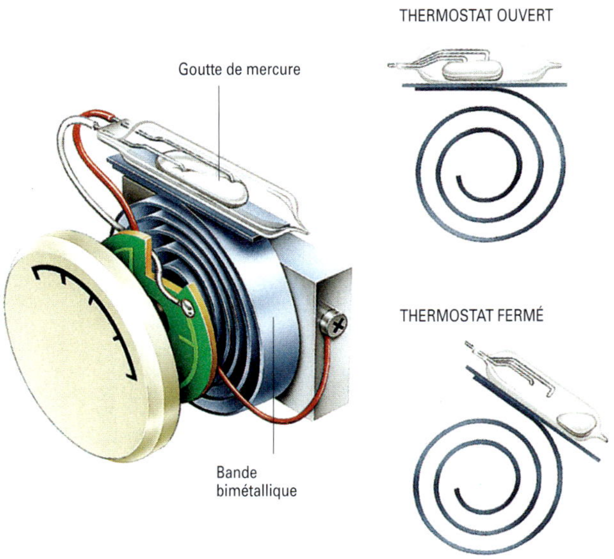

LE THERMOSTAT Une goutte de mercure est placée dans un tube fixé sur une bande constituée de deux métaux ayant des taux différents d'expansion selon la chaleur. Quand la bande se déroule, le mercure glisse et déclenche des contacts électriques.

1950 — 2000

1968 Le papier peint lavable

1990 Développement de la maison Tron

UN SIÈCLE D'ARTS MÉNAGERS

UN SALON ANNUEL SYMBOLISE LES PROGRÈS DU CONFORT À LA FRANÇAISE... TRÈS INSPIRÉ PAR LE MODÈLE AMÉRICAIN.

CUISINIÈRE ÉLECTRIQUE Cette massive cuisinière électrique Carron datant de 1912 fut l'une des premières à entrer dans les foyers anglais.

Le premier « Salon des appareils ménagers » ouvre ses portes au Champ-de-Mars le 18 octobre 1922. Le terme de « Salon » semble d'ailleurs un peu présomptueux, car il n'est alors constitué que de deux baraquements en planche... Qu'y découvre-t-on ? Des cuisines, des fourneaux, des éviers, des chaudières...

Un joyeux bric-à-brac qui fait rêver les centaines de visiteurs ébahis de voir des appareils inédits, tentants certes, mais pour la plupart inaccessibles. Dès sa création, cette exposition attire suffisamment de monde pour être prolongée d'une semaine...

L'appellation « Salon des arts ménagers », forgée par son directeur Jean-Louis Breton, apparaît en 1925 et ne met que quelques mois pour passer dans le langage courant. Pourtant, bien davantage que de belles œuvres, c'est de techniques nouvelles qu'il s'agit, synonymes dans les années 20 de progrès et d'espérance. Pour ne pas dire de bonheur. Le succès de ces Salons est indiscutable. D'autres, semblables, sont organisés en province puis au-delà des frontières, à Bruxelles, à Charleroi, à Genève... À partir de 1926, la manifestation s'installe au Grand Palais, lieu prestigieux qui abrite déjà des salons d'art et celui de l'automobile.

LES JOIES DE LA VAISSELLE Le lave-vaisselle à manivelle allemand créé en 1929 exigeait de la patience. Le Pyrex, un verre synthétique résistant à la chaleur, fut inventé aux États-Unis en 1915.

Un débat gauche-droite

Sur l'échiquier politique, l'accueil réservé au Salon varie alors radicalement. Si les partis

L'ASPIRATEUR En 1929, il est encore très loin de faire partie de l'équipement ménager courant.

LE SALON DES ARTS MÉNAGERS Celui de 1949 témoigne encore des restrictions consécutives à la guerre.

LE BUTANE L'arrivée de ce gaz, conditionné dans sa célèbre bonbonne bleue, a permis un formidable bond en avant du confort domestique.

conservateurs applaudissent, en face, certains y voient une entreprise destinée d'abord à aider les classes privilégiées atteintes par la crise du service domestique...

En 1927, par exemple, *l'Humanité* écrit : « Dans les heures présentes, machines à laver le linge et la vaisselle, aspirateurs de poussière, balais électriques, fourneaux à gaz, salles de bains, confortables chambres à coucher semblent plutôt insulter la grande misère imposée aux travailleurs. »

À cette époque, les domestiques se raréfient dans les grandes demeures bourgeoises, et les maîtresses de maison doivent s'adapter. Signe des temps, les visiteurs du Salon de 1924 découvrent « Pétronille », la première table roulante capable de transporter de la cuisine à la salle à manger tous les objets nécessaires à un repas de six personnes, équipée d'un chauffe-plat et d'un casier calorifuge.

Simplifier la vie quotidienne

Nettement moins anecdotique, le gaz et l'électricité, dont l'usage se généralise considérablement, constituent une aide inestimable : le premier libère de la corvée du chauffage au bois ou au charbon, salissant et astreignant ; quant à

LES ANCÊTRES DES ROBOTS MÉNAGERS Un mixeur américain datant de 1918 (à gauche), équipé d'un moteur électrique relié à deux batteurs rotatifs. Une ménagère allemande montrant la fabrication des pâtes (ci-dessus).

douze assiettes. D'abord actionnée à la main, cette machine se voit bientôt équipée d'un moteur électrique.

Grâce à cette énergie, les aspirateurs connaissent un développement rapide. Mais le Salon favorise aussi, à côté des appareils sophistiqués, des innovations plus simples. Parmi celles-ci, le balai O'Cedar, qui recueille et, surtout, retient la poussière, obtient un grand succès.

La crise économique atteint le Salon en 1931, sans vraiment le toucher. Les exposants y répondent en présentant des appareils d'un coût plus modeste et en proposant la vente à crédit ou la location-vente. De 1930 à 1936, le nombre des participants passe de 465, sur 18 000 m^2, à 800, sur 29 000 m^2. 428 000 visiteurs franchissent les portes du Grand Palais en 1936, contre 162 000 en 1929.

La révolution de la bouteille à gaz

Au début des années 30, les visiteurs suivent avec beaucoup d'intérêt les progrès réalisés dans le domaine des appareils fonctionnant au gaz

la seconde, elle fait fonctionner les machines à laver le linge, et même la vaisselle, qui commencent à être commercialisées.

Les classes favorisées ne sont cependant pas les seules à chercher à se simplifier la vie domestique. La concentration urbaine a entraîné la construction de logements exigus et mal équipés. Gagner de la place est donc un souci essentiel pour la majorité des citadins. Ainsi voit-on apparaître, au cours des années 20, des meubles démontables ou escamotables aux noms évocateurs : Pare-lit-cage, lit le Discret, Divan-lit, table Éclipse, bahut la Combine, meubles le Pratique... Autant d'objets présentés au Salon des arts ménagers qui, dès l'origine, s'est ouvert à l'équipement général de la maison et non aux seuls ustensiles de la cuisine.

Les Salons qui se succèdent au fil des années sont les témoins privilégiés des changements progressifs que connaissent les foyers français et qui modifient la vie quotidienne des ménagères... et de leurs maris. Le besoin, par exemple, de gagner du temps devient un leitmotiv, et celui que l'on consacre aux tâches de la maison paraît toujours trop long. Il faut se « simplifier la vie ». Le Salon suit ce mot d'ordre, tout comme ses exposants, qui passent de 130 à 465 entre 1923 et 1930, et proposent sans cesse des nouveautés. Les premiers réfrigérateurs, présentés en 1926, n'ont encore guère de succès. Les visiteurs y voient surtout des appareils destinés aux professionnels, bouchers et crémiers.

Laver le linge et la vaisselle

En 1929, la « Super-laveuse la Lavandière » peut, en une heure, traiter quatre draps, quatre taies d'oreiller, six chemises, trois pantalons, dix torchons, vingt-cinq mouchoirs et neuf serviettes... C'est du moins ce qu'affirme la réclame.

Les machines à laver la vaisselle font aussi leurs premiers tours... Le « Moto-laveur », par exemple, a une capacité de

LES RÉFRIGÉRATEURS Entre 1952 et 1957, leur vente au grand public fut multipliée par trois !

MOULINEX Après la création du moulin à légumes en 1932, cette marque a su se diversifier et multiplier ses produits. Toujours avec un seul objectif : « libérer la femme... »

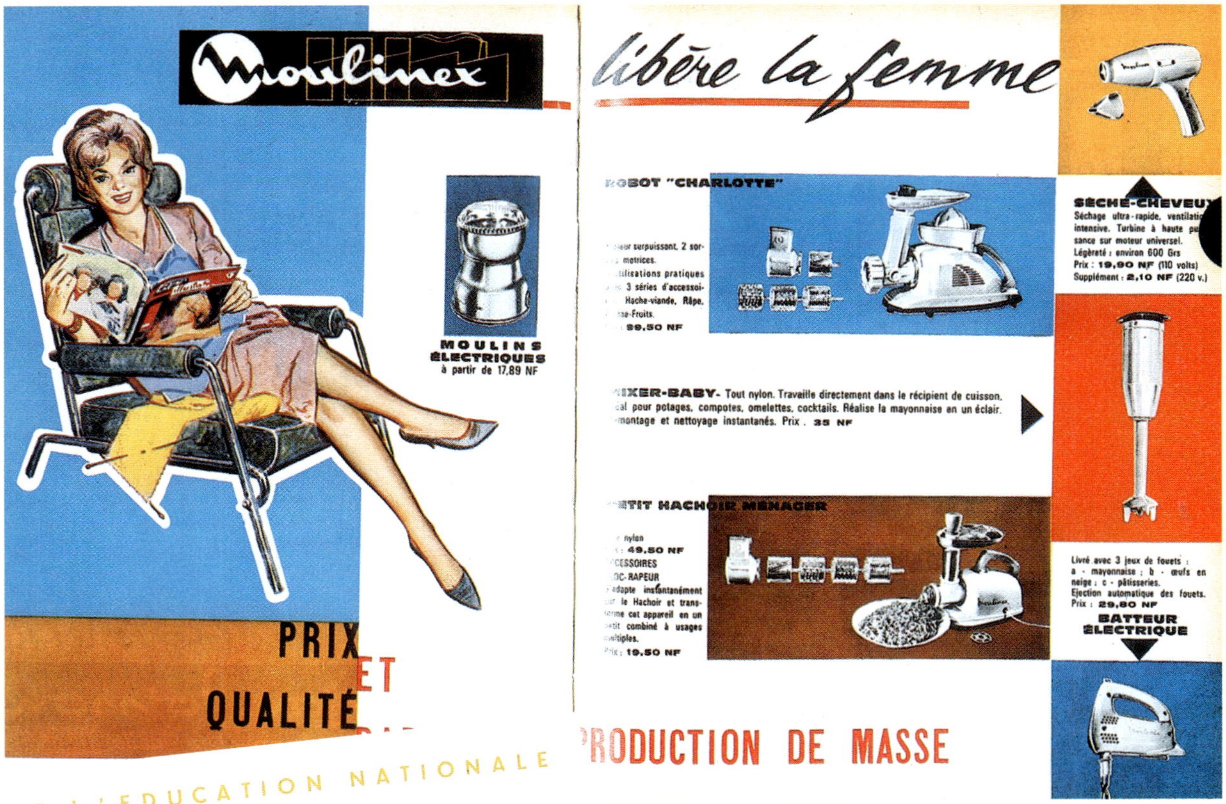

ARTS MÉNAGERS En 1972, le Salon des arts ménagers célébrait le dixième anniversaire de son transfert au Palais de la Défense, à Paris.

butane. Transporter le gaz dans les foyers éloignés d'une canalisation, comme cela se pratiquait aux États-Unis depuis longtemps, est un rêve pour de nombreux ménages.

En 1933, Godin présente des appareils fournissant du gaz butane qui font sensation.

Le gaz comprimé est livré dans des bouteilles équipées d'un détenteur facilement utilisable et leur contenu – 13 kg – est calculé pour assurer

LA COCOTTE SEB, VEDETTE DU SALON

La super-cocotte mise au point par Jean Lescure pour le compte de SEB (Société d'emboutissage de Bourgogne) fut une des grandes vedettes des Salons des années 50. Elle connut pourtant des débuts difficiles...
En 1954, les organisateurs du Salon refusèrent à la firme le droit de présenter sa marmite à cuisson sous pression. Furieux, Jean Lescure lança une impressionnante campagne de promotion, allant même chercher le parrainage de Maurice Papin, membre de l'association des écrivains scientifiques et lointain descendant de Denis Papin, l'un des précurseurs de la machine à vapeur au... XVIIe siècle ! Jean Lescure se posta à l'entrée du Salon et fit, devant la file d'attente des visiteurs, la preuve – marteau en main ! – de la solidité de son invention. Sa stratégie se révéla payante. L'autocuiseur connut un immense succès. Et le Salon des arts ménagers lui ouvrit grand ses portes...

LE LAVE-VAISSELLE La vaisselle, une affaire d'homme ? C'est du moins ce qu'affirme cette publicité de 1973. Aujourd'hui, les choses auraient-elles fondamentalement changé ?

pendant un mois les besoins d'une famille de quatre personnes. La bouteille à gaz butane – baptisée Butagaz ou Primagaz, selon les fabricants – représente une véritable révolution. De nombreux fabricants d'appareils ménagers proposent des modèles adaptés au butane, dont 2 millions de bouteilles sont vendus en 1939.

Peu à peu, les appareils ménagers se simplifient. Pendant les années 30 apparaissent des réchauds-fours et des cuisinières dont les plaques permettent d'obtenir quatre allures différentes de cuisson.

Certains constructeurs présentent des engins mixtes fonctionnant au gaz et à l'électricité. L'apparition des plaques de cuisson à feu vif, dites à collerettes, représente également un grand progrès.

Les réfrigérateurs se perfectionnent

La bonne conservation des aliments constitue depuis toujours une préoccupation essentielle. Dès le début des années 30, les progrès réalisés dans ce domaine sont très importants.

En 1932, la société Électrolux présente un petit modèle de réfrigérateur qui se pose sur un meuble ou se suspend au mur de la cuisine. Certains modèles proposent le dégivrage automatique et le choix entre plusieurs niveaux de froid. La firme américaine Frigidaire en propose neuf en 1935 ! Cette année-là, la France, elle, ne compte guère plus de 25 000 foyers équipés d'installations frigorifiques modernes.

Les machines à laver le linge prennent aussi leur essor à partir des années 30. Leurs tambours sont, dans la plupart des cas, en tôle galvanisée ou en cuivre, percés de trous et équipés de dispositifs évitant au linge de se mettre en boule, grâce notamment à une inversion du sens de rotation.

Les besoins de l'après-guerre

Le 17e Salon des arts ménagers n'ouvrit ses portes qu'en février 1948, après neuf ans d'interruption. La foule est au rendez-vous, avec une impatience à la mesure de son attente. Des milliers de visiteurs font la queue sous la neige pour admirer les nouveautés domestiques. Mais les appareils exposés ne sont livrables – quand ils le sont – qu'après un délai de plusieurs mois, voire de plusieurs années, tant les pénuries de toutes sortes entravent la production. Quant aux prix, ils sont prohibitifs.

Il faut pourtant parer au plus pressé : reconstruire et rénover les logements détruits ou abîmés par la guerre. Les fabricants proposent des appareils et des équipements plus simples et plus accessibles qu'auparavant.

Dans l'immédiat après-guerre, la première préoccupation domestique concerne le chauffage. Dans 80 % des foyers, on se chauffe encore au charbon et 500 000 poêles sont vendus chaque année.

Les fabricants ne cessent d'ailleurs de les améliorer ; les systèmes à feu continu permettent de diminuer la consommation de plus de 30 % pour un rendement deux fois supérieur.

À partir des années 50, le mazout commence à s'imposer et son succès sera rapide grace à sa facilité d'emploi, à son faible coût et à son fort pouvoir calorifique. Sa flamme visible derrière le hublot des appareils individuels devient le symbole d'une ambiance chaleureuse, dans les deux sens du terme...

À partir des années 50 également, le Salon des arts ménagers constitue la vitrine de la forte demande que connaît alors l'équipement de la maison.

Entre 1952 et 1957, par exemple, les ventes de machines à laver le linge seront multipliées par quatre et celles de réfrigérateurs par trois. Le premier compartiment congélation apparaît en 1959, sur un appareil de construction israélienne, trois ans après l'arrivée au Salon d'un appareil inédit débarquant du Canada : le barbecue. Les machines à laver la vaisselle ne s'imposeront qu'à l'aube des années 70, de même que les congélateurs, précieux auxiliaires des familles où les deux parents travaillent.

Entre-temps, le Salon des arts ménagers a quitté l'enceinte du Grand Palais pour s'installer, en 1962, au CNIT de la Défense. Une décentralisation en signe de désacralisation : l'objet ménager, témoin de la quête de l'innovation, du confort, de la qualité, s'est banalisé, et son Salon disparaît en 1983.

LE MOULIN À LÉGUMES

En 1932, Jean Mantelet mit au point, après d'innombrables essais, un ustensile en fer blanc étamé destiné d'abord à sa femme Fernande qui, jusqu'alors, battait les pommes de terre à la fourchette pour faire des purées... pleines de grumeaux ! Le brevet du moulin à légumes – c'était son nom officiel – précisait qu'il suffisait de « placer la matière à tamiser dans le récipient ; la surface hélicoïdale est animée grâce à la manivelle d'un mouvement rotatif. Sous cette action, la tranche supérieure de cette surface attaque la matière qui se trouve comprimée entre cette surface et le tamis conique ». L'objet assura la fortune de la firme Moulin-Légumes, devenue Moulinex en 1956...

LA CAPTURE DU TEMPS

LA MESURE DU TEMPS, SOUCI ET DÉFI DU XXᴱ SIÈCLE

Alors que le temps est devenu de plus en plus précieux au XXe siècle, on s'est mis à le calculer avec une précision toujours plus grande. Les hommes ont eu un certain mal à passer de la montre de gousset au bracelet-montre. C'est la difficile vie des tranchées, pendant la Première Guerre mondiale, qui a rendu son adoption quasi générale.

La montre à remontage automatique, avec ressort principal actionné manuellement, fut inventée par l'horloger anglais John Harwood en 1924, et sa fabrication commença en Suisse quatre ans plus tard. À cette date, Rolex avait déjà lancé la première montre étanche, baptisée Oyster – huître en français. À la fin des années 30, Lip, une firme française, introduisit la première montre électrique. Elle fonctionnait avec deux piles, était plus légère qu'une montre mécanique et – comme ses propriétaires le proclamaient fièrement – ne « tictaquait pas ».

L'horlogerie connut de semblables développements. Des horloges à piles furent commercialisées en 1906, et d'autres, branchées sur secteur, apparurent dès 1918. Dans les années 20, cependant, les travaux s'orientèrent vers un nouveau domaine qui allait révolutionner l'industrie horlogère tout entière. L'idée était de mesurer le temps à l'aide des vibrations naturelles d'un cristal de quartz soumis à un courant électrique. La technologie était au point en 1929, quand Warren Alvin Marrison construisit la première horloge à quartz. On affirmait pouvoir obtenir une précision de l'ordre du millième de seconde, bien que les premiers modèles aient eu tendance à s'emballer ou à s'arrêter subitement.

LE TEMPS D'UNE BAIGNADE

La fiabilité de la première montre étanche fut spectaculairement démontrée en 1927 par une jeune employée de bureau londonienne, Mercedes Gleitz, qui se baigna dans la Manche avec une montre étanche au poignet.

Le nouvel âge du temps

La miniaturisation du cristal de quartz pour la fabrication de montres ne fut effective qu'en 1969, quand la firme japonaise Seiko lança les premières montres à quartz. La montre digitale apparut deux ans plus tard. Baptisée Pulsar et conçue à Dallas, au Texas, par George Theiss et Wily Crabtree, elle alliait mouvement à quartz, nouvelle technologie microélectronique et affichage par diode lumineuse. La présence d'un élément chimique, qui devenait brillant lorsqu'il était traversé par un courant électrique, permettait aux chiffres de se former.

Ces merveilles de haute technologie firent l'objet d'un grand engouement. Les affichages à cristaux liquides sont apparus dès 1975. Plus économes pour les piles, ils consistent en molécules de cristaux liquides qui se réorganisent sans cesse sous l'effet d'un courant électrique. En plus des heures, des minutes et des secondes, les montres affichent à présent le jour de la semaine et incluent un chronomètre, un réveil, un calendrier et même – depuis 1978 – une calculatrice.

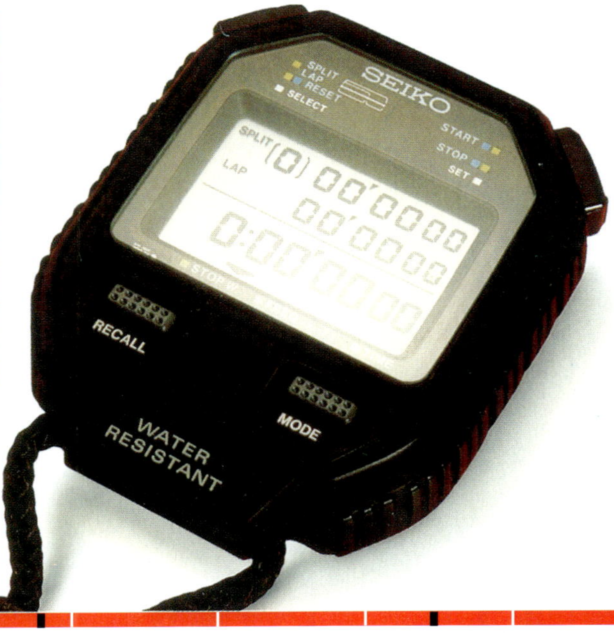

LA PRÉCISION DU TEMPS **L'Oyster fut commercialisée par Rolex à la fin des années 20 (ci-dessus). Le chronomètre électronique pour nageurs (à droite) fit sont apparition dans les années 70.**

L'HEURE EXACTE

LE TEMPS COMMENCE ICI **Un jeune garçon règle sa montre sur l'horloge placée à l'extérieur du Royal Observatory, à Londres.**

Avec le développement du chemin de fer, il devint impératif d'adopter la même heure partout, cela afin d'éviter les confusions dans les horaires. Un temps international standard fut établi en 1884, basé sur le méridien, ou ligne de longitude, qui traverse Greenwich, sur la Tamise, à Londres : d'où le nom de méridien origine international.

Le temps moyen de Greenwich fut rebaptisé temps universel en 1935. Le meilleur chronomètre alors disponible était une remarquable horloge électromagnétique construite en 1921 par W. H. Shortt, un ingénieur des chemins de fer britanniques. Cette horloge ne retardait que d'une seconde sur dix ans. Les avancées de la physique, à l'aube de la Seconde Guerre mondiale, amenèrent les savants à élaborer une horloge atomique, basée sur la vibration de certains atomes. En juin 1955, une horloge atomique au césium, avec un décalage d'une seconde sur trois cents ans, fonctionnait au National Physical Laboratory, à Teddington, près de Londres. Grâce à cette horloge, on put obtenir une définition exacte de la seconde : 9 192 531 770 vibrations de l'atome de césium.

En 1969, en utilisant une horloge qui comptait les vibrations de l'atome d'ammoniac, le US Naval Laboratory, à Washington, put obtenir une stabilité d'une seconde sur 1,7 million d'années. La microélectronique fit à nouveau des merveilles et, dès 1978, des horloges atomiques de la taille d'une radio furent commercialisées.

1900 — 2000

1924 Invention de la montre à remontage automatique

1929 Première horloge à quartz

1955 Première horloge atomique

1969 Première montre à quartz

1971 Première montre digitale

Nouveaux textiles, nouvelles modes

Quand le Nylon révolutionne la mode

En 1900, les corsets en os de baleine et les faux cols en Celluloïd comprimaient et oppressaient les individus. Les tons sombres étaient de règle dans l'habillement, car ils dissimulaient la saleté. Les tissus synthétiques commençaient tout juste à voir le jour.

Les fibres synthétiques

À Londres, dans les années 1890, les courageux ouvriers d'une petite usine pilote apprenaient à tisser la première fibre artificielle, issue d'un procédé breveté par le chimiste Charles Cross et deux de ses collègues. Il s'agissait de la rayonne, dérivée comme le Celluloïd de la pulpe d'une plante traitée chimiquement. On l'appelait alors soie artificielle ; l'appellation rayonne ne lui fut appliquée qu'en 1924, aux États-Unis. La production débuta en 1905 à l'usine Courtaulds de Conventry. Les fibres synthétiques présentaient un aspect soyeux mais étaient moins chères que la soie. Les bas en rayonne ou soie artificielle, commercialisés en Allemagne en 1910, firent fureur à partir de 1913. L'acétate de cellulose, un dérivé de la rayonne, développé en Suisse peu avant la Grande Guerre, était déjà connu et utilisé sur les ailes des avions destinés au combat ; à la fin des hostilités, il servit aussi à fabriquer de la soie artificielle : dès 1921, toute femme digne de ce nom se devait de porter des dessous en « soie ».

Le Nylon, la première fibre totalement synthétique, fut inventé en 1935 par le chercheur de la firme Du Pont, Wallace Carothers. Il avait été précédé dans cette découverte par le chimiste allemand Hermann Staudinger, qui, en 1920, établit le principe de la polymérisation – procédé de synthèse permettant à des molécules simples de s'agglomérer pour former de grosses molécules de structure très homogène, base de la fabrication des fibres synthétiques. Staudinger obtint d'ailleurs en 1953 le prix Nobel de chimie pour ses travaux. Résistant, élastique et imperméable à l'humidité, le Nylon fut d'abord utilisé pour les poils de brosse à dents, puis testé sous forme de bas sur le personnel de la société Du Pont, en 1939. Le résultat fut concluant, et les premiers bas en Nylon mis en vente à New York en 1940 connurent un succès immédiat.

Pendant la Seconde Guerre mondiale, l'armée américaine s'en servit comme élément de troc. La guerre en Europe retarda l'introduction du polyester, la deuxième fibre polymère majeure, inventée par le Britannique John Whinfield et lancée sous le nom de Dacron aux États-Unis.

De nouvelles fibres furent ensuite produites en masse par les laboratoires. La firme Dow Chemical, aux États-Unis, lança en 1946 le Lurex, une fibre brillante à base d'aluminium. Du Pont produisit l'Orlon, un acrylique doux imitant la laine et utilisé dans le prêt-à-porter dès 1951, ainsi que le Lycra, une fibre moulante développée dès 1952 à partir du polyuréthanne. Les fibres acryliques commencèrent ainsi à concurrencer sérieusement les fibres naturelles dès le milieu des années 50. Un procédé pour obtenir un pli permanent des lainages fut développé en Australie, tandis que les polyesters indéfroissables apparaissaient dès 1964. Enfin, en 1969, partant d'une technologie similaire à celle de la poêle à frire à revêtement antiadhésif, l'Américain Bob Gore inventa le Gore-Tex, un

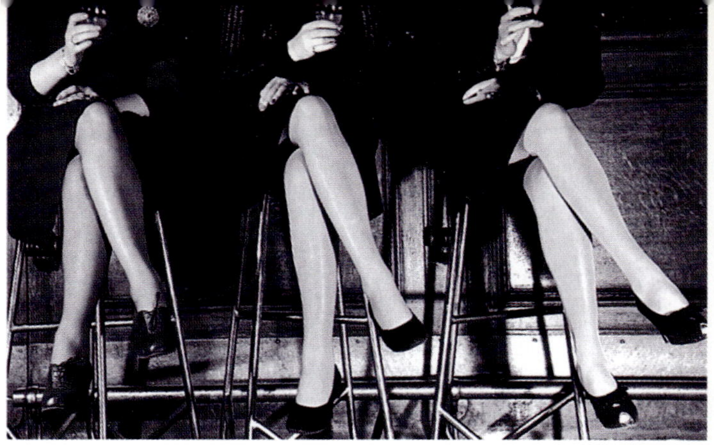

DE BELLES JAMBES **Il y eut d'abord les bas en rayonne, puis en Nylon. Dans les années 40, les bas en Nylon étaient un luxe que de plus en plus de femmes pouvaient néanmoins se permettre.**

LES FIBRES ARTIFICIELLES **Les savants de ce siècle ont créé des polymères synthétiques, ou molécules géantes, en formant des chaînes de molécules plus petites. Certaines sont à base de cellulose (à droite), qui est le composant principal de la paroi des cellules des plantes, d'autres à base de pétrole.**

La longue histoire du soutien-gorge

Parmi les extraordinaires inventions conçues par les hommes pour mettre en valeur – à leurs yeux du moins – les charmes des femmes on trouve un creuseur de fossettes, un façonneur de nez et un développeur de seins. L'un des premiers exemples de sous-vêtements féminins modernes conçus par un homme fut le bustier de Johannes Bree de Charlottenburg, en Allemagne, breveté en 1907. Formé d'un véritable enchevêtrement de lanières, de gaines et de pièces de tissu, c'était, prétendait son inventeur, une amélioration par rapport aux corsets, « en ceci qu'il favorise le fonctionnement des intestins ».

Mais les femmes commençaient à prendre véritablement conscience de leur corps. Kate Morgan, à Londres, breveta un corset modifié, avec un haut souple, en 1903 ; et, en 1909, l'édition américaine du magazine Vogue contenait une publicité pour un bustier très proche du soutien-gorge moderne. Ces innovations stimulèrent Mary Jacob dite Polly, une New-Yorkaise de 19 ans issue de la haute société qui, en 1913, assembla deux mouchoirs et un ruban rose qu'elle déposa sous le nom de « brassière sans dos ». Le brevet fut obtenu en 1914. Polly, qui prétendait descendre de Robert Fulton, l'inventeur du bateau à vapeur, engagea deux immigrantes pour coudre des échantillons. Mais, comme les principaux magasins de la ville avaient refusé d'acheter ses prototypes, elle en vendit les droits à la Warner Brothers Corset Company pour 1 500 dollars. La Warner retira 15 millions de dollars de son investissement et Polly, devenue célèbre pour avoir inventé le soutien-gorge, partit mener une vie plutôt extravagante. Elle changea son nom en Caresse Crosby, se maria deux fois et descendit nue les Champs-Élysées à dos d'éléphant pour faire la publicité d'un ballet.

Le mot brassière vient d'un terme d'ancien français signifiant avant-bras. Un Français nommé de Brassière tenta en vain de revendiquer des droits sur le nom, en 1929. Le soutien-gorge Caresse fut détrôné dans les années 20 par le soutien-gorge à bonnets, conçu par une couturière du New Jersey d'origine russe, Ida Rosenthal. Les soutiens-gorge en différentes tailles apparurent dans la décennie suivante.

SOUTIEN-GORGE **Cette publicité pour le Büstenformer allemand date de 1950.**

1900 — 1950

- 1905 Production commerciale de la soie artificielle, ou rayonne
- 1914 Brevet de la « brassière sans dos »
- 1921 Commercialisation de sous-vêtements en Célanèse
- 1935 Invention du Nylon
- 1941 Production d'un polyester, le Dacron
- 1946 Premier Bikini

tissu qui « respirait » et qui offrait une protection unique contre les intempéries.

Les technologies annexes suivaient le même rythme. Les chercheurs de la firme chimique ICI inventèrent une gamme plus large de teintures pour les fibres artificielles et les cotonnades. En 1959, le métier automatique sans navette mis au point par les Allemands pouvait tisser simultanément quatre couleurs différentes. Au milieu des années 60, le processus de filage fut rationalisé grâce aux machines à rotor, conçues dans l'ex-Tchécoslovaquie, qui nettoyaient, cardaient et filaient les fibres naturelles et synthétiques cinq fois plus vite qu'auparavant. Les années 70 virent l'apparition de métiers informatisés, et, dans les années 80, la conception et la production assistées par ordinateur permirent l'émergence de grandes marques.

Les nouvelles tendances de la mode

Les stylistes de mode bouleversaient aussi l'ordre établi. Le 5 juillet 1946, le créateur de maillots de bain français Louis Réard présenta un modèle deux pièces. Parce qu'il découvrait davantage la peau, il fut jugé indécent ; le Bikini ne fut mentionné dans les dictionnaires français qu'en 1956, et accepté aux États-Unis dans les années 60. Mais c'est une Anglo-Saxonne, Mary Quant, qui inventa la minijupe en 1965. Depuis, la science est entrée en compétition avec la nature en créant de nouvelles fibres textiles naturelles.

Utilisant le procédé d'hybridation de plantes sauvages, une entomologiste américaine, Sally Fox, a mis au point pour les fabriquant de jeans des cotons qui résistent aux parasites et se présentent en teintes naturelles de beige, brun et vert. En 1992, Agracetus, une firme américaine, a breveté une méthode visant à injecter de l'ADN étranger dans les plants de coton en vue de produire une fibre « naturelle » plus résistante et indéfroissable.

À Lyon, l'Institut du textile français a découvert une technique de greffe moléculaire débouchant sur une nouvelle génération de textiles biologiques dotés de propriétés remarquables : un coton saturé de fluor, imperméable aux taches, et un coton antiseptique à base de cuivre, résistant aux bactéries.

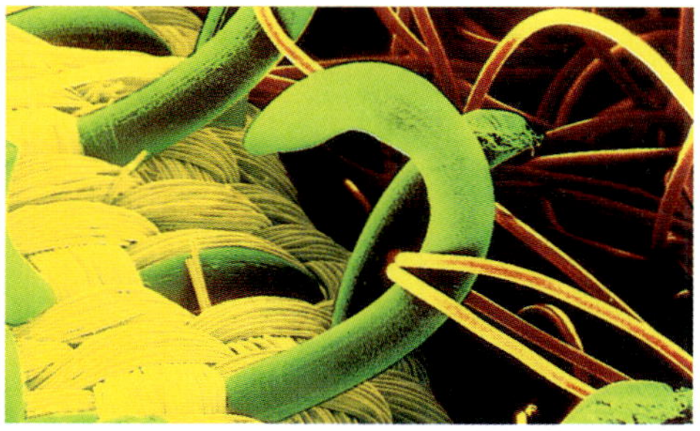

VISION MICROSCOPIQUE Une vue au microscope électronique du Velcro : les deux surfaces, l'une couverte de crochets, l'autre de boucles, forment un lien solide quand elles sont réunies.

SÉDUCTION SUR LA PLAGE La vente en 1940 de maillots de bain découvrant la taille précéda de quelques années la révolution du Bikini.

POLYMÈRES À BASE DE PÉTROLE

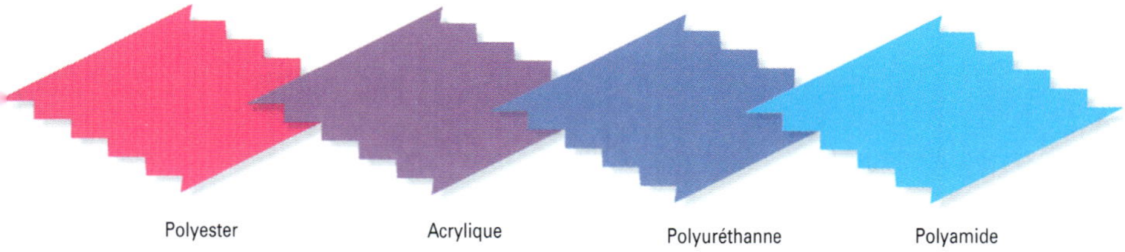

POLYMÈRES À BASE DE CELLULOSE

1950 — 1965 Mary Quant crée la minijupe — 1969 Le Gore-Tex — Années 90 Le génie génétique entre dans la fabrication de fibres textiles naturelles — 2000

OBJECTIF BEAUTÉ

DE NOUVELLES TECHNIQUES POUR ÊTRE BIEN DANS SA PEAU

En 1900, les hommes en étaient encore à s'égratigner le visage avec des coupe-choux et les femmes à lutter avec des fers à friser pour donner du volume à leur chevelure. Deux hommes, un voyageur de commerce américain et un fils de cordonnier des Alpes bavaroises allaient changer les conditions de la beauté.

King Camp Gillette, voyageur de commerce, avait conçu dès 1895 l'idée d'un rasoir de sûreté à lame jetable, mais il lui fallut six ans pour réaliser son projet avec l'aide d'un ingénieur en mécanique, William Nickerson. Ils déposèrent un brevet en 1901 et commencèrent la production à Boston en 1903 ; la première année, ils ne vendirent que 51 rasoirs et 168 lames.

QUEL CONFORT ! Rien ne put arrêter l'inexorable ascension du rasoir de sûreté après la Première Guerre mondiale.

À la même époque, Karl Nessler, un coiffeur réputé, réfléchissait à une machine scientifique à « ondulation permanente ». Il déménagea de Paris à Londres, changea son nom en Nestlé et investit tous ses bénéfices dans son projet. En 1906, il fit une démonstration de son prototype – un impressionnant ensemble de tuyaux de gaz chaud et d'amiante suspendus au-dessus de la tête comme une araignée géante.

L'électricité avait remplacé le gaz en 1909 ; au début de la Première Guerre mondiale, des membres de la famille royale purent subventionner l'entreprise de Nestlé. Mais malgré la protection d'un brevet, les États-Unis s'emparèrent du procédé sous le nom de permanente. Débarquant à New York en 1915, Nestlé découvrit plus de 600 imitateurs. Gillette fut plus chanceux. Quand l'Amérique entra en guerre, l'armée américaine acheta plus de quatre millions de rasoirs de sûreté pour ses troupes, et cette commande marqua le début de la révolution du rasage.

En 1931, un colonel de l'armée américaine, Jacob Shick, commercialisa un rasoir électrique qui mit du temps avant d'être accepté, car il était cher et, surtout, dérangeait les hommes habitués au rasage avec mousse. En 1937, le Hollandais Philips mit au point un rasoir électrique par action circulaire, lancé sous le nom de Philipshave. Le rasoir à piles fut introduit par Remington en 1960, alors que l'on tentait, sans abandonner les autres, de revenir aux techniques de rasage traditionnelles. C'est ainsi qu'en 1971, Gillette lança les rasoirs à double lame et, en 1975, les rasoirs à tête pivotante.

Les nouveaux produits de beauté

La Première Guerre mondiale, en mettant des millions de femme au travail, leur donna une indépendance financière. À cela s'ajouta l'influence des films d'Hollywood. Le tabou contre le maquillage fut de ce fait brisé et l'industrie des cosmétiques put se développer. Après des débuts hésitants – marqués par la vente de lotions et de crèmes aux couleurs flatteuses –, le chimiste de Hambourg Paul Beiersdorf mit au point en 1911 une crème d'un blanc immaculé, appelée Nivea. De nos jours, avec le développement du Tretinoin, un produit dérivé de la vitamine A, on fabrique des crèmes censées effacer les traces du vieillissement. L'emploi limité de ce produit – initialement créé pour le traitement de l'acné – fut cependant autorisé en 1995 dans certaines crèmes corporelles, après que des études eurent démontré qu'il lissait les rides et gommait les taches de vieillesse.

Bien que le rouge à lèvres existe depuis des temps très anciens, le rouge à lèvres en tube, si facile d'emploi, ne fut développé qu'en 1915, année où Helena Rubinstein et Elizabeth Arden, les reines des cosmétiques, entamèrent une compétition qui devait durer cinquante ans. Helena Rubinstein innova en créant le premier mascara waterproof et en instituant des soins pour le visage sous contrôle médical, Elizabeth Arden en proposant des crèmes non grasses et des tons de rouge à lèvres assortis à la carnation du teint et à la couleur des habits. En 1916, Northam Warren, le fils d'un prêcheur du Kansas, produisit le premier vernis à ongles liquide, dénommé Cutex, suivi en 1917 du premier vernis coloré.

Après la Seconde Guerre mondiale, la santé des dents s'améliora grâce à l'introduction dans l'eau potable de fluor, dont on s'était aperçu qu'il permettait de lutter contre les caries. Les dentifrices au fluor apparurent dans les années 50 ; le premier à conquérir le marché, Crest, fut celui de Procter & Gamble.

LES SOINS DU VISAGE L'industrie cosmétique était florissante dans les années 20. Le visage d'Arlequin, symbole de l'esprit fantasque de l'époque, sert à promouvoir une poudre de riz.

LA NAISSANCE DE LA DIÉTÉTIQUE

Le XXe siècle se caractérise par une plus grande attention à son image, en même temps qu'une meilleure connaissance des principes de base qui régissent la santé. Et la prise de conscience que celle-ci dépend en partie de l'alimentation entre dans cette nouvelle attention portée à soi.

Le café décaféiné, par exemple, fut inventé par le docteur Ludwig Roselius en 1903 ; il l'appela Sanka, une contraction du français sans caféine. Le café au lait écrémé apparut lui en 1961. La diététique devenait une science à part entière, et, en 1910, un régime riche en fruits qui déboucha sur la création du muesli fut mis au point en Suisse.

Les substituts chimiques au sucre, tels la saccharine (une invention du XIXe siècle) et le cyclamate (mis au point en 1950), ne furent plus guère utilisés dans les années 70, car on les soupçonna de provoquer des cancers s'ils étaient consommés en trop grande quantité. D'autre part, des études avaient été entamées dans le but de fabriquer un succédané de sucre sans calories ; l'aspartame fut ainsi découvert.

La firme Procter & Gamble a proposé un remède contre l'obésité chez les Américains en développant Olestra, un « faux gras ». En janvier 1996, les autorités sanitaires américaines ont autorisé son emploi dans les chips.

1900

1901 Dépôt d'un brevet pour un rasoir à lame jetable

1906 Machine à « ondulation permanente » pour les cheveux

1911 Invention de la crème Nivea

1931 Commercialisation du rasoir électrique

1945 Introduction du fluor dans l'eau potable à Grand Rapids, dans le Michigan

1950

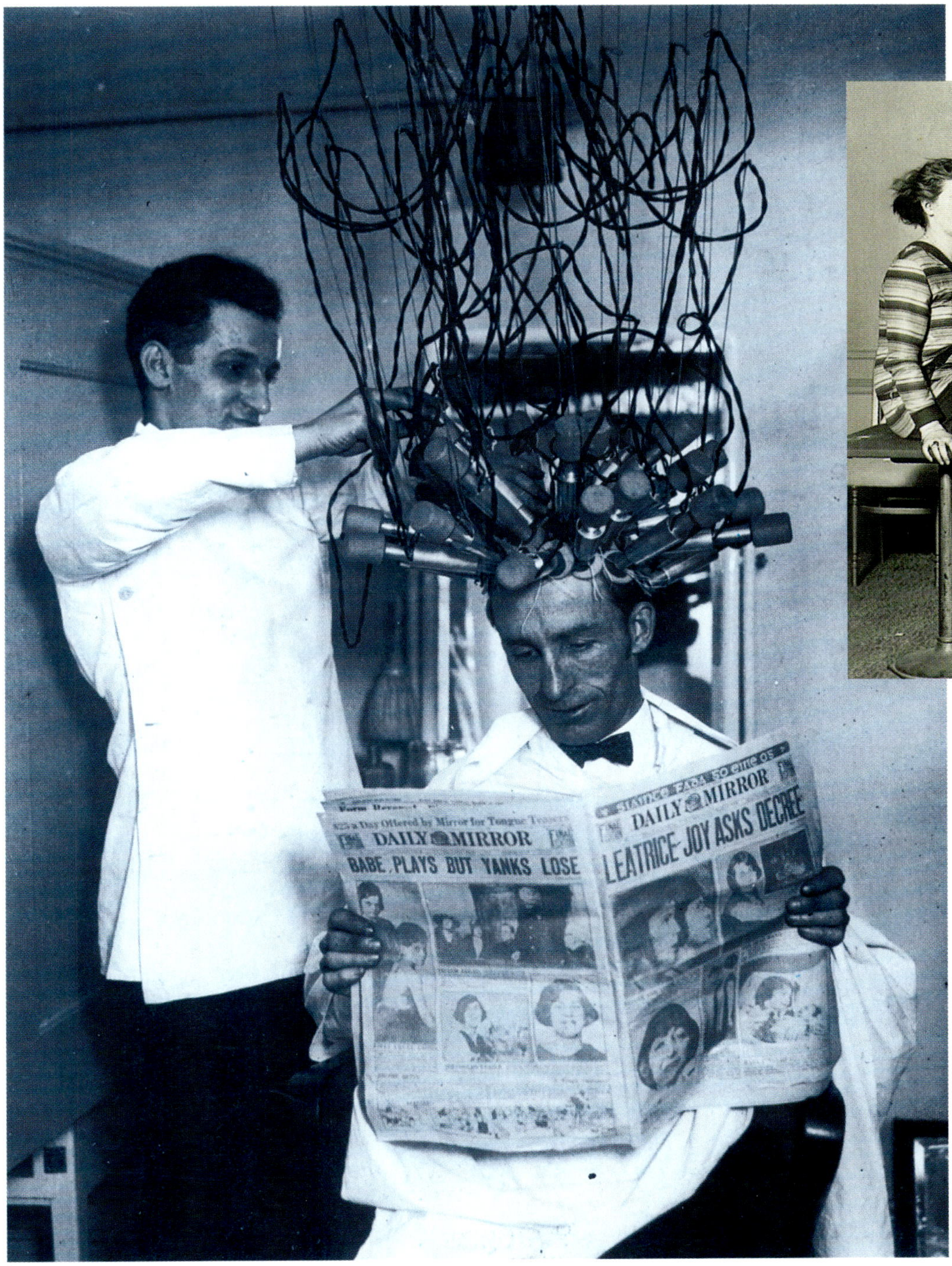

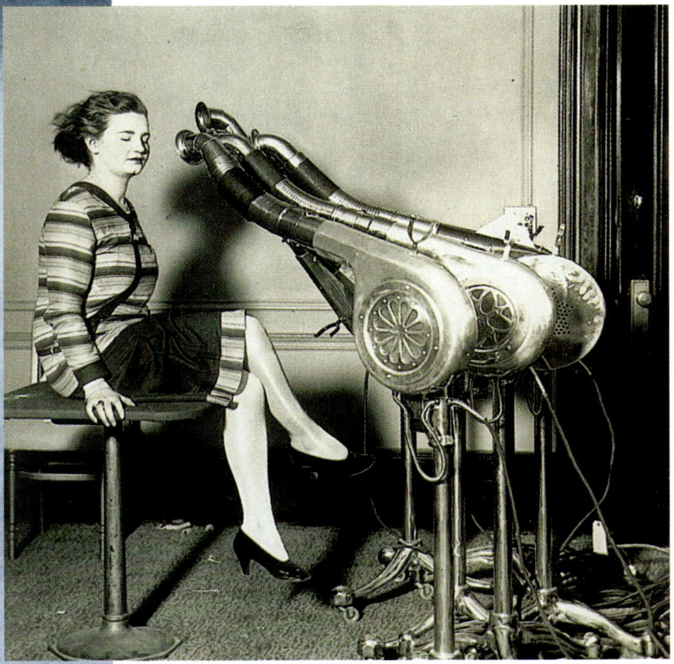

À FAIRE SE DRESSER LES CHEVEUX SUR LA TÊTE Un client téméraire (à gauche) se fait permanenter à New York, en 1925. Ce séchoir impressionnant (ci-dessus) date lui aussi des années 20.

La chirurgie rhinoplastique – ou remodelage du nez – fut testée aux États-Unis et en Allemagne dans les années 1890, et la chirurgie esthétique était florissante vers le milieu des années 20 quand le docteur Suzanne Noël opérait au domicile de ses patients, sous anesthésie locale.

Un nouveau corps

Les techniques de la chirurgie esthétique s'améliorèrent sous la pression de la demande américaine. Rio de Janeiro, au Brésil, devint pendant un moment la Mecque des riches touristes en quête d'une nouvelle jeunesse.

À partir des années 60, les chirurgiens utilisèrent des implants en silicone, à base d'un gel conçu par un ingénieur écossais vivant aux États-Unis, Gilbert Wright. Alors que celui-ci cherchait un substitut ininflammable au caoutchouc, il avait mélangé un doigt d'acide borique à de l'huile au silicone dans une éprouvette et, à sa grande surprise, il en jaillit une substance gluante qui rebondit en tombant sur le sol du laboratoire. Elle claquait comme un élastique quand on l'étirait, puis se remettait lentement en place quand on la relâchait. Au début, la substance ne paraissait pas devoir servir à grand-chose, sinon à jouer – elle fut vendue aux États-Unis sous le nom de Silly Putty – et à assouplir les articulations des arthritiques. Puis, en 1960, on commença à l'employer pour développer et remodeler les seins. En 1992, des millions de femmes portaient des implants mammaires, mais cette pratique fut presque interrompue en raison des risques médicaux qu'elle présentait. De nos jours, l'injection de silicone est redevenue pratique courante.

C'est le docteur Yves-Gérard Illouz qui, en 1977, perfectionna la technique de la liposuccion. On fait une petite incision sur les cuisses, les hanches ou le ventre et on aspire la graisse.

De nouvelles coiffures

Dans les premières années du siècle, la France était à la pointe en matière de teinture des cheveux. En 1909, Eugène Schueller, qui fonda plus tard la firme l'Oréal, vendit avec succès une teinture chimique. La mise au point d'Imédia, un colorant organique inventé en 1927, donna naissance à une gamme variée de tons naturels. La première gamme de teintures capillaires à usage domestique fut introduite deux ans plus tard.

La greffe de cheveux naturels fut développée par le docteur Norman Orentreich en 1960, aux États-Unis ; et, en 1985, on mit au point au Japon une méthode de greffe de cheveux artificiels.

1950 — 2000

- 1960 La chirurgie esthétique commence à utiliser des implants en silicone
- 1971 Développement des rasoirs de sûreté à deux lames
- 1977 Perfectionnement des techniques de liposuccion
- 1986 Lancement des lames de rasoir lubrifiées

LA GRANDE DISTRIBUTION

NAISSANCE DES SUPERMARCHÉS ET D'UNE SOCIÉTÉ OÙ L'ARGENT LIQUIDE N'A PLUS COURS

Vers 1900, la caisse enregistreuse (adaptée d'une machine enregistrant les rotations d'une hélice de navire) était d'usage courant et le terme consommateur était devenu le nouveau mot d'ordre des entrepreneurs. F. W. Woolworth, pionnier des chaînes de magasins, avait ouvert aux États-Unis cinquante-neuf points de vente annoncés par des lettres en rouge et or.

Les magasins en self-service

En 1914 on comptait, en Grande-Bretagne, seize firmes de distribution spécialisées, disposant chacune de plus de deux cents filiales. Toutes étaient pourvues d'un personnel nombreux. Mais entre-temps, aux États-Unis, Clarence Saunders inventait le magasin en self-service. Il breveta le concept et, en 1916, ouvrit un self-service à Memphis, dans le Tennessee, qu'il appela Piggly Wiggly. L'entrée et la sortie se faisaient par tourniquets et des paniers étaient entassés près des caisses. Les étagères, de type bibliothèque, étaient garnies de toutes sortes de produits, des céréales aux pinces à linge, portant leur prix imprimé sur une étiquette. « Les femmes se servent elles-mêmes chez Piggly Wiggly... une toutes les quarante-huit secondes ! » proclamait fièrement Saunders.

Des concurrents développèrent bientôt leur propre concept. En 1930, le supermarché King Kullen, que l'on considère comme étant le premier, ouvrit dans le quartier de Queens, à New York. Imaginé par un spécialiste de la distribution, Michael Cullen, il offrait à ses clients des promotions, un parking et les rangées désormais familières d'étagères non encastrées.

Les méthodes américaines de self-service n'eurent réellement d'impact qu'après la Seconde Guerre mondiale. En France, Félix Potin, dont le premier magasin ouvrit en 1876, avait été le pionnier mondial des chaînes d'épicerie. Carrefour inventa l'hypermarché géant en juin 1963. L'Amérique, réagissant à ce nouveau défi, fit agrandir en 1978 le Dallas Market Centre, au Texas, afin d'offrir 67 ha d'espace de vente !

Les drive-in s'alignaient le long des autoroutes américaines dès les années 30, et les premières banques en drive-in apparurent en 1946. La plupart appartenaient à des chaînes d'entreprises dont le succès dépendait de l'offre d'un service familier et régulier. Le drive-in, qui permet aux consommateurs de faire des achats sans qu'ils aient à quitter leur voiture, a été popularisé en

ARGENT PLASTIQUE Offrant « prestige et commodité », Diner's Club se développa en 1953 en affirmant : « Votre crédit est bon où que vous alliez quand vous possédez une carte Diner's Club. »

ACHATS EN SELF-SERVICE Les clients sortent d'un self-service Piggly Wiggly au Tennessee. Le concept entraîna l'invention du supermarché.

1900 — 1950

1930 Le premier supermarché, King Kullen, ouvre à New York

1936 Premier chariot

1948 Premier supermarché en Grande-Bretagne

France avec les fast-food McDonald's. Aux États-Unis, notamment à Las Vegas, on peut également se marier et… divorcer en drive-in.

Les stations-service classiques résistèrent quelque temps. Plusieurs « *gaseterias* » en self-service avaient été ouvertes aux États-Unis à la fin des années 40, mais il fallut attendre la compétition acharnée des années 60 et l'inflation des années 70, qui fit suite à la crise pétrolière, pour que les grandes compagnies pétrolières suivent le mouvement.

LA NAISSANCE DU CHARIOT

Sylvan Goldman, le propriétaire de la chaîne d'épiceries Humpty-Dumpty, dans l'Oklahoma, remarqua que les femmes arrêtaient de faire des achats quand leur panier devenait trop lourd. En 1936, il fit attacher des roues à une chaise pliante et placer un panier au-dessus. La demande fut telle qu'il fonda bientôt une compagnie pour commercialiser son invention.

Payer avec sa carte

L'énorme marché automobile suscita la création de la première carte de crédit – pour l'essence seulement –, émise en 1938 par les compagnies pétrolières américaines afin de fidéliser leur clientèle. Le concept fut élargi grâce à l'homme d'affaires new-yorkais Frank McNamara, qui, ayant un jour invité des clients à dîner, s'était trouvé à cours d'argent liquide et n'avait pu payer l'addition. McNamara consulta un ami avocat, Ralph Schneider, et ils lancèrent ensemble, en février 1950, la carte Diner's Club. La carte de crédit sous sa forme moderne – où la compagnie qui émet la carte paie les distributeurs et facture ces sommes aux clients – vit bientôt le jour. La première, celle qui allait devenir la carte Visa, valable dans le monde entier, fut émise par la Bank of America en 1958 ; vingt ans plus tard, plus de 200 milliards de dollars étaient traités par elle. La première carte bancaire anglaise, la Barclaycard, fut lancée en 1966 ; et, deux ans plus tard, une billetterie conçue en Grande-Bretagne marqua la première étape vers l'automatisation des opérations bancaires.

Les systèmes de transfert électroniques et les cartes dotées d'un compte électronique sont les signes avant-coureurs d'une société où l'argent liquide n'a plus cours. D'abord sont apparues les cartes effaçables, pourvues de bandes métalliques, ou hologrammes, codées pour un certain montant et qui s'effacent lorsqu'on l'atteint. Puis vinrent les cartes à puce, inventées par l'ingénieur français Roland Moreno, capables tout à la fois de stocker et de traiter l'information. Plus d'une douzaine de pays envisagent d'introduire les cartes à puce comme comptes électroniques, rechargeables dans les billetteries ou par téléphone.

Le shopping informatisé

Dès le milieu des années 60, le grand commerce pouvait accéder aux services d'ordinateurs puissants. Les dirigeants commençaient tout juste à exploiter cette possibilité quand l'informatisation prit une tout autre direction avec l'avènement du code-barres, conçu dans les années 70.

Dans le code-barres, un faisceau lumineux optique balaye un label composé de lignes noires et blanches codées par ordinateur, et identifie chaque article l'un après l'autre, enregistrant automatiquement son prix. Ce procédé fut vite adopté par les magasins et les supermarchés, et l'emploi des scanners à laser permit d'améliorer encore sa rapidité et sa fiabilité. En 1980, IBM aux États-Unis et NEC au Japon perfectionnèrent chacun de leur côté le système, en utilisant des lasers holographiques à double faisceau qui lisaient le code-barres sous tous les angles, quel que soit son support ou son état. Le principe veut que les transactions soient enregistrées sur un ordinateur programmé pour les traiter automatiquement. La prolifération des cartes de crédit a permis à la distribution de prendre une dimension nouvelle. Le téléachat naquit en 1985, quand la première chaîne de vente par correspondance fut opérationnelle aux États-Unis – un appel téléphonique gratuit suffisait pour commander les produits présentés.

Le télémarketing – la prospection par téléphone – est de nos jours de plus en plus florissant. Cette technique permet de délocaliser la distribution vers des régions isolées.

Le cybershopping – le shopping à partir d'un ordinateur personnel – est un autre concept promu à un riche avenir, qui offre aux sociétés de biens de consommation ou de services la possibilité de se doter d'adresses électroniques.

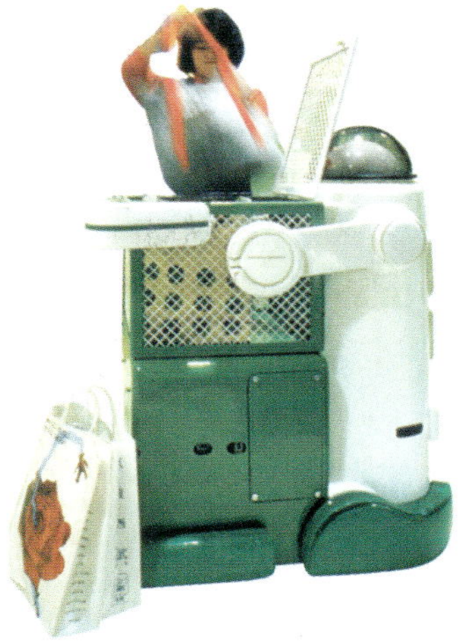

CHARIOT PARLANT Ce chariot japonais du premier magasin entièrement automatisé accueille les clients puis les suit.

LE COMPTE EST BON La vénérable caisse enregistreuse fut propulsée dans l'ère informatique avec l'avènement du code-barres.

1950 — 2000

- 1950 Première carte de crédit
- 1963 Premier hypermarché en France
- 1980 Perfectionnement du code-barres
- 1985 Première chaîne télévisée de téléachat
- Années 90 Les cartes à puce cybershopping par ordinateur personnel

LA GRANDE DISTRIBUTION À LA FRANÇAISE

LA SAGA DES HYPERMARCHÉS, QUI COMMENCE DANS LES ANNÉES 60, A TRANSFORMÉ LE COMMERCE FRANÇAIS, AVANT DE S'EXPORTER DANS LE MONDE ENTIER.

SAINTE-GENEVIÈVE-DES-BOIS Dans les rayons du premier hypermarché français, la découverte d'un nouvel art de consommer...

Le 6 septembre 1958, au cœur de Grenoble, s'ouvre un magasin pas comme les autres, baptisé « centre distributeur Leclerc », où les produits – alimentation, quincaillerie, parfumerie – sont vendus avec des rabais allant de 20 % à 35 %. Pendant plusieurs jours, il ne désemplit pas et réalise en un mois un chiffre d'affaires vingt fois supérieur à celui d'une bonne épicerie traditionnelle ! Édouard Leclerc, son initiateur, n'en est pas à son coup d'essai. Neuf ans plus tôt, il a ouvert sa première enseigne à Landerneau, suivi d'une dizaine d'autres à travers la Bretagne. Il a compris – et il est en cela un précurseur – que l'on peut gagner plus d'argent en baissant les marges plutôt qu'en les augmentant.

Sa volonté de « casser les prix » et de jouer sur les quantités sème le trouble parmi les défenseurs du commerce traditionnel. Les consommateurs ont suivi... Et d'autres commerçants ne tardent pas à emboîter le pas.

NICE Pas de grande surface sans parking. Ici, les voitures stationnent devant le magasin... et sur son toit.

Miser sur l'automobile

En juin 1963, à l'enseigne Carrefour, s'ouvre à Sainte-Geneviève-des-Bois, en région parisienne, une grande surface couvrant plus de 2 500 m^2, le premier « hypermarché » – le terme n'apparaîtra qu'en 1966 – de France. Les initiateurs de ce gigantesque magasin, doté d'un parking de 400 places, parient deux fois sur l'automobile. D'abord en vendant du carburant au prix le plus bas possible, ensuite en misant sur une clientèle possédant une voiture, l'hypermarché n'étant accessible et vraiment pratique qu'avec ce moyen de transport. Or, à l'époque, la France compte beaucoup moins de ménages motorisés qu'aujourd'hui, même si, de 1958 à 1963, leur nombre a augmenté de 65 % ! Pourtant, le succès est au rendez-vous. Il prouve que les consommateurs sont mûrs pour troquer le panier à provisions contre le coffre de leur automobile. La révolution du commerce peut se poursuivre.

En quelques années, les hypermarchés se multiplient, bouleversant les modes d'achat, suscitant de nombreuses polémiques et permettant à quelques familles visionnaires d'amasser des fortunes considérables. Outre Carrefour et Leclerc, d'autres enseignes deviennent rapidement familières : Intermarché, Continent, Casino, Auchan, Mammouth...

DES FORTUNES CONSIDÉRABLES

La grande distribution française est entre les mains d'une dizaine de familles – les Mulliez, Defforey, Bouriez, Halley... – qui, en 30 ans seulement, ont réalisé des fortunes considérables. Les fondateurs de ces dynasties sont généralement des autodidactes. Un grand sens du secret et de la solidarité interne, un goût prononcé pour la discrétion et l'économie, et... un exceptionnel talent pour le commerce semblent être des qualités partagées par toutes ces familles.

Innovation à tous les rayons

Entre ces géants, la concurrence est extrêmement vive et, pour marquer des points, il faut sans cesse innover. En avril 1976, par exemple, Carrefour lance les « produits libres » : 50 produits de base, sans marque, mais à des prix sans concurrence, lancés dans les 37 hypermarchés du groupe sous un déluge de messages publicitaires. L'opération fait l'effet d'une bombe. Elle déclenche notamment un bras de fer entre Carrefour et les grandes marques nationales,

PERPLEXES ! **Les consommateurs le restent parfois devant un trop grand choix de produits.**

DANS LES COULISSES DES GRANDES SURFACES

L'aménagement des grandes surfaces ne laisse rien au hasard : il faut que les consommateurs... consomment ! La place des rayons (l'électroménager, par exemple, est à l'entrée du magasin, là où les chariots sont encore vides...), l'éclairage (une lumière blanche renforce l'impression de propreté et d'hygiène), le fond sonore (la musique détend et couvre les bruits du magasin), la disposition des articles dans les linéaires (les premiers prix en bas et les marques à hauteur des yeux), la taille des chariots, l'emplacement et la signalisation des promotions répondent à des études du comportement.

jusqu'à ce que ces dernières s'aperçoivent qu'elles ne peuvent se passer de la puissance de vente de cette grande chaîne...

Rapidement, à l'exception de Leclerc, Intermarché et Auchan, tous les distributeurs qui n'ont pas encore de marques propres les adoptent. Mammouth lance ses « produits familiaux », Continent, ses « produits blancs », Euromarché, ses « produits orange », etc.

Les hypermarchés en procès

Le développement des hypermarchés ne s'est pas fait sans susciter polémiques et débats. Les géants de la distribution sont accusés de divers maux : ils détruiraient les emplois dans le commerce traditionnel, exerceraient une pression trop forte sur les fournisseurs, tueraient les centres des villes tout en défigurant les périphéries. Face à ces critiques, sous la pression aussi du petit commerce, les pouvoirs publics mettent en place des garde-fous législatifs (loi Royer, loi Raffarin...) afin de tenter d'endiguer le développement anarchique des grandes surfaces, en limitant leur taille et en réglementant leur implantation. Il ne fait aucun doute, toutefois, que celles-ci ont permis de lutter contre la hausse des prix et d'élargir la société de consommation.

À la fin de l'année 1998, la France compte 1 114 hypermarchés, contre 7 300 supermarchés. Aujourd'hui, 91 % des produits d'entretien, 70 % des viandes, 60 % des fruits et légumes et 45 % des produits d'hygiène et de beauté sont vendus au détail par les grandes surfaces.

De nouveaux services

L'un des atouts de la grande distribution en France a toujours résidé dans sa capacité d'innovation. Au fil des ans, de nouveaux services ont vu le jour : les cartes de paiement et de fidélité (proposées par toutes les enseignes), des magazines destinés aux clients (Carrefour...), le Junior club (Continent), les voyages (Leclerc, entre autres), la vente de billets de spectacle, la téléphonie (Carrefour), etc. Les grandes surfaces ont également su jouer la carte de la diversification en ouvrant par exemple des boutiques de bijoux ou d'optique à prix « cassés ». À l'intérieur même des magasins, de nombreux services se sont développés : lieux de repos, fontaines pour se rafraîchir, plans pour se repérer, distributeurs à billets, etc.

D'autres évolutions se préparent : comptabilisation automatique des achats grâce à un portail électronique faisant office de caisse ; étiquettes à fréquence radio permettant des changements instantanés des prix dans les rayons et à la caisse ; cartes à puce offrant des services « sur mesure » et mémorisant, par exemple, les garanties ; bornes multimédias guidant les consommateurs (indiquer son budget, le plat à accompagner, et la borne interactive conseillera le vin le mieux adapté...), etc.

Un concept qui s'exporte

Freinées dans leur développement national par une réglementation de plus en plus stricte, les enseignes de la grande distribution poursuivent leur croissance en s'implantant sur les marchés étrangers. Cette conquête de terres nouvelles a connu un essor spectaculaire depuis le début des années 90. Carrefour a installé plus de 200 magasins dans 17 pays. L'enseigne s'est implantée en Espagne dès 1973, puis au Brésil en 1975, à Taïwan en 1989, à Monaco en 1992 – le premier hypermarché de la Principauté –, en Turquie, en Italie, au Mexique, en Malaisie, en Thaïlande, en Chine, où 9 magasins ont été ouverts en 1998. Continent compte plus de 160 surfaces dans 11 pays, Auchan est présent dans 12 pays en Europe du Sud et centrale, en Amérique latine et en Asie. Visiblement, le concept de « grandes surfaces à la française » s'exporte bien. À condition de l'adapter aux spécificités locales.

EN CHINE **Les hypermarchés à la française ont conquis le monde entier. Ici, celui de Tianjin.**

CONSERVER ET EMBALLER

LES INGÉNIEURS FACE AUX PROBLÈMES DES BOÎTES DE CONSERVE ET DES SACS EN PLASTIQUE

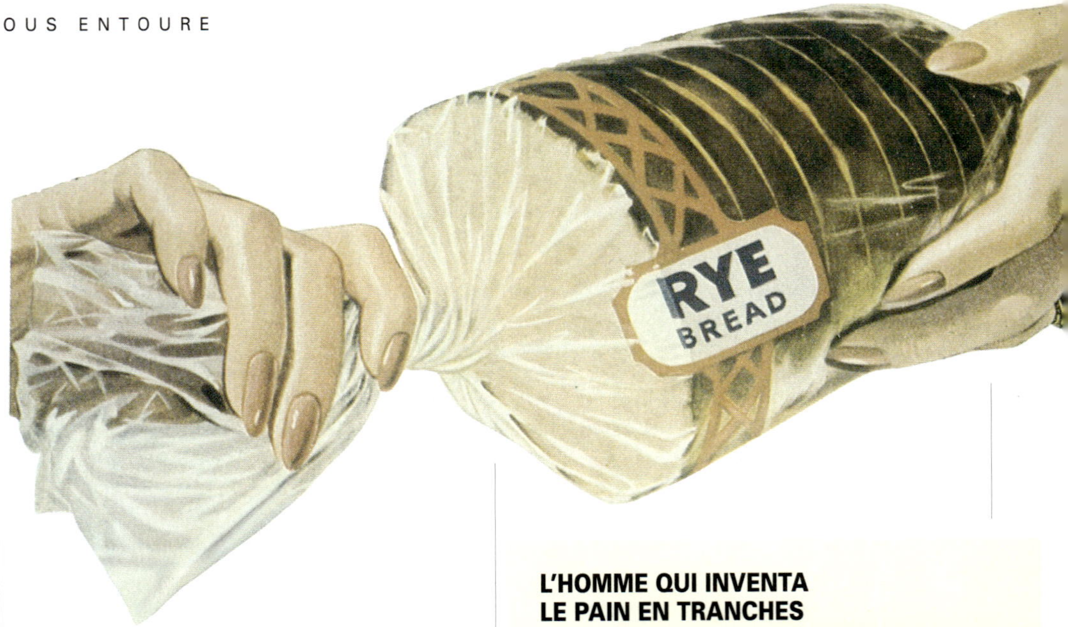

Jusqu'au début du XXe siècle, on emballait tout soit dans du papier entouré de ficelle ou scellé avec de la cire, soit dans du verre ou du fer-blanc. La révolution de l'emballage se fit par étapes et resta, la plupart du temps, à la traîne des autres procédés industriels.

Bien qu'un procédé économique de fonte de l'aluminium ait été inventé dans les années 1880, et que des feuilles d'aluminium aient été produites en France en 1903, leur application dans l'industrie de l'emballage restait timide. En 1914, les Suédois fabriquèrent des capsules en aluminium pour les bouteilles de lait, mais le procédé ne se répandit qu'après la Seconde Guerre mondiale, quand on découvrit qu'il était avantageux pour des emballages légers et étanches.

Il en alla de même pour l'industrie de la conserve : le coût élevé du fer-blanc poussa la firme Kaiser Aluminium, aux États-Unis, à développer, en 1958, les boîtes de conserve en aluminium, plus légères et moins chères. La marque de bière Coors fut la première à les introduire sur le marché, en 1959. L'invention de la languette détachable, en 1963, encouragea les fabriquant de boissons non alcoolisées à suivre l'exemple des brasseurs : Coca-Cola et Pepsi adoptèrent l'aluminium en 1967. En 1990, les

NON AU GÂCHIS Lors de la dernière guerre, le gouvernement américain s'associa aux fabricants de Cellophane pour encourager les ventes de pain prétranché sous emballage, avec le slogan : « Conservez-le au frais… Ne le gaspillez pas ».

L'HOMME QUI INVENTA LE PAIN EN TRANCHES

Le bijoutier Otto Rohwedder était obsédé par une idée : le pain en tranches. Concevoir une machine pour trancher le pain n'était pas un problème ; la question épineuse était de maintenir les tranches compactes et qu'elles soient le plus fraîches possible. Rohwedder commença ses recherches en 1912 et fit des expériences avec un prototype qui utilisait des épingles à cheveux. L'invention d'une machine à emballer le pain, en 1925, le poussa à redoubler d'efforts et, en janvier 1928, il parvint à ses fins. En quelques années, 80 % du pain vendu aux États-Unis était prétranché, mais l'homme qui avait été le père de cette innovation n'en retira ni gloire, ni fortune. Il mourut dans l'indifférence générale en 1960.

L'INDUSTRIE ALIMENTAIRE Même à la conserve des fruits, la mécanisation, réponse à l'essor de la consommation, s'adapta, comme l'atteste cette photo de 1922 montrant le bouchage mécanique.

1903 Production de feuilles d'aluminium

1908 Invention de la Cellophane

1933 Mise au point du Polythène

1941 Première bombe aérosol

boîtes de conserve ayant été réduites à moins de 0,005 mm d'épaisseur, elles étaient devenues aussi minces que la couverture d'un magazine.

Le concept de la bombe aérosol (dont certaines sont à présent fabriquées en aluminium) fut élaboré par le Norvégien Erik Rotheim. Il découvrit, en 1926, qu'un produit pouvait être pulvérisé si l'on utilisait un réceptacle sous pression gazeuse. Mais jusqu'au développement, dans les années 30, par la firme Du Pont, des chlorofluorocarbures (CFC ou Fréon), aucun gaz adéquat n'existait. Et ce n'est qu'en 1939 que l'Américain Julian Kahn créa un pulvérisateur jetable contenant un aérosol. En 1941, une équipe travaillant pour le gouvernement américain conçut le premier aérosol pratique, qui fut utilisé pendant la guerre sous le nom de bombe à moustiques – un insecticide pulvérisé par du Fréon qui sauva d'innombrables vies lors de la guerre du Pacifique. Peu après la Seconde Guerre mondiale, Robert Abplanalp fabriqua un bouton poussoir en plastique. Cette invention permit la production de masse d'aérosols bon marché, à partir de 1953.

Du papier aux polymères

Le premier plastique d'emballage fin et souple fut inventé à peu près à la même date que les feuilles d'aluminium : en novembre 1908, un mince film de cellulose se forma sur le coton qu'un chimiste suisse, le docteur Brandenberger, était en train de traiter pour une expérience d'impression en couleurs ; il lui fallut un certain temps pour réaliser que ce film pouvait servir à quelque chose, et, en 1912, on commença à fabriquer de petites quantités de Cellophane. Le Polythène fut découvert en Grande-Bretagne en 1933 par deux chercheurs de la firme ICI, Reginald Gibson et Eric Fawcett, qui cherchaient à déterminer ce que pouvait donner du gaz éthylène soumis à une énorme pression. Ils découvrirent que le gaz s'était polymérisé dans l'éprouvette sous forme de plastique.

La mise au point de la bouteille en plastique fut assez lente. Le PET (abréviation de polyéthylènétéréphtalate), résistant et léger, fut développé en 1942, mais il ne prenait pas bien la forme requise. La production resta limitée jusqu'à ce qu'un ingénieur de la firme Du Pont, Nathaniel Wyeth, invente en 1973 un procédé qui donna le jour à la bouteille que nous connaissons.

Le fabriquant de carton suédois Ruben Rusing combina les trouvailles de l'industrie du plastique, du papier et de l'aluminium pour créer un carton tétraèdre – à quatre faces –, ou Tetra Pack. Le lait longue conservation fut mis en pack en 1961, puis ce fut le tour des jus de fruits, des soupes et du vin.

Toutefois, dans les années 80, l'impact de la révolution de l'emballage était tel et les nouveaux matériaux si résistants que les inventeurs commencèrent à se soucier d'en limiter les répercussions nocives. Les technologies du recyclage se concentrèrent d'abord sur le problème des décharges publiques, pleines de matériaux non biodégradables. Quand fut révélé le rôle joué par les CFC – utilisés dans les aérosols et pour la fabrication des gobelets et autres boîtes – dans la diminution de la couche d'ozone, on en inventa de nouveaux. Certains fabricants commencèrent alors à remplacer leurs emballages en plastique par des emballages en papier.

UN NOUVEL ART DU THÉ

En 1904, l'importateur de thé new-yorkais Thomas Sullivan envoya à ses clients des échantillons dans de petits sachets en soie. Au lieu de retirer le thé des sachets, ils les mirent dans la théière. Sans le savoir, en se trompant sur la finalité du geste de Sullivan, ils venaient d'inventer le thé en sachet.

LA SOCIÉTÉ DU TOUT-JETABLE

On ne jetait presque rien avant 1900. Le père du tout-jetable fut William Painter, l'inventeur de la capsule de bouteille, qui donna le conseil suivant à l'un de ses vendeurs : « Pourquoi n'inventez-vous pas quelque chose qui puisse être utilisé, puis jeté ? Ainsi, le client reviendra toujours s'en procurer. » Le vendeur s'appelait Gillette.

L'invention de la lame de rasoir jetable fut suivie par celle du gobelet en carton jetable, lancé en 1909, qui était une alternative hygiénique aux tasses en métal des fontaines publiques. Son inventeur, Hugh Moore, mettait le public en garde contre les microbes avec ce slogan publicitaire : « La grippe couve sur le rebord des tasses ordinaires. » Le mouchoir en papier jetable fut inventé en 1924 par la firme Kimberley Clark, dans le Wisconsin. Baptisé à l'origine Celluwipe, son nom fut plus tard changé en Kleenex.

On trouvait des couches-culottes jetables en Suède peu après la Seconde Guerre mondiale ; elles avaient le défaut de ne pas être totalement étanches. On essaya d'autres procédés qui se révélèrent tout aussi infructueux jusqu'à ce que deux chercheurs de Procter & Gamble, Robert Duncan et Norma Baker, créent une couche imperméable ; elle fut lancée en 1966 sous le nom de Pampers. L'ampoule de flash jetable commença aussi sa carrière en 1966. Les années 70 virent l'apogée des produits jetables avec des sous-vêtements, des chemises et même des meubles jetables. La brosse à dents jetable fut une invention italienne de 1979 et, en France, l'entreprise BIC, rejoignant la logique de Gillette, créa le rasoir jetable. Kodak suivit le mouvement dix ans plus tard avec son appareil-photo jetable, le Fling. Des montres et des briquets jetables commencèrent à inonder le marché à partir des années 80.

DÉCHETS DE PLASTIQUE **Le recyclage était devenu une priorité absolue dans les années 90, avec la course engagée pour lutter contre la pollution.**

1950 — 2000

1958 Boîte de conserve en aluminium

LA NOURRITURE RAPIDE

PEUT-ON DÉSORMAIS SE NOURRIR VITE… ET NE PAS PERDRE DES TRADITIONS ESSENTIELLES ?

La restauration rapide connaît en France une très forte accélération depuis le début des années 80. Son histoire commence aux États-Unis. Dès les premières années du XXe siècle, le hamburger y rencontre un large succès, écorné par l'apparition du hot-dog en 1908. En même temps, l'apparition des cafétérias offre à la consommation de ces aliments vite préparés et vite mangés un lieu approprié. Des conserves, le café instantané, les plats surgelés… viennent progressivement accroître la panoplie d'une alimentation qui, avant la qualité gustative et la convivialité, repose sur la rapidité et la simplicité. Plus que toute autre, l'extraordinaire expansion de la firme McDonald's, et de ses hamburgers frites, symbolise parfaitement ce bouleversement dans les habitudes alimentaires de très nombreux consommateurs.

UNE PETITE FAIM ? Le sandwich reste l'en-cas facile à manger partout.

LE HAMBURGER Né aux États-Unis, accompagné de frites et d'un soda, il a conquis la planète.

Des États-Unis, la restauration rapide a facilement franchi l'Atlantique. Les enseignes McDonald's s'y sont massivement implantées et ont vite conquis un public surtout jeune et urbain. En France, leur premier restaurant s'est ouvert à Strasbourg en 1979. Vingt ans plus tard, on en compte plus de 550 ! Auxquels il faut ajouter plus de 700 autres fast-foods de marques différentes : Quick, Burger King, etc. Depuis 1979, les « hamburgers restaurants » – c'est la terminologie officielle – ont toujours connu une croissance annuelle à deux chiffres, à l'exception de 1996, au moment de la crise de la « vache folle ».

Après avoir conquis les grandes villes, les fast-foods s'implantent peu à peu dans des agglomérations plus petites et tissent un réseau de plus en plus dense. Au début du XXIe siècle, il devrait y en avoir un pour 40 000 habitants. Cette tendance ne plaît guère aux nutritionnistes et aux défenseurs de l'art de la table.

Mais il ne faut pas s'y tromper : en France, les hamburgers n'ont pas, et de très loin, le monopole de la nourriture rapide. Le traditionnel sandwich fait mieux que résister. En 1997, les Français en ont consommé huit fois plus que des hamburgers ! Ce qui représente un nombre impressionnant de baguettes quand on sait que les habitants de l'Hexagone prennent chaque année 260 millions de repas rapides hors de leur foyer…

D'autre part, se nourrir sans consacrer trop de temps à la préparation d'un repas n'est pas synonyme de piètre alimentation. On voit se développer des plats cuisinés conditionnés sous vide et portant la signature de grands chefs. Ils ont le plus souvent trois avantages : un prix accessible, une intervention simple et rapide, la qualité. Ces nouvelles préparations ont en outre celui de ne pas couper la tradition de la gastronomie française des exigences de la vie quotidienne. Bref, de profiter, à domicile, des nécessités de la restauration rapide sans en subir les inconvénients…

LES PLATS CUISINÉS Les grandes surfaces en proposent de plus en plus.

UN McDO À LA FRANÇAISE

En 1997, pour tenter de séduire davantage la clientèle hexagonale, McDonald's a lancé le « hamburger au goût français », surnommé « McDeluxe ». Il est servi avec une sauce à base de moutarde à l'ancienne et de poivre, un assaisonnement qui rompt avec la traditionnelle saveur sucrée-salée qui caractérise les hamburgers classiques.

Merveilleuses machines

2

Du cliquetis des machines à écrire au ronron des ordinateurs, du tapis roulant aux robots capables de fonctionner sans surveillance, le lieu de travail a subi une véritable métamorphose au cours des cent dernières années. Les matériaux ont aussi bouleversé les habitudes de travail : on est passé des métaux aux plastiques puis aux composés synthétiques qui possèdent de grandes capacités d'adaptation.

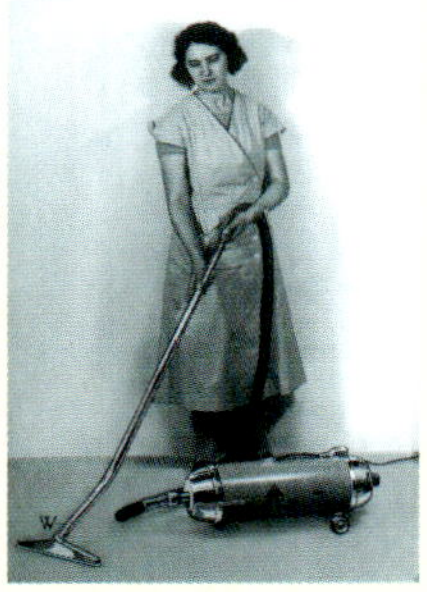

LE BUREAU MODERNISÉ

DE LA FONTE EN PLOMB À L'OCTET ÉLECTRONIQUE, OU COMMENT RENTABILISER LE TRAVAIL

À l'aube du XXe siècle, les bureaux où des clercs perchés sur des tabourets griffonnaient sur des registres avec des plumes d'oie étaient encore d'actualité. Pourtant, dès 1833, en pleine ère balzacienne, le Français Xavier Progin proposait la première machine à écrire à touches : sa « plume cryptographique » était munie de leviers articulés disposés en cercle qui percutaient une feuille de papier. Un autre modèle de machine, nettement plus élaboré et surnommé le « piano littéraire », fit une entrée remarquée en 1870, au point que « son cliquetis monotone » pouvait être entendu « dans pratiquement toutes les bonnes entreprises ». Tel ne fut pas le cas du téléphone, qui était considéré, à ses débuts, comme un instrument d'apparat. Son utilité pour les affaires ne fut reconnue que dans les années 20, lorsque les centraux téléphoniques automatisés en banalisèrent l'usage.

Le bureau au tournant du siècle

Les encriers renversés et les stylos qui fuyaient étaient le lot quotidien des bureaucrates de l'époque. Après deux siècles de tâtonnements, une technique vraiment efficace pour contrôler le flux de l'encre fut mise au point en 1884 par Lewis Waterman, un agent d'assurances américain. En 1904, son compatriote George Parker fit breveter un autre procédé : on soulevait un levier qui évacuait l'air d'un réservoir en caoutchouc, créant ainsi du vide ; il suffisait ensuite d'abaisser le levier pour aspirer l'encre dans le corps du stylo.

La reproduction de documents au moyen du papier carbone saturé d'encre (une invention du début du XIXe siècle) était une opération fastidieuse et fort salissante. En 1888, David Gestetner, un Hongrois immigré à Londres, inventa le stencil, une feuille composite à base de matière plastique, sensible à la pression. Les touches d'une machine à écrire utilisée sans son ruban percent et ôtent la pellicule superficielle, mettant à nu la fibre de la feuille. Le stencil est alors enduit d'encre, qui se dépose seulement sur les zones où la cire a été retirée, puis on le passe dans un rouleau où l'encre s'imprime sur une feuille de papier. Toujours à Londres, le Tchèque A. D. Klaber mit au point une technique, le duplicateur rotatif, ou Ronéo, commercialisé à partir de 1900, permettant de faciliter l'emploi du stencil tout en augmentant la vitesse par un nouveau procédé qui rendit possible, en outre, la reproduction en couleurs.

Pressentant un accroissement de la paperasserie, différents inventeurs conçurent d'ingénieux attache-lettre, mais c'est le Norvégien Johann Waaler qui donna au trombone sa forme moderne, en 1900. Les premières agrafeuses de bureau apparurent en 1914. Ces instruments étaient peu pratiques et se

L'INVENTION DU PHOTOCOPIEUR

L'Américain Chester Carlson était déterminé à trouver une méthode plus rapide que l'écriture manuscrite pour copier des documents. En 1938, il réussit à photocopier la première image. Avec un crayon gras, il griffonna la date du jour sur une lamelle en verre puis, utilisant une ampoule électrique, il la projeta sur une plaque en zinc photosensible enduite de soufre. Il dépoussiéra ensuite la plaque avec une poudre faite de spores de mousse, qui se colla sur les zones où l'image sombre de l'écriture

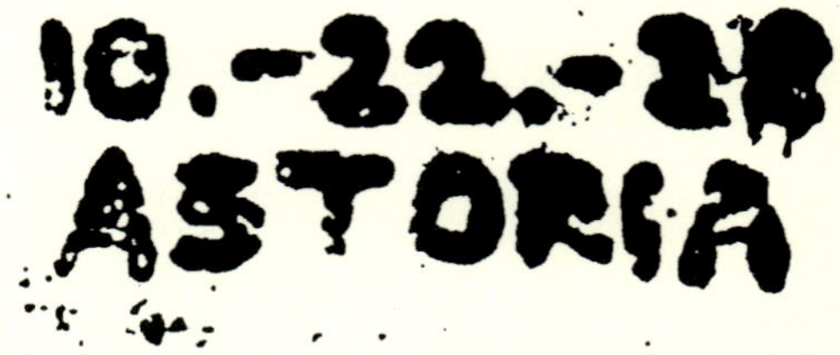

PREMIER TEST La copie de Carlson fut réalisée le 22 octobre 1938, dans la région de New York.

avait conservé la charge électrique positive d'origine. L'image fut ensuite transférée sur du papier cireux.

UNE COPIE PROPRE Une publicité française de 1904 (ci-dessous, à gauche) vante les avantages du duplicateur rotatif sur le rouleau à main. C'est finalement la polycopieuse (ci-dessous), conçue par le designer français Raymond Loewy, qui s'imposera.

1900 — 1950

1900 Invention du trombone
1901 Invention de la machine à écrire électrique
1902 Invention de la télécopie
1914 Première agrafeuse
1924 Première reliure à spirale pour assembler les documents
1938 Première photocopieuse
1940 Premier stylo à bille breveté en Argentine

LA VOIX EN BOÎTE **Les dictaphones étaient sur le marché vers 1900 et donnaient une importance supplémentaire aux dirigeants.**

grippaient souvent, jusqu'à ce que la Boston Wire Stitcher Company invente en 1923 un modèle plus simple. L'apparition de batteries d'agrafes collées les unes aux autres permit de ne plus avoir à les insérer une à une. Les rouleaux de spirales destinés à maintenir des liasses de documents furent inventés en 1924. Équipé de la sorte, le bureau devint le fer de lance d'une nouvelle organisation du travail qui connut des bouleversements sociaux majeurs avec, en premier lieu, l'embauche massive de femmes.

En dépit des innovations, on ne disposait toujours pas d'un moyen de dupliquer efficacement les documents. Aux États-Unis, Chester Carlson passa les années de la dépression économique d'après le krach boursier de 1929 à mettre au point la photocopie, méthode de reproduction photographique des documents. Son invention fut rejetée par plusieurs grandes firmes américaines, avant qu'un institut de recherche privé accepte d'investir dans son développement. En 1947, un petit fabricant de papier photographique (qui prendra plus tard le nom de Xerox Corporation) acheta le brevet de fabrication, qu'il baptisa xérographie – du mot grec signifiant « écriture sèche ». Mais les premières Xerox se révélèrent compliquées, excessivement encombrantes et trop chères pour emporter le marché. La révolution du photocopieur ne se produira que vingt et un ans plus tard, avec le développement par Carlson de la Xerox 914 – une machine encore coûteuse et qui prenait beaucoup de place, mais qui fut néanmoins la première à utiliser du papier ordinaire.

Le stylo à bille

Se débarrasser des taches d'encre était l'obsession du journaliste hongrois Laszlo Biro, qui mit des années avant de trouver le moyen d'utiliser, dans un stylo, de l'encre à séchage rapide. En 1940, il se rendit en Argentine, où il fabriqua le premier stylo à bille. Immédiatement après la Seconde Guerre mondiale, sa découverte fut commercialisée en Argentine et aux États-Unis. En 1953, la firme française Bic développa un procédé qui réduisait de manière spectaculaire le coût des stylos à bille ; elle se mit à en produire – et à en vendre ! – jusqu'à dix millions par jour. Le feutre, lui, fut développé par la firme japonaise Pentel dès 1963.

De la machine à écrire au traitement de texte

Les premières machines à écrire électriques firent une percée très lente, car elles étaient chères et leurs utilisateurs craignaient de surcroît de recevoir des décharges. En 1935, après une décennie de recherches, IBM (abréviation de International Business Machines) lança l'Electromatic, conçue par R. G. Thomson, puis, en 1944, l'Executive, une machine ajustant automatiquement l'espace entre les mots, afin que chaque ligne soit exactement de la même longueur.

Néanmoins, 99 % des machines étaient encore mécaniques dans les années 50. Par la suite, avec l'amélioration du statut social des secrétaires, la machine à écrire électrique devint un symbole de prestige et le moyen de s'assurer les compétences d'un personnel qualifié.

Une publicité prétendait qu'une secrétaire dépensait 11 kg d'énergie sur une machine à écrire mécanique, contre seulement 70 g sur une machine électrique. L'appareil du futur apparut en 1961, quand IBM lança la machine à écrire Selectra dotée d'une « marguerite », sphère d'impression pivotante, qui, en remplaçant le chariot, permettait d'écrire de manière plus fiable et plus rapide.

ÉCRIRE SANS SE TACHER **Le stylo à bille, inventé par le réfugié hongrois Laszlo Biro, fut d'abord utilisé par les équipages des bombardiers alliés lors de la Seconde Guerre mondiale.**

LA MACHINE À ÉCRIRE ÉLECTRIQUE

Une machine à écrire électrique fut inventée en 1901, mais elle coûtait dix fois plus cher qu'une machine mécanique et elle ruina son créateur, le docteur Thaddeus Cahill, après qu'il en ait fabriqué quarante. Il fallut attendre plus de trente ans pour qu'elles deviennent rentables.

L'ÉLECTRIFICATION DU MONDE

Au cours du XXe siècle, le lieu de travail – bureaux et usines – connut des bouleversements liés à l'électrification. En 1900, lors d'une conférence devant les autorités municipales de Cheinsford, dans l'Essex, le colonel R.E.B. Crompton, un pionnier de l'électrification de l'Empire britannique, prophétisait déjà que l'électricité allait transformer les modes de vie et de travail.

« L'Angleterre du futur, plutôt que d'être enlaidie par des centres industriels surpeuplés, pourrait bien se couvrir de maisons individuelles s'étendant sur des dizaines de kilomètres dans les districts ruraux, aujourd'hui presque complètement dépeuplés. Les ouvriers, au lieu de travailler dans des usines sombres, devraient pouvoir accomplir leurs tâches à domicile, grâce aux transmissions électriques. Voilà le futur qui attend les ingénieurs électriciens s'ils ont le courage et l'énergie d'imposer leurs vues au grand public. »

1950 — 2000

1961 Lancement de la sphère d'impression pivotante
1963 Le feutre est breveté par Pentel

Années 80 Essor de l'ordinateur personnel

UNE VRAIE RUCHE Avec l'avènement des équipes spécialisées de dactylos – comme dans cette compagnie américaine d'avant la Première Guerre mondiale –, les femmes investirent le bureau.

Le bureau électronique

En 1964, on intégra une bande magnétique à la machine à écrire, afin de la rendre automatique et de la doter d'une capacité de correction. En 1974, le modèle Memory d'IBM pouvait stocker jusqu'à cinquante pages de texte et les restituer au rythme de cent cinquante mots à la minute. La machine à écrire s'était transformée en traitement de texte. Au fur et à mesure que des composants plus nombreux pouvaient être réunis dans une seule puce au silicium et que leur rapidité d'exécution augmentait, la microélectronique s'imposa, transformant tous les aspects de la vie de bureau.

La calculatrice électronique montra la voie, avec 2,5 millions d'unités vendues en 1971, dont 80 % étaient fabriquées au Japon. Cette année-là, Texas Instruments introduisit la Pocketronic, première calculatrice de poche.

Bien que le principe de la transmission à distance de documents et d'images par liaisons radio ou lignes téléphoniques ait été inventé en Allemagne dès 1902, le développement de cette technologie fut tardif. Mais le télécopieur ou fax est devenu aujourd'hui un accessoire indispensable et a permis d'inaugurer une nouvelle branche d'activité : le courrier électronique. En 1974, les Nations unies établirent le premier standard international de transmission par télécopie, qui encourageait tous les fabricants à rendre leurs machines compatibles. Un standard amélioré (une page à la minute environ) a été appliqué en 1980.

D'UN MESSAGE À L'AUTRE Une machine télégraphique allemande datant de 1925 recevait des messages sur bande. Le télécopieur transmet et reçoit des données grâce au téléphone.

UNE SECRÉTAIRE MILLIONNAIRE

Secrétaire dans une banque de Dallas, Bette Nesmith Graham avait l'habitude de corriger ses fautes de frappe avec un peu de peinture blanche.

Séduites par le procédé, les autres dactylos se mirent à lui emprunter son pot de peinture. Au bout de cinq ans, elle commença à vendre la peinture dans des flacons étiquetés « Paint Out ». Elle finit par prendre conseil auprès du professeur de chimie de son fils Michael, âgé de douze ans, et d'un spécialiste en peintures, puis se mit à expérimenter un fluide opaque à séchage rapide indétectable sur une page blanche. Elle changea le nom en Liquid Paper et proposa son produit à IBM, qui le rejeta.

N'en déplaise à la firme, elle vendait, fin 1957, cent flacons par mois. Les ventes augmentèrent à la suite d'un article paru dans un magazine et, en 1975, Liquid Paper était distribué dans plus de trente pays. En 1979, le brevet fut acheté par Gillette. La secrétaire valait à présent cinquante millions de dollars et, au moment de sa mort, en 1980, elle percevait un pourcentage sur chaque unité vendue dans le monde. Entre-temps, Michael était devenu célèbre comme membre du groupe de musique pop The Monkees.

1900 — 1950

1900 Invention du trombone
1901 Invention de la machine à écrire électrique
1902 Invention de la télécopie
1914 Première agrafeuse
1924 Première reliure à spirale pour assembler les documents
1938 Première photocopieuse
1940 Premier stylo à bille breveté en Argentine

DU PAPIER DE VERRE AU SCOTCH

C'est encore la débrouillardise qui fut à l'origine de l'invention du scotch. La Minnesota Mining and Manufacturing Company (aujourd'hui 3M) s'occupait initialement de l'extraction de sable abrasif pour les machines-outils, mais elle s'orienta bientôt vers la fabrication de papier de verre. Cela l'amena à traiter avec l'industrie automobile, qui, en 1926, utilisait des caches en papier journal pour peindre les carrosseries des voitures en deux couleurs. Dick Drew, un assistant de laboratoire de 3M, conçut une bande adhésive couvrante qui assurait une belle finition et pouvait être ôtée proprement dès le travail terminé; les ouvriers l'appelèrent Scotch. Un modèle transparent et plus mince fut testé sur le marché américain, en 1930.

Le bloc-notes Post-It, dont les feuillets se collent et se décollent sans laisser de traces, fut une autre invention de 3M. En 1970, le chercheur Spencer Sylver mit au point un adhésif qui se détachait facilement mais qui n'eut pas de suite; son collègue Art Fry – qui était très religieux et agacé de devoir chercher les cantiques dans son volumineux missel – s'en souvint ; il passa les dix-huit mois suivants à améliorer la formule de Sylver et créa le papier adhésif de couleur que nous connaissons.

CLAC-CLAC L'Imperial Model B de 1914 fut l'une des premières machines à écrire produites en masse.

RON-RON La machine à écrire électrique d'IBM à marguerite de 1961 révolutionna la bureautique.

Dans les années 80, le micro-ordinateur et la station de travail informatisée jouèrent un rôle actif dans la bureautique en augmentant de manière spectaculaire les capacités de gestion, de planification et de communication des entreprises, même de taille modeste. Les ordinateurs, reliés par des serveurs aux autres bureaux, peuvent accéder à un nombre phénoménal de sources d'information. Par la voie des lignes téléphoniques, les modems permettent d'établir une communication entre ordinateurs n'importe où dans le monde. Avec l'avènement de l'ordinateur portable – qui se glisse dans une mallette –, du photocopieur, lui aussi portable, en 1986, et de la mini-imprimante, en 1992 – avec impression en couleurs depuis 1994 –, le bureau « ambulant » est devenu une réalité. Alors que des millions d'employés travaillent désormais chez eux avec un équipement qui n'était auparavant possible que dans des structures à grandes capacités d'investissement, le bureau, dans son acception traditionnelle, connaît une évolution vertigineuse.

PETIT, MAIS PUISSANT ! L'ordinateur portable des années 90 libéra le salarié de la contrainte d'être attaché à son lieu de travail. À quand le bureau virtuel où les employés communiqueront électroniquement ?

1950 — 2000

1961 Lancement de la sphère d'impression pivotante
1963 Le feutre est breveté par Pentel

Années 80 Essor de l'ordinateur personnel

L'ORDINATEUR : CRÉATION ET FONCTION

DE LA CARTE PERFORÉE AU SYSTÈME BINAIRE : UN INCROYABLE BOULEVERSEMENT

Bien que le terme d'ordinateur n'ait été utilisé qu'à la fin des années 40, le mariage de l'électricité et des mathématiques – qui lui donna naissance – devint effectif en 1890, après que le statisticien américain Herman Hollerith eut inventé une machine pour le recensement américain.

Hollerith utilisa des cartes perforées servant de programme aux machines, car elles comportaient des données et des instructions de calcul ; ces cartes servaient déjà d'ailleurs sur les métiers à tisser de Jacquard. En 1901, il conçut un clavier sur lequel une opératrice tapait les chiffres et, en 1910, des centaines de tabulatrices basées sur ce principe étaient sur le marché.

En 1924, la société d'Hollerith devint l'une des firmes fondatrices d'International Business Machines, connue sous le nom d'IBM. Les premières machines étaient si encombrantes et leurs codes si difficiles à décrypter que leur accès était très limité. En 1930, un analyseur différentiel, appareil électromécanique massif, compliqué, constitué d'un assemblage d'arbres de transmission et d'engrenages, qui pouvait résoudre des équations de haut niveau, fut construit à Boston, au Massachusetts Institute of Technology (MIT).

À la fin des années 30, Bell Labs, aux États-Unis, et Konrad Zuse, en Allemagne, qui avait construit le premier calculateur à mode binaire employèrent des relais téléphoniques à la place des engrenages. Bell Labs fabriqua une machine de dix tonnes avec 9 000 relais, mais ses performances n'atteignaient pas le niveau d'une calculatrice de poche d'aujourd'hui.

D'ORDRE ET DE RIGUEUR **Une vision de l'ordinateur, en 1927.**

Les premiers ordinateurs

Une solution fut trouvée en Angleterre au cours de la Seconde Guerre mondiale. Une équipe menée par le mathématicien Alan Turing conçut le Colossus, l'ancêtre de l'ordinateur moderne. Il utilisait des rangées de tubes à vide, connus sous le nom de tubes thermoïoniques, pour accélérer les calculs de manière exponentielle – plus de 2 000 tubes traitaient 5 000 caractères par seconde ; et dès 1943, il pouvait décoder des messages ennemis.

L'effort de guerre inspira aussi l'invention de l'ENIAC (Electronic Numerical Integrator and Calculator), un monstre de 30 tonnes et de 18 000 tubes occupant un espace de 167 m² et capable

PRÉDICTION PAR ORDINATEUR

Le public fut fasciné, lorsque, en 1952, la projection de l'Univac 1 de Remington Rand qui avait prédit la large victoire de Dwight Einsenhower à l'élection présidentielle américaine se révéla exacte. Pourtant, l'équipe de l'Univac voulant obtenir encore plus de précisions le programma afin de réduire la marge d'erreur, mais les estimations initiales s'avérèrent correctes.

UN PAS VERS L'ORDINATEUR **La tabulatrice d'Herman Hollerith était pourvue d'aiguilles métalliques qui ouvraient et fermaient un circuit électrique. Elle servit au recensement américain de 1890.**

1900 – 1950

1901 La tabulatrice d'Hollerith

1930 L'analyseur différentiel

1945 L'ENIAC, le premier ordinateu[r] entièrement électronique

1947 Invention du transis[tor]

(quand il ne surchauffait pas !) de calculer la trajectoire d'un obus plus vite que celui-ci ne se déplaçait. C'est en 1945 que ce premier ordinateur entièrement électronique fut construit par une équipe de l'université de Pennsylvanie. Mais il consommait tellement d'énergie qu'il provoquait des pannes de lumière dans le secteur environnant.

Ces encombrantes machines de la première génération devaient être recâblées manuellement à chaque nouvelle opération. En 1947, le mathématicien John von Neumann inventa l'EDVAC (Electronic Discrete Variable Automatic Computer), qui recevait ses instructions sous forme binaire – des séquences de 0 et 1 enregistrées à une vitesse phénoménale selon la position – ouverte/fermée – d'un courant électrique.

En 1950, cette équipe conçut le premier ordinateur commercial, Univac I (pour Universal Automatic Computer), dont il stockait les données sur bande magnétique. Le premier ordinateur où des transistors – éléments pouvant détecter, amplifier et interrompre les courants électriques – remplaçaient les tubes à vide fut construit par Bell Systems, en 1955.

La seconde génération

Le premier ordinateur de la seconde génération fut commercialisé par Univac en 1956. Il fut suivi, en 1959, par une machine entièrement transistorisée –

MONSTRES TECHNOLOGIQUES Des techniciens préparent l'ordinateur ENIAC (ci-dessous). Il fut supplanté en 1947 par l'EDVAC (à droite).

À LA RECHERCHE D'UNE MACHINE PENSANTE

L'ordinateur est une phénoménale machine à traiter l'information, mais qui ne dispose d'aucun potentiel de raisonnement. « Il peut faire tout ce que nous sommes en mesure de lui demander d'exécuter », déclara Lady Lovelace, qui avait écrit un programme pour une machine à calculer. En 1938, l'ingénieur américain Thomas Ross fabriqua une souris mécanique qui se déplaçait sur les rails d'un chemin de fer miniature et trouvait son chemin à travers un dédale d'embranchements. C'était la première machine capable d'« apprendre » expérimentalement.

La quête de la machine pensante commença dans les années 50 avec le développement de la cybernétique et la fondation du département d'intelligence artificielle au Massachusetts Institute of Technology (MIT) de Boston. Des pionniers, comme le professeur John McCarthy, essayèrent d'enseigner aux ordinateurs comment résoudre des problèmes en élaborant des programmes logiques.

La théorie des « systèmes experts » fut développée dans les années 60 et trouva une application pratique, à partir du début des années 70, dans la prise de décision automatisée. Les tentatives visant à permettre aux ordinateurs de reconnaître les instructions parlées commencèrent avec les recherches de l'Indien Raj Reddy, qui conçut, en 1971, le premier logiciel de reconnaissance vocale.

PROJECTIONS ÉLECTORALES En pronostiquant les résultats de l'élection américaine de 1952, l'Univac (ci-dessous) démontra le potentiel de l'ordinateur.

1950 — 2000

1956 Commercialisation du premier ordinateur de la seconde génération
1958 Invention du circuit intégré
1964 Lancement des ordinateurs de la troisième génération
1970 Invention du microprocesseur, l'ordinateur à puce
1972 Première calculatrice de poche
1980 L'ordinateur personnel d'IBM
1984 Le Macintosh d'Apple

UNE RÉVOLUTION DANS L'APPRENTISSAGE **Des étudiants de la Brown University aux États-Unis suivent un cours de management grâce à des micro-ordinateurs Apple Macintosh II.**

le RCA 501. En 1960, Univac mit au point le LARCH, le premier grand ordinateur de recherche, qui n'intégrait pas moins de 60 000 transistors.

Les compagnies aériennes perçurent rapidement l'intérêt commercial des ordinateurs. Dès le milieu des années 50, IBM avait développé le système SABRE (Semi-Automatic Business Related Environment), grâce auquel un réseau de milliers de téléscripteurs pouvaient alimenter un ordinateur central, qui, fonctionnant comme une banque de données, procédait à des mises à jour constantes et immédiates. American Airlines fut la première compagnie à informatiser ses réservations de cette manière.

En 1971, le fret aérien était informatisé en Angleterre ; l'ordinateur commença aussi à connaître des applications domestiques, notamment pour la recherche d'un emploi et l'accès à des services de loisirs.

Au milieu des années 60, il existait une gamme variée de langages de programmation : le FORTRAN pour les applications scientifiques et techniques; le COBOL et l'ALGOL pour les services d'affaires; et le BASIC pour les débutants. L'invention de l'accès multiple par l'Américain John McCarthy, en 1961, permit à plusieurs opérateurs d'utiliser en même temps un même ordinateur.

GUERRE VIRTUELLE **La réalité virtuelle a été inventée pour servir d'entraînement aux militaires américains. Elle place l'utilisateur dans un univers artificiel qui lui procure des impressions visuelles, acoustiques et tactiles bien réelles.**

La troisième génération

IBM avait conforté sa position dominante quand la seconde génération d'ordinateurs apparut vers 1960. La firme se lança alors dans la création d'ordinateurs compatibles, et commercialisa la série 360 en 1964. Son succès fut tel que l'on considère en général cette date comme le début de l'informatique moderne. Les IBM 360 marquèrent aussi la transition vers les ordinateurs de la troisième génération, où des puces en silicium remplaçaient les transistors : les concepteurs utilisaient des techniques de réduction photographique pour entasser des centaines, puis des millions de composants électroniques sur un seul petit bloc en silicium, petit carré de 5 ou 6 mm de côté seulement.

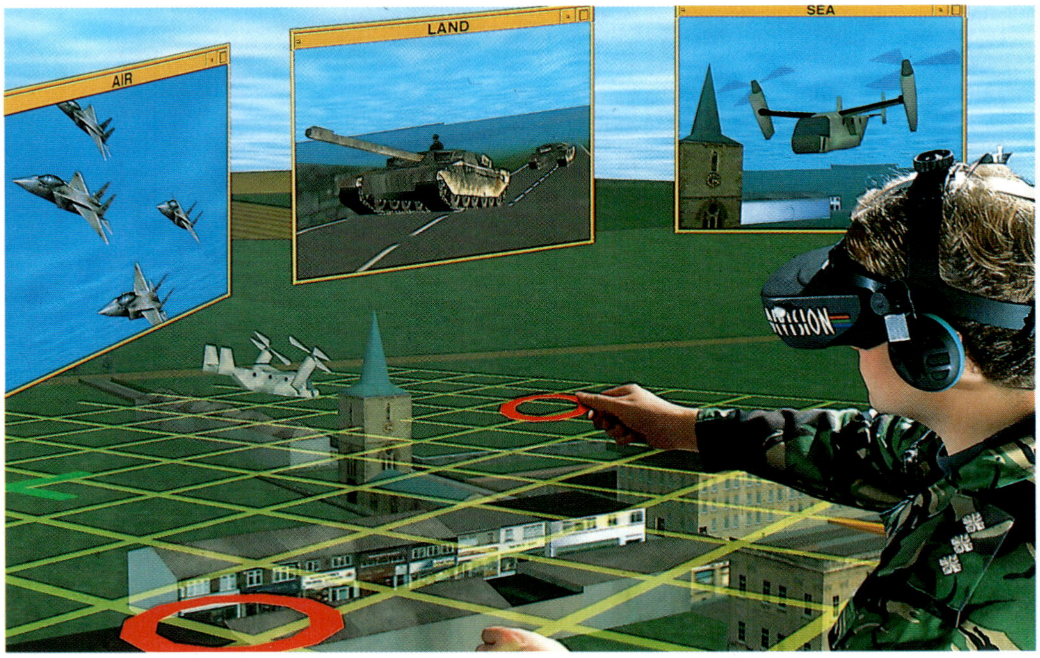

LA RÉVOLUTION DU TRANSISTOR

En décembre 1947, trois chercheurs des laboratoires Bell – John Bardeen, William Shockley et Walter Brattain –, travaillant sur les propriétés semi-conductrices du cristal de germanium et de silicium, découvrirent en 1948 le transistor. Cet événement, qui rendait possible la mise au point de l'ordinateur, fut un pas décisif dans l'ère de l'électronique. Plus petit, meilleur marché, plus fiable et plus économe en énergie que le tube à vide, le transistor, qui agit à la fois comme un commutateur et comme un amplificateur, et peut transmettre des signaux au cent millionième de seconde, marqua une étape aussi importante que la découverte de l'outil à l'âge de la pierre. Tandis que les transistors se miniaturisaient et que leurs applications s'étendaient – des appareils auditifs pour enfants (1952) aux postes de radio à transistors (1954) –, un problème se posa : le nombres de connexions soudées était techniquement limité. En 1958, les ingénieurs Jack Kilby et Robert Noyce inventèrent le circuit intégré. Des ensembles complets de composants électroniques étaient à présent intégrés et reliés électriquement sur une seule plaquette en silicium (qui, à partir de 1960, remplaça le germanium), pour former un circuit complexe. Grâce à un procédé de revêtement métallique et de photogravure, cette plaquette pouvait être produite au plan industriel.

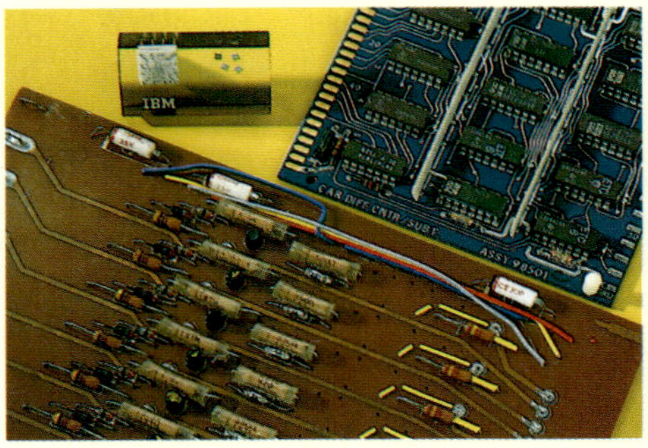

MINIATURISATION **Dans les années 60, les circuits intégrés d'ordinateurs se miniaturisent ; la version du haut date des années 70.**

Les puces électroniques ouvrirent la voie au microprocesseur, qui allait servir dans une foule de nouveaux équipements, des gadgets culinaires à la navette spatiale, ainsi qu'au développement des micro-ordinateurs, plus rapides. Le microprocesseur fut inventé en 1971 par un ingénieur américain de la société Intel, Ted Hoff, et commercialisé sous le nom d'Intel 4004.

L'équipe travaillait dans un agréable cadre rural, au sud de San Francisco, qui allait bientôt devenir célèbre sous le nom de Silicon Valley. Il lui fallut neuf mois pour intégrer sur une puce l'unité centrale de l'ordinateur ; on logea sur d'autres puces le programme et la mémoire. Il en résultat un monstre de puissance qui pouvait accomplir 60 000 opérations à la seconde et avait une capacité équivalent à celle des machines de 30 tonnes conçues 25 ans plus tôt. L'Intel 8080 de 1974 pouvait exécuter 290 000 opérations à la seconde : son microprocesseur donna naissance au micro-ordinateur et participa ainsi à la démocratisation de l'informatique.

UNE MITE DANS LE SYSTÈME

Le premier incident d'ordinateur attesté fut provoqué par un insecte : il s'agissait d'une mite qui mit hors service l'ordinateur expérimental Harvard Mark II, en 1945.

Le principe du premier micro-ordinateur fut mis au point en 1971 par le Français François Gernelle, de la société Bull, qui n'eut pas les moyens de l'imposer sur le marché. Un micro-ordinateur prototype, l'ancêtre du PC – Personal Computer, ou ordinateur personnel –, fut créé par David Ahal, en 1974. De la taille d'un gros poste de télévision, il comportait un écran vidéo, un clavier et un processeur central. IBM conçut également un ordinateur personnel, mais sans croire vraiment dans son potentiel commercial, si bien que ces premiers micro-ordinateurs furent d'abord vendus uniquement par correspondance, sous forme de kit. La voie était dès lors ouverte à deux passionnés de l'électronique, Steve Jobs et Stephen Wozniak, qui inventèrent l'ordinateur personnel Apple dans un garage de Californie, en 1976. Un an plus tard, il lancèrent Apple II, le premier micro-ordinateur vendu tout assemblé.

Ordinateurs personnels

Le développement de micro-ordinateurs populaires incita les inventeurs à les rendre plus conviviaux. En 1975, un étudiant de Harvard, Bill Gates, et son ami d'université, Paul Allen, fondèrent une compagnie, Microsoft, pour transformer le BASIC en un langage de programmation moderne. En 1980, ils fournirent le logiciel de base du nouvel ordinateur personnel d'IBM, le PC. Quand le modèle d'IBM fut copié – ou cloné – par des centaines d'autres fabricants, le système devint un standard dans toute l'industrie, excepté chez Apple, assurant ainsi un marché mondial pour les autres produits de Microsoft, tel Windows, lancé en 1985 – en 1992, Microsoft valait plus que General Motors et Gates, âgé seulement de 36 ans, était l'homme le plus riche des États-Unis.

En 1984, Apple lança le Macintosh, un ordinateur fonctionnant à l'aide d'un système de contrôle (inventé 18 ans plus tôt par Douglas Engelbart) actionnant un curseur se déplaçant sur l'écran, appelé « souris ».

Les nouveaux superordinateurs

Parallèlement, les superordinateurs avaient doublé de puissance tous les deux ans, entre les années 50 et 60, en réponse aux besoins des ingénieurs de l'aérospatiale, des astronomes, des météorologues, des microbiologistes, etc.

Dès 1985, il fallait trouver de nouveaux termes pour définir les opérations quand des machines comme le Cray 2 pouvaient effectuer un milliard de calculs (un gigaflop) à la seconde. À partir de 1991, les vitesses atteignaient seize gigaflops, mais le superordinateur fut supplanté par les ordinateurs qui utilisaient des réseaux de microprocesseurs. Un système reliant seize mille microprocesseurs pouvait effectuer deux mille milliards d'opérations à la seconde, en 1991.

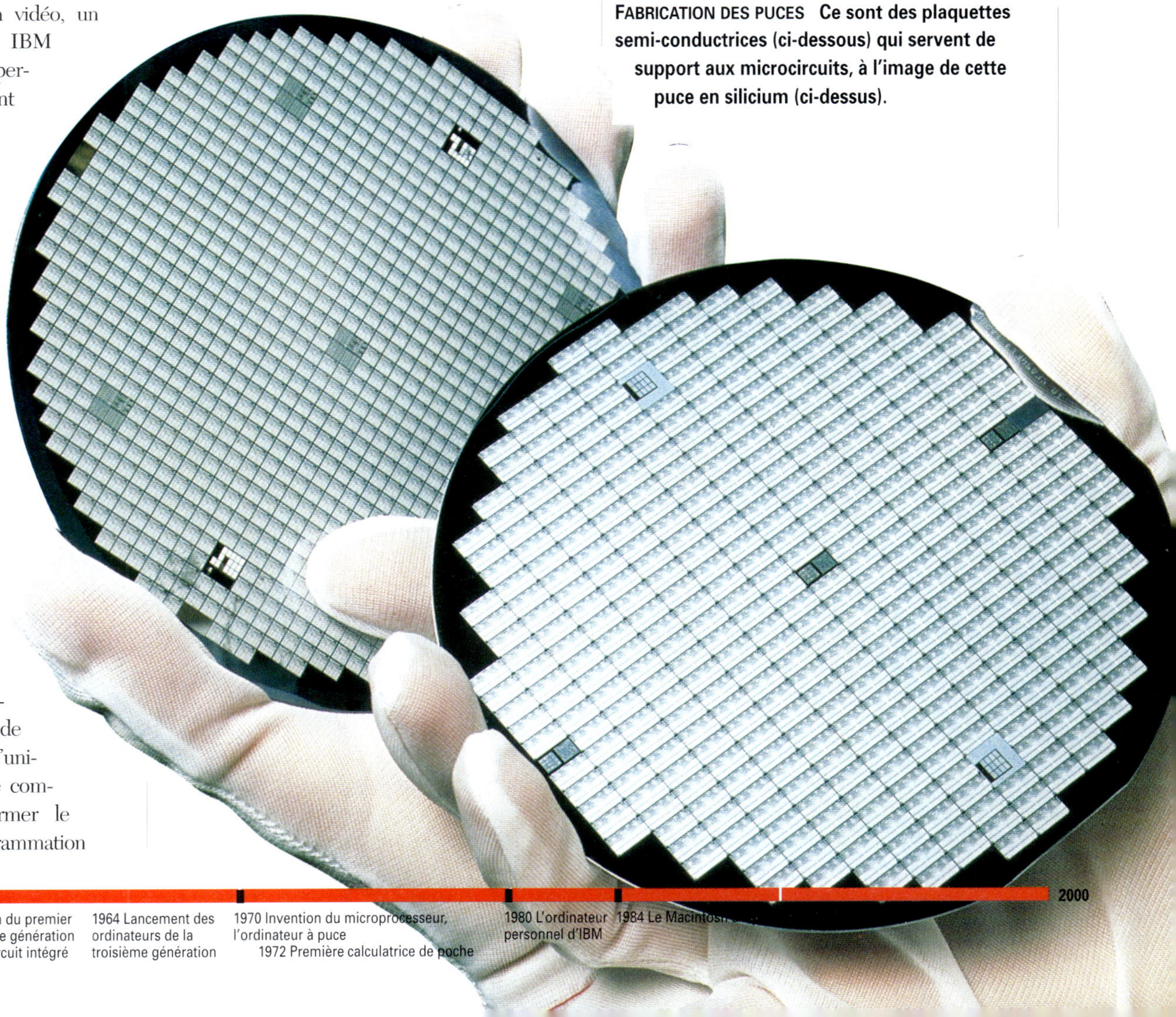

FABRICATION DES PUCES **Ce sont des plaquettes semi-conductrices (ci-dessous) qui servent de support aux microcircuits, à l'image de cette puce en silicium (ci-dessus).**

1950 — 2000

1956 Commercialisation du premier ordinateur de la seconde génération
1958 Invention du circuit intégré
1964 Lancement des ordinateurs de la troisième génération
1970 Invention du microprocesseur, l'ordinateur à puce
1972 Première calculatrice de poche
1980 L'ordinateur personnel d'IBM
1984 Le Macintosh

L'INDUSTRIE MODERNE EN MARCHE

DES FOURS À COKE AU GÉNIE GÉNÉTIQUE

En 1900, on savait déjà que l'électricité permettait d'élaborer des procédés industriels bien supérieurs à ceux qui reposaient sur l'utilisation du charbon, du coke ou de la machine à vapeur. Cette année-là, la firme Norton construisit la première machine à rectifier de précision qui fonctionnait à l'électricité et qui fabriquait des arbres à manivelle.

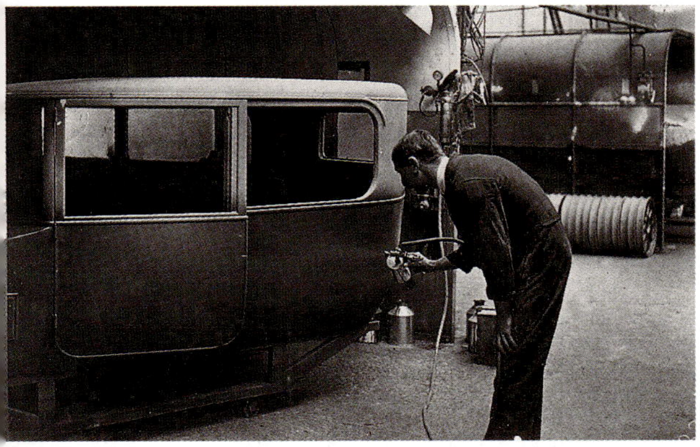

TRAVAUX DE PEINTURE Un ouvrier de l'industrie automobile (ci-dessus, en haut) peint sans vêtement de protection une Humber Saloon du début des années 30. Les techniques et la prévention ont énormément évolué au XXe siècle et ont rendu les conditions de travail d'aujourd'hui beaucoup plus sûres (ci-dessus).

La même année, une usine située près des chutes du Niagara produisait de petites quantités d'azote, en utilisant l'énergie d'une usine hydroélectrique qui exploitait l'air ambiant. Elle fabriquait aussi de l'oxygène liquide pur, obtenu grâce à une technique inventée par l'Allemand Karl von Linde, qui fabriqua un réfrigérateur pour une brasserie de Wiesbaden ; cette technique consistait à comprimer et à refroidir l'air jusqu'à ce qu'il se liquéfie, puis à séparer ses gaz constituants. Ce procédé permit, à partir de 1904, le développement du chalumeau oxyacétylénique (utilisant de l'oxygène) par le Français Edmond Fouche.

Dès 1908, tous les gaz inertes de l'atmosphère avaient été liquéfiés, donc séparés les uns des autres, et commercialisés. Certains furent employés dans les ampoules électriques, d'autres allaient servir de base à des inventions qu'on ne pouvait encore imaginer, comme le krypton, utilisé plus tard dans la technologie du laser. Une percée majeure eut lieu en Allemagne, en 1909, quand le chimiste Fritz Haber établit la combinaison de l'azote et de l'hydrogène.

Les progrès dus à l'automobile

C'est le développement de la machine-outil de précision (qui coupe, meule, martèle et presse des pièces identiques et interchangeables) qui autorisa les techniques de production de masse au XXe siècle. Nombre d'inventions furent suscitées par les exigences de l'industrie automobile. Sa modernisation s'accéléra dès la Première Guerre mondiale quand l'Allemagne adopta les outils au carbure de tungstène. Ils étaient aussi durs que le diamant, mais cassants. En 1926, les savants de la firme Krupp eurent l'idée d'associer poudre de carbure de tungstène et cobalt, créant des outils qui coupaient quatre fois plus vite que les aciers les plus rapides.

Les premiers lasers au dioxyde de carbone furent inventés en 1970 ; leur emploi permit d'améliorer considérablement les opérations de soudure et de découpe. Cette année-là aussi, un ancien chercheur de Boeing, Yi Hoh Pao, inventa un jet d'eau tellement puissant qu'il pénétrait le béton; son secret résidait dans un additif qui empêchait l'eau de se vaporiser quand elle était soumise à de fortes pressions.

La modernisation de l'industrie lourde

En 1902, un four électrique avait été mis en service en France. Il était utilisé pour fondre de la ferraille destinée à des aciers spécialisés de haute qualité. L'acier brut continuait à être produit dans un réceptacle en acier revêtu de briques – le

UN BON BLINDAGE Les progrès dans la fabrication du verre sont allés de pair avec des procédures de test rigoureuses. Ici, un démonstrateur d'une usine anglaise, en 1938, indique l'endroit où une balle a percuté une feuille de verre de sûreté.

LA GUERRE ET LES ARMES CHIMIQUES

Le 2 juillet 1909, le chimiste Fritz Haber mit au point le premier procédé de synthèse de l'ammoniac, à partir d'air (azote) et d'eau (hydrogène). Le besoin en ammoniac, qui entrait dans la fabrication des engrais, était pressant car la principale ressource naturelle – le guano, extrait de certaines îles au large du Pérou – s'épuisait.

Le chimiste Carl Bosch, de la firme allemande BASF, utilisa le procédé dans la fabrication d'explosifs destinés aux soldats allemands en guerre. Haber allait agir sur les événements en inventant, en 1915, les gaz de combat, puis, l'année suivante, le chlore, le phosgène et l'ypérite, qui marquèrent d'une manière décisive l'histoire du premier conflit mondial. Paradoxalement, Haber, qui était juif, dut quitter sa patrie quelques années plus tard. Le procédé Haber-Bosch permet aujourd'hui encore de produire de grandes quantités d'ammoniac, qui servent dans des domaines aussi divers que la réfrigération et la combustion des moteurs de fusées.

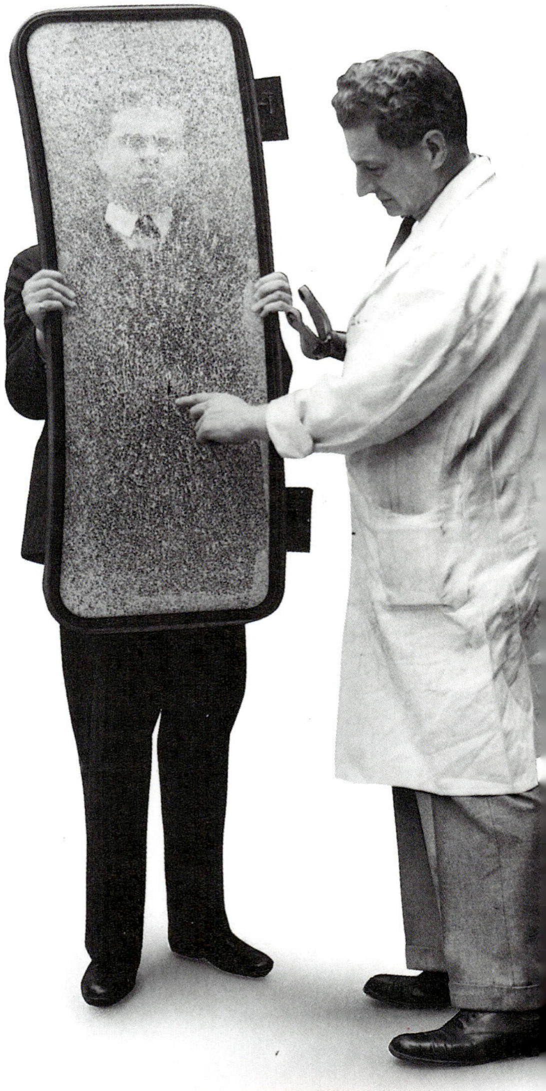

1900 — 1950

- 1900 Machine à rectifier de précision fonctionnant à l'électricité
- 1909 Production d'ammoniac de synthèse
- 1926 Outils en carbure de tungstène
- 1948 Utilisation de l'oxygène pur dans l'affinage de l'acier

convertisseur Bessemer (du nom de l'ingénieur anglais qui en avait breveté le procédé en 1856). De la fonte brute y était versée, puis on projetait sur elle un jet d'air qui en éliminait les impuretés. Une méthode plus efficace d'affinage, utilisant de l'oxygène pur, fut développée en 1948 par des fabricants d'acier autrichiens et adoptée dans les années 60. L'acier en fusion extrait des hauts fourneaux était versé dans une machine à coulée continue – inventée en 1950 –, qui le découpait en plaques.

Les techniques de production du verre évoluèrent aussi considérablement. En 1918, une méthode de fabrication de plaques de verre fut développée par Émile Fourcault en Belgique et par Irving Colburn aux États-Unis. En 1959, le fabricant de verre anglais Alastair Pilkington dévoila son procédé de verre flottant. Il perfectionna une méthode d'extrusion – ou flottage – de verre fondu sur un bain d'étain en fusion, afin qu'il soit bien plat, d'épaisseur uniforme et sans défauts. Un procédé de flottage électrique fut inventé en 1967. En incorporant des particules métalliques à la surface du verre, on pouvait modifier sa sensibilité à la lumière et à la chaleur.

LE GÉNIE GÉNÉTIQUE

La Cour suprême des États-Unis décréta en 1980 que « tout ce qui est manufacturé par l'homme peut être breveté ». Cet arrêt englobe les formes de vie engendrées par le génie génétique. La première créature brevetée fut une bactérie, développée par la firme General Electric pour nettoyer les marées noires.

Les avancées de la biotechnologie

La biotechnologie connut les plus audacieux progrès de la fin du siècle. En 1953, la découverte à l'université de Cambridge de la structure moléculaire de l'ADN, ou acide désoxyribonucléique – matière première des gènes –, fit que les biogénéticiens envisagèrent de manipuler la vie elle-même. En 1973, aux États-Unis, Stanley Cohen et Herbert Boyer réussirent à transférer un extrait d'ADN d'un organisme dans la cellule d'un autre. Les applications commerciales débutèrent en 1976, avec la fondation de Genentech, une firme de San Francisco spécialisée dans le génie génétique pour l'industrie et la médecine. Aujourd'hui, la firme développe des cultures résistant aux maladies, des bactéries absorbant les ordures et des souches de rats pouvant être utilisées dans la recherche contre le cancer.

UN MONDE DE ROBOTS Un robot découpe le métal avec une précision et une rapidité bien supérieures à celles d'un ouvrier.

L'ENFER DU HAUT-FOURNEAU Dans une aciérie de l'Ohio, des blocs d'acier extraits des hauts fourneaux sont réchauffés et comprimés dans un laminoir qui leur donne leur forme définitive.

1950 — 2000

1959 Pilkington dévoile son procédé de verre flottant

1970 Lasers au dioxyde de carbone

Années 90 Développement de la biotechnologie et de la génétique

L'AUTOMATISATION DU TRAVAIL

DES OUVRIERS À LA CHAÎNE AUX USINES ROBOTISÉES

Bien que l'automatisation remonte au XVIIIe siècle, Henry Ford prétendait avoir inventé l'ère moderne en ayant installé en 1913 une chaîne de montage dans son usine de Detroit. Pendant cinq ans, Ford, tout comme les autres fabricants d'automobiles, construisit son modèle T à partir de pièces détachées empilées en vrac, chaque châssis d'automobile étant assemblé sur un chevalet. Mais il développa ensuite une technique initialement utilisée dès 1905 dans une mine de charbon du Yorkshire : la chaîne de montage, qui faisait se déplacer les voitures à une vitesse suffisamment lente pour permettre aux ouvriers d'accomplir leurs tâches selon un ordre donné ; le procédé permettait ainsi de réduire le temps d'assemblage d'une demi-journée à 93 minutes. En 1919, André Citroën fut le premier constructeur automobile européen à adopter les méthodes de Ford. La firme britannique Morris Motors alla plus loin en introduisant, dès 1924, la chaîne à flux continu pour les automobiles entières et pour les pièces de moteur : un système séquentiel de cinquante-trois machines-outils fabriquait un bloc moteur.

L'introduction de l'électronique

En 1950, il existait des machines capables d'accomplir plus de cinq cents opérations d'usinage. Le virage vers l'informatisation fut pris en 1952, quand le Massachusetts Institute of Technology de Boston (MIT) développa une machine-outil programmée électroniquement, qui obéissait aux instructions stockées sur une bande magnétique. Vers le milieu des années 50, certaines usines avaient atteint une telle automatisation qu'elles durent licencier 90% de leur personnel.

En 1965, le chercheur britannique Theo Williamson imagina le passage de l'automatisation partielle à l'usine entièrement automatisée. Ses recherches aboutirent en 1969 au Molins 24, le premier système de production contrôlé par ordinateur, capable de gérer un processus de fabrication complet sans assistance. Le projet, qui était alors trop en avance sur son temps, se trouva dépassé par les progrès de la microélectronique, qui permirent à Cincinnati Melatron et à d'autres firmes américaines de développer des systèmes plus simples et moins coûteux.

Du contrôle de la production, l'ordinateur passa à la conception des produits. Ces techniques

LE REVERS DE LA MÉDAILLE

L'humoriste américain Will Rogers avait prédit qu'il faudrait attendre un siècle pour savoir si Henry Ford « nous avait aidé ou nous avait nui ». Bien que la chaîne de montage ait accru la productivité de 800 %, de nombreux ouvriers ne purent supporter la monotonie d'un travail aussi répétitif. À mesure que l'automatisation réduisait le nombre d'emplois spécialisés et augmentait le facteur d'ennui, beaucoup de métiers disparurent. En 1972, les instructions elles-mêmes pouvaient être automatisées : certains travailleurs de la chaîne recevaient sur des écouteurs des consignes élaborées par ordinateur. Mais dès 1950, les industriels japonais expérimentaient des techniques pour redonner sa fierté à l'ouvrier. À partir des années 80, ils formèrent des équipes qui changeaient régulièrement de tâche, espérant stimuler ainsi leur intérêt pour le travail et leur esprit compétitif.

DES BISCUITS À LA CHAÎNE **La chaîne de montage fut adoptée en 1926 par l'industrie de la boulangerie. Dans une usine de Liverpool, des femmes recouvrent des biscuits de sucre glace.**

1900 — 1950

1913 Ford construit une chaîne de montage dans une usine de Detroit

1919 Citroën adopte les méthodes de Ford en France

1924 Morris Motors introduit la chaîne à flux continu pour l'assemblage des pièces de moteur

ANALYSE SUPERSONIQUE **C'est le superordinateur Cray qui produisit cette image de synthèse du déplacement de l'air sur un avion de combat F-16.**

avaient été tout d'abord développées par l'armée américaine dès les années 70, puis furent adoptées par les industries aéronautique et automobile, et par l'ensemble des autres industries. La conception assistée par ordinateur (CAO) permet maintenant de visualiser un objet en trois dimensions et de le tester dans des conditions théoriques avant de construire un prototype.

Les premiers robots

À la fin des années 40, des manipulateurs télécommandés, appelés Waldos, étaient employés pour manier les matières radioactives dangereuses. En 1956, l'inventeur George Devol combina cette technologie avec celle de la machine-outil informatisée et créa un mécanisme nommé Programmed Article Transfer. Devol fut rejoint par Joseph Engelberger, un jeune physicien américain qui adapta le système pour créer les premiers robots industriels, ou Unimate.

UN UNIVERS INQUIÉTANT

Le terme robot, dérivé du tchèque *robota*, qui signifie « corvée », date de 1923. C'est le nom que le dramaturge tchèque Karel Tchapek donna aux personnages mécaniques de sa pièce RUR (les Robots universels de Rossum). Dans cette œuvre, les robots détruisent l'humanité.

Ces machines préhensiles remplaçaient l'homme dans des tâches pénibles ou dangereuses. En 1962, ils vendirent leur premier Unimate à General Motors, qui l'utilisa pour enlever les revêtements chauds des moules. Le second modèle d'Unimate devint le premier robot industriel adopté en Europe lorsqu'il fut utilisé en 1964 dans une fonderie suédoise.

Des modèles plus élaborés d'Unimate pouvaient peindre et souder. Cinquante robots remplacèrent deux cents soudeurs dans une usine Chrysler de Detroit en 1979, augmentant de 20% la productivité. En 1980, Unimation vendait un robot baptisé PUMA, capable de réaliser un assemblage de base, comme de visser des écrous. Les Japonais perçurent vite le potentiel de ces machines et introduisirent des milliers de robots sur leurs chaînes de montage.

Les ordinateurs dotés de logiciels d'intelligence artificielle offraient un cerveau aux robots équipés de détecteurs, afin qu'ils puissent réagir à des situations précises. Le Hopkins Beast, un robot expérimental construit à Baltimore, servit de tête de pont dans les années 60. Il se faufilait à travers les couloirs jusqu'à ce qu'il trouve une prise électrique lui permettant de recharger ses batteries; puis il repartait.

Les robots « voyant » arrivèrent ensuite. Équipés de capteurs visuels et d'une mémoire de reconnaissance informatisée, ils pouvaient sélectionner des pièces de machine ou choisir et extraire des articles de la chaîne de montage. Le WABOT-2, un robot japonais expérimental des années 80, peut lire la musique et la jouer sur un orgue, tandis que le Melkong (Medical Electric King Kong) est programmé pour laver les invalides et les coucher. En 1990, Bell Labs a créé SAM (Speech Activated Manipulator), un prototype à capacité visuelle, orale et tactile capable de reconnaître des instructions verbales simples et de les rapporter à l'identique aux humains.

DES ROBOTS ET DES AUTOS

L'industrie automobile fait aujourd'hui très largement appel aux robots. En France, Renault a a été dans ce domaine un véritable pionnier. En 1998, dans une usine terminale, les automobiles – des puzzles de plus de 6 000 pièces ! – sont assemblées et finalisées par plus de 800 automates programmables et quelque 200 robots, merveilles de technologie et de précision. Un chiffre en vertigineuse ascension puisqu'on ne comptait qu'une centaine d'automates et une cinquantaine de robots en 1980. La qualité des voitures a bénéficié de cette automatisation extrême des ateliers de montage. Les soudures, par exemple, sont assurées par des machines qui localisent avec une précision exceptionnelle les points où ils doivent intervenir. Autre exemple : avant le stade de la peinture, assurée elle aussi par des robots pour respecter, entre autres, l'objectif « zéro poussière », un automate pénètre dans chaque habitacle et dépose un joint étanche sur toutes les liaisons de tôle afin de prévenir la moindre infiltration. Du début à la fin de la chaîne, de la presse au montage en passant par la peinture, ces machines modernes sont omniprésentes.

CHEZ RENAULT **Dans l'usine de Douai (Nord), la chaîne de fabrication de la Mégane Scenic est entièrement automatisée, ce qui lui donne un aspect futuriste et irréel.**

1950 — 2000

- 1952 MIT développe une machine-outil à contrôle numérique
- 1956 Naissance du Programmed Article Transfer
- 1962 Commercialisation du premier Unimate, aux États-Unis
- 1969 Le Molins 24, premier système de production contrôlé par ordinateur
- 1980 Le PUMA accomplit des tâches d'assemblage
- 1990 Le robot SAM (Speech Activated Manipulator)

LE LASER, UN CONCENTRÉ D'ÉNERGIE

PLUS INTENSE QUE LA LUMIÈRE SOLAIRE

Bien que le physicien d'origine allemande Albert Einstein ait décrit, en 1917, le procédé de fonctionnement du laser, et que le héros de bande dessinée Buck Rogers ait été armé d'un pistolet à rayon en 1929, il fallut attendre trente ans avant de pouvoir créer un faisceau puissant de lumière pure capable de découper le métal ou de percer le diamant.

SCIENCE-FICTION Des spationautes déclenchent leur pistolet à rayons dans cette bande dessinée de 1934. Des milliards de dollars allaient être dépensés pour fabriquer de vrais appareils.

Einstein pensait que des atomes soumis à un rayonnement de particules électromagnétiques – les photons – pourraient émettre leur propre rayonnement sous forme d'autres photons se déplaçant à la vitesse de la lumière, en phase et sur la même longueur d'onde que les premiers. Le résultat devait rendre un effet à peu près semblable à celui de la «vague humaine» d'une réunion sportive qui ondulerait jusqu'à envahir tous les gradins du stade. Mais la vitesse phénoménale du processus – moins d'un cent-millionième de seconde – empêchait de vérifier la validité de l'« émission stimulée de radiation », du nom donné à cette théorie.

En 1954, une équipe de Bell Labs dirigée par Charles Townes découvrit un procédé d'amplification des micro-ondes – une forme de rayonnement électromagnétique – en employant des ondes courtes invisibles. Le dispositif, appelé maser (Microwave Amplification by Stimulated Emission of Radiation) allait, à terme, servir dans les radiotélescopes et les satellites de télécommunication.

Rayon de mort ou de vie ?

En 1958, Charles Townes et Arthur Schawlow définirent les principes d'un maser qui émettait de la lumière visible, ou laser (Light Amplification by Stimulated Emission of Radiation). Mais leurs tentatives échouèrent. La percée fut réalisée par le physicien Theodore Maiman : pendant une fraction de seconde, le 15 mai 1960, des pulsations de lumière rouge d'une intensité incroyable illuminèrent son laboratoire de Malibu, en Californie. Son dispositif – un minuscule rubis cylindrique entouré d'une simple lampe de flash – fut accueilli avec scepticisme.

Maiman annonça sa découverte lors d'une conférence de presse à New York. Le lendemain, un quotidien californien titrait : « Un physicien de Los Angeles découvre le rayon de la mort. » En fait, loin d'être un instrument apocalyptique, le laser allait démontrer son utilité dans les communications, les techniques de mesure, l'usinage de précision, la médecine, et dans une multitude d'autres applications.

LES VITRES ONT DES OREILLES

En 1968, le verrier Andrew Pilkington démontra qu'un laser pouvait capter des conversations dans une maison, en transmettant d'infimes vibrations à la surface des vitres. Il souligna que les personnes qui craignaient d'être écoutées pouvaient toujours installer un double vitrage.

Le laser à rubis de Maiman émettait de puissantes impulsions qui pouvaient forer un trou dans un diamant. Puis, en décembre 1960, un physicien de Bell Labs, Ali Javan, créa le premier laser à milieu amplificateur gazeux, qui projetait un faisceau continu plutôt qu'une série d'éclairs.

De nombreux autres modèles de lasers à impulsions et à faisceau continu furent par la suite développés, utilisant le plus souvent des gaz et des cristaux rares, pour exploiter à des fins spécifiques la puissance et la précision de la lumière laser : les océanographes recouraient à des lasers bleu-vert pour éclairer les fonds marins, tandis que les biologistes préféraient utiliser des longueurs d'onde plus courtes (violet). En décembre 1961,

MERVEILLES DE L'HOLOGRAPHIE Un jeune garçon est fasciné par un hologramme présenté à la Cité des sciences et de l'industrie, à Paris.

COMMENT FONCTIONNE UN LASER Une lumière à haute intensité excite les atomes dans un tube recouvert de miroirs, qui la fait s'amplifier pour former un puissant faisceau laser.

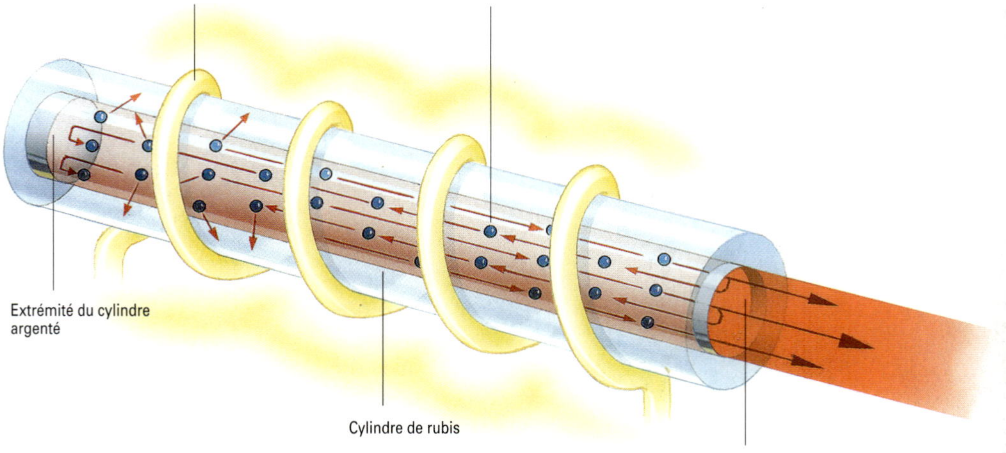

1900 — 1950

1917 Théorie de l'« émission stimulée de radiation »

1947 Invention du principe de l'holographie

une tumeur de la rétine fut détruite par laser dans un hôpital américain. Ce type d'opération se généralisa par la suite.

Dans les usines, les lasers étaient utilisés pour le façonnage des matériaux coûteux, comme le titane, afin d'améliorer la précision de la découpe et réduire ainsi les déchets. Les militaires ne furent pas en reste. Des télémètres laser, d'une précision mortelle, furent développés aux États-Unis au début des années 1960, et les techniques de guidage par laser infrarouge permirent de fabriquer des bombes extrêmement précises.

L'holographie, inventée en 1947 par Dennis Gabor en Grande-Bretagne, utilise un laser à double faisceau créant des images spectrales, d'apparence tridimensionnelle. Les premiers tests eurent lieu en 1963 et entraînèrent une grande diversité d'inventions, des scanners de code-barres dans les supermarchés aux robots guideurs. Des hologrammes intégrés dans les billets de banque permirent de lutter contre la contrefaçon.

La technologie du laser a mis à disposition une source d'énergie illimitée, propre et bon marché. Dès 1977, des savants de l'université de Cambridge développèrent un laser qui concentrait une énergie égale à la production combinée de toutes les centrales électriques d'Angleterre. Le laser joua aussi un rôle dans la recherche sur la fusion nucléaire contrôlée, où des atomes sont fusionnés – et non fissionnés, comme c'était le cas avant – pour provoquer une libération explosive d'énergie. En 1986, en Californie, le faisceau de Nova, le laser le plus puissant du monde, fut dirigé sur de l'hydrogène avec une énergie de cent mille milliards de watts, provoquant la première réaction thermonucléaire induite par laser.

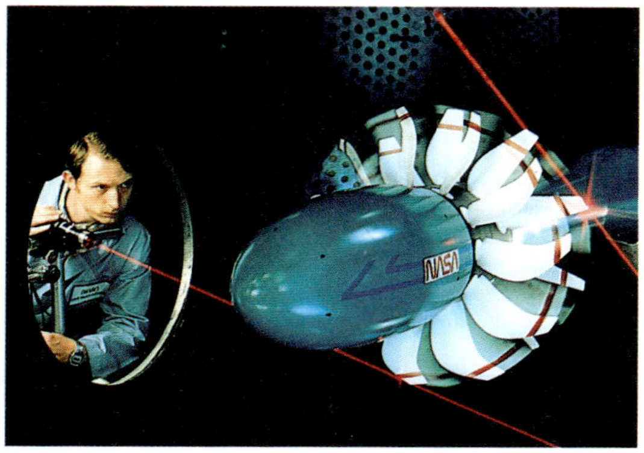

FAISCEAUX DE HAUTE PRÉCISION La lumière laser mesure les infimes déflexions de pales tournant (à gauche), et de minuscules déplacements dans un dôme volcanique en Californie (ci-dessous).

LA BATAILLE DU LASER

Le laser fut à l'origine de l'une de ces guerres de brevets propres à l'histoire des inventions du XXᵉ siècle. Charles Townes partagea le prix Nobel avec deux Russes, car nul ne pouvait dire qui avait eu le premier l'idée du laser. Mais Gordon Gould, un ancien étudiant de Townes, parvint à prouver qu'il avait conçu le laser avant son mentor. Il s'ensuivit plusieurs décennies de batailles juridiques dans lesquelles Theodore Maiman, l'inventeur du premier véritable laser, s'engagea lui aussi. Gould gagna son procès en 1987 et devint richissime, tandis que Maiman fut, à l'époque, ignoré. Son nom figure néanmoins dans la liste des inventeurs américains célèbres.

En médecine, le laser s'appliqua à la chirurgie oculaire et au traitement des cancers de la peau. Dès 1985, on l'emploie pour déboucher les artères ; depuis 1990, il remplace la chirurgie classique dans les opérations de pontage coronarien, où il permet de cautériser aussitôt les vaisseaux sanguins sectionnés. Une technique, inventée à San Francisco, consiste à diffuser un faisceau laser infrarouge perçant des petits trous dans le cœur pour former des veines artificielles, sans provoquer d'hémorragie.

1950 — 2000

1954 Invention du maser : Microwave Amplification by Stimulated Emission of Radiation

1960 Le laser à rubis de Theodore Maiman

1961 Tumeur de la rétine détruite par laser

1986 Première réaction thermonucléaire induite par laser

VOIR L'INFINIMENT LOIN...

AVEC LES MIROIRS GÉANTS ET LES RADIOTÉLESCOPES, L'INVISIBLE DEVIENT VISIBLE

L'univers visible a connu d'extraordinaires bouleversements grâce aux progrès techniques réalisés dans les domaines de l'observation astronomique et de la microscopie. À l'aube du XXe siècle, aucun moyen de prospection fiable n'était en mesure d'apporter des informations scientifiques précises, et cette lacune favorisait les hypothèses les plus farfelues et les superstitions.

Des télescopes aux radiotélescopes

En 1900, le télescope le plus puissant du monde disposait d'une lentille de 1,2 m de diamètre. Il venait d'être fabriqué pour l'université de Chicago par George Ellery Hale qui, en 1908, installa un miroir réflecteur de 1,5 m sur le mont Wilson, en Californie; puis, en 1917, un miroir de 2,5 m fut construit ; enfin, en 1948, Hale acheva son réflecteur de 5 m du mont Palomar, en Californie. La pollution toujours accrue des villes poussa les astronomes à construire leurs observatoires dans des lieux aussi éloignés que les pics des îles Canaries et de Hawaii.

Entre-temps, l'œil humain s'affranchit de ses limites physiologiques grâce à des caméras de plus en plus puissantes et à des détecteurs électroniques sensibles à la lumière. La meilleure qualité des images obtenues par l'ordinateur, capable de stocker et de calibrer les données, fit grandement progresser l'astronomie. Des domaines auparavant invisibles de l'univers furent révélés par les satellites équipés de détecteur de rayons X (à partir de 1970), ultraviolets (à partir de 1978) et infrarouges (en 1983). Le 25 avril 1990, la navette spatiale Discovery plaça sur orbite le télescope spatial Hubble conçu pour détecter des étoiles à la luminosité cinquante fois plus faible que celles visibles de la Terre. Le télescope spatial a déjà fourni des informations à l'ASE (Agence spatiale européenne) – qui a contribué pour partie à l'élaboration du projet – sur la présence de trous noirs dans de gros amas d'étoiles et les nuages de poussières intergalactiques, dont la formation révolutionne l'idée que l'on se faisait jusqu'alors sur l'origine de l'Univers.

En 1992, la technologie des télescopes optiques terrestres fit un bond en avant avec l'achèvement, à Hawaii, de Keck-1, un réflecteur de 9,5 m, composé d'un assemblage de trente-six miroirs hexagonaux. Son frère jumeau, Keck-2, fut mis en service en mai 1996. Une fois reliés électroniquement, ces télescopes peuvent observer l'Univers sur une profondeur de 14 milliards d'années-lumière.

Les radiotélescopes, qui détectent les ondes radioélectriques émises par les étoiles, ont un pouvoir de résolution bien plus important. En 1931, l'ingénieur américain d'origine tchèque Karl Jansky établit que les parasites sur les liaisons radiophoniques transatlantiques obéissaient à un calendrier sidéral d'émission d'ondes radio de provenance inconnue. Jansky observa un décalage des radiosources de quelques minutes par jour par rapport aux émissions solaires et conclut que ces ondes provenaient de régions extérieures au système solaire. Il fallait donc un appareil suffisamment puissant pour les explorer. Le premier radiotélescope fut bâti aux États-Unis en 1937, mais le premier radiotélescope géant – une antenne parabolique tournante de 76 m – fut construit à Jodrell Bank, en Angleterre, en 1957.

Une détection perfectionnée

Des détails plus précis de la structure de l'Univers furent obtenus par l'astronome britannique Martin Ryle qui relia des radiotélescopes en série et compara électroniquement leurs signaux. En 1977, on découvrit que les vingt-sept antennes paraboliques d'un interféromètre baptisé Very Large Array, au Nouveau-Mexique, formaient l'équivalent d'une antenne de 27 km de diamètre; on put ainsi connecter en 1986 des antennes paraboliques installées au Japon et en Australie à l'antenne d'un satellite pour créer un récepteur de plus de 17 700 km de diamètre. Cet ensemble devait rendre possible la détection d'objets dont le rayonnement avait mis vingt milliards d'années pour atteindre la Terre.

UN GRAND EXPLOIT

La construction du miroir de 5 m du télescope Hale est considérée comme le plus grand exploit technologique de la première moitié du XXe siècle. Le verre était du même type que celui utilisé pour faire des plats résistants à la chaleur. Il fallut quinze jours pour le verser dans le moule, puis le verre subit un refroidissement prolongé.

Le disque de 20 tonnes fut soigneusement transporté à travers les États-Unis, de Corning, dans l'État de New York, à Pasadena, en Californie, dans un train de marchandises se déplaçant au ralenti. Son polissage, qui prit une douzaine d'années, fut interrompu par la Seconde Guerre mondiale. Après que des tests eurent mis en évidence une petite déviation à un endroit du miroir, un second polissage lui fit perdre ce défaut. Le télescope fut opérationnel le 3 juin 1948. Ses performances sont restées inégalées pendant quarante ans.

OBSERVATEUR D'ÉTOILES La transparence du télescope Hale est obtenue par la rotation du dôme photographié avec un temps de pose long. On remarque le tracé des étoiles à l'arrière-plan.

1900 — 2000

- 1908 Télescope du mont Wilson, en Californie
- 1937 Premier véritable radiotélescope
- 1948 Télescope géant du mont Palomar, en Californie
- 1957 Radiotélescope de Jodrell Bank
- 1990 Mise sur orbite du télescope spatial Hubble
- 1992 Achèvement de Keck-1

... ET L'INFINIMENT PETIT

L'UNIVERS DES ATOMES, AU-DELÀ DE LA BARRIÈRE DE LA LUMIÈRE

Les microscopes avaient atteint les limites de leurs possibilités optiques en 1900, car il leur était impossible de visualiser un objet plus petit que la longueur d'onde de la lumière qui l'illuminait. Pour explorer l'univers de l'espace intérieur, il devenait nécessaire de trouver le moyen de franchir la barrière de la lumière et d'approcher des valeurs de l'ordre du quarante-millionième de centimètre.

MICROSCOPE ÉLECTRONIQUE Un technicien aux commandes d'un microscope électronique Hitachi.

En 1904, la firme allemande d'instruments d'optique Carl Zeiss développa une méthode d'approche latérale permettant une meilleure vision de l'objet observé. Son Ultramicroscope illuminait les particules de côté et offrait ainsi une meilleure résolution. Toujours en Allemagne, August Kohler proposa de faire reculer la barrière en utilisant un rayonnement de longueur d'onde plus courte que la lumière visible. Il mit au point un microscope ultraviolet qui pouvait grossir les objets jusqu'à 2 500 fois.

Le microscope électronique

Dans les années 20, le Français Louis de Broglie avançait qu'un faisceau d'électrons pouvait se comporter comme la lumière, à condition qu'ils se trouvent sur une longueur d'onde bien plus courte. Son hypothèse fut formulée en 1927 par le physicien allemand Hans Busch qui conçut le moyen de focaliser le faisceau d'électrons à l'aide d'une spire magnétique. Le premier microscope électronique – grossissant 12 000 fois – fut construit par Ernst Ruska, en 1931. Ces machines, qui pesaient jusqu'à 7 tonnes, pouvaient grossir les objets 1 million de fois et permettre – c'était une première ! – de distinguer les molécules les unes des autres.

L'objet est placé dans du vide au sein du microscope, puis bombardé par un faisceau concentré d'électrons de haute énergie. Quand ces électrons frappent un écran fluorescent, l'image grossie devient visible – comme une image sur un écran de télévision – et peut être photographiée. Certaines de ces images sont si parfaites qu'elles ont une véritable qualité tridimensionnelle, et permettent de révéler une cellule cancéreuse chez un patient ou le tissage de fibres d'un bas en Nylon.

Divers progrès réalisés aux États-Unis et en Allemagne, dans les années 70, permirent d'obtenir la première photographie personnalisée d'un atome. Puis, en 1981, une découverte majeure ouvrit une perspective jugée auparavant hors d'atteinte : l'exploration de la matière, atome par atome. Inventé à Zurich, par Gerd Binnig et Heinrich Rohrer, le microscope à effet tunnel était d'une sensibilité extrême : sa sonde ultrafine séparait et mesurait indépendamment chaque atome et l'identifiait sous la forme de « bosse », tandis qu'elle se déplaçait à la surface de l'échantillon. Elle grossissait jusqu'à 100 millions de fois. Les virus et l'ADN (acide désoxyribonucléique) furent les premiers objets d'étude du microscope à effet tunnel.

Le microscope à force atomique, un avatar du microscope à effet tunnel, fut développé par Binnig en 1985. Des laboratoires de recherche purent alors se lancer à la conquête de l'espace intérieur, c'est-à-dire de la matière, en développant une nouvelle méthode d'investigation, la nanotechnologie (du terme nanomètre, un milliardième de mètre).

DES ROBOTS MINUSCULES DANS LE SANG

En 1959, des décennies avant que les microprocesseurs et les supermicroscopes aient rendu le concept viable, le physicien américain Richard Feynman perçut avec justesse l'utilisation de la lumière – ou de l'électronique – pour créer des circuits d'atomes et des dispositifs moléculaires de taille infinitésimale.

Trente années passèrent avant que la plupart de ses idées furent mises en pratique. En 1990, un prototype de moteur électrique microscopique – plus petit qu'un cheveu humain – avait été développé suivant le principe de gravure utilisé dans la fabrication des puces électroniques. L'année suivante, des chercheurs d'IBM créèrent un dispositif basé sur un atome de gaz xénon qui était capable, en théorie, de stocker le contenu entier de la Bibliothèque nationale sur un seul disque compact.

L'un des objectifs à long terme est de créer des robots si petits qu'ils pourront pénétrer à l'intérieur des vaisseaux sanguins pour diagnostiquer des maladies et administrer des remèdes, voire réparer des cellules individuellement.

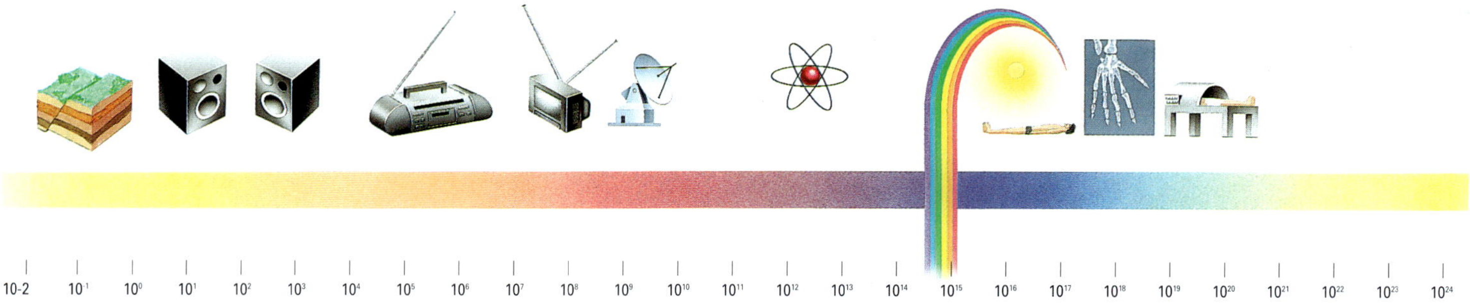

LE SPECTRE ÉLECTROMAGNÉTIQUE Les sens humains ne perçoivent qu'une infime portion de l'énergie rayonnante. Le rayonnement est classé selon sa longueur d'onde, ou fréquence.

1900 – 2000

1903 Ultramicroscope

1932 Premier microscope électronique

1981 Microscope à effet tunnel

1996 Microscope SIAM (Scanning Interferometric apertureless Microscope)

DE L'ÂGE DE L'ACIER À L'ÂGE DU COMPOSITE

L'INVENTION DE NOUVEAUX MATÉRIAUX REND CADUQUES LES ANCIENNES CLASSIFICATIONS

Le monde de 1900 était solidement bâti d'acier, de bois et de pierre. L'aluminium n'était qu'une nouveauté en quête d'applications ; le caoutchouc commençait tout juste à trouver un usage industriel, avec le pneu Dunlop ; et le seul plastique d'importance était le Celluloïd, cassant et inflammable.

Des métaux plus résistants

Les métallurgistes du début du siècle testaient des alliages pour améliorer la trempe – ou qualité de dureté – de l'acier brut. En 1900, l'ingénieur américain Frederick Taylor mélangea du tungstène, du chrome et du vanadium pour fabriquer un outil en acier qui conserverait sa capacité de découpe, même en étant rougi au feu.

En 1913, Harry Brearley, à Sheffield, découvrit que le canon de fusil en acier qui contenait du chrome ne rouillait pas. De là naquit l'industrie de l'acier inoxydable. L'aluminium, en revanche, était naturellement inoxydable et de surcroît léger. Il était idéal pour l'industrie aéronautique naissante, à condition de pouvoir le durcir. En Allemagne, Alfred Wilm y ajouta des pincées de cuivre et de magnésium et de manganèse pour créer le duralumin, un alliage hautement résistant qui allait transformer l'avenir de l'aviation. L'amiante trouva une application industrielle majeure en 1916, quand des fabricants italiens de tuyaux découvrirent qu'un ciment en amiante était un substitut, léger et non corrosif, du métal.

« NOM DE DIEU, ÇA A RATÉ ! »

En avril 1938, le chercheur de la firme Du Pont, Roy Plunket, travaillait sur une substance refroidissante non toxique qui devait servir dans les appareils à air conditionné et les réfrigérateurs Il obtint une poudre blanche graisseuse.

« Nom de Dieu, ça a raté ! » s'exclama-t-il. Mais il reprit ses esprits en constatant que la substance était totalement inerte, insensible à la chaleur, à l'électricité et aux agents les plus corrosifs. Dans les années 60, une autre de ces surprenantes propriétés fut exploitée : la substance était la plus glissante au monde.

Il s'agissait du PTFE (polytétrafluoroéthylène), mieux connu sous le nom de Téflon, utilisé dans la poêle à revêtement non adhésif et dont la NASA se servit pour enduire ses scaphandres et ses boucliers thermiques. L'industrie électronique en fit un isolant idéal pour les téléphones et les câbles d'ordinateur, et les chirurgiens l'emploient comme substitut artificiel des veines et des artères.

La révolution du plastique

Bien que les premiers plastiques (du grec plastikos signifiant « donner forme ») aient été naturels – on les fabriquait en particulier à partir du lait de vache –, le plastique est une substance essentiellement artificielle. Son exceptionnelle capacité de moulage vient de sa composition en longues chaînes de milliers d'atomes de carbone reliés les uns aux autres. Quand les savants découvrirent cette combinaison, ils purent la reproduire et créer une foule de plastiques artificiels dotés de propriétés sans équivalent naturel. Le Belge Léo Baekeland créa le premier polymère synthétique – l'ancêtre des plastiques modernes – dans sa maison de New York. Appelé du nom barbare d'oxybenzylméthylenglycolanhydride, il finit par lui donner le nom de Bakélite. Facilement moulable, solide et résistante à la chaleur et à l'électricité, la Bakélite fut commercialisée en 1909.

En 1922, le chimiste allemand Hermann Staudinger montra que les polymères – les molécules géantes de la chaîne – pouvaient être créés en fixant ensemble des molécules plus petites. Cette percée déboucha sur la polymérisation des goudrons de houille et du pétrole.

Les substituts synthétiques du caoutchouc – un polymère naturel – furent produits en Allemagne et aux États-Unis à partir de 1927. Parmi ceux-ci figure le Néoprène, créé en 1931 par Wallace Carothers, futur inventeur du Nylon. Les laboratoires purent ainsi produire quantité de nouveaux plastiques : le polystyrène, le polyvinylchloride (PVC), des acryliques tels le Perspex et le Plexiglas, des polyesters, le polyéthylène (baptisé Polythène par son inventeur, un chercheur de la firme ICI), des polyuréthannes, des résines époxy et des silicones.

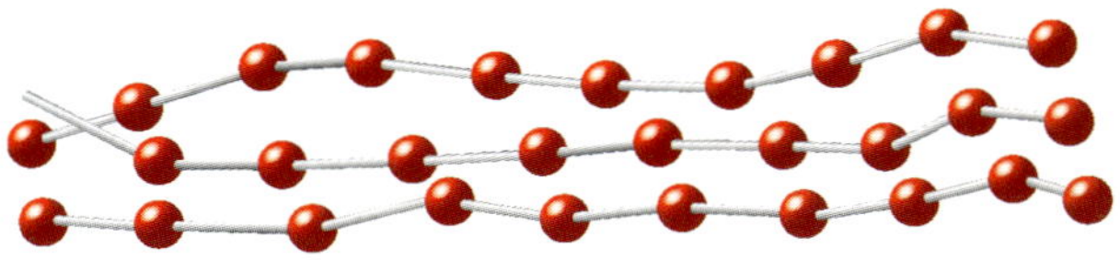

Élastomère du type caoutchouc

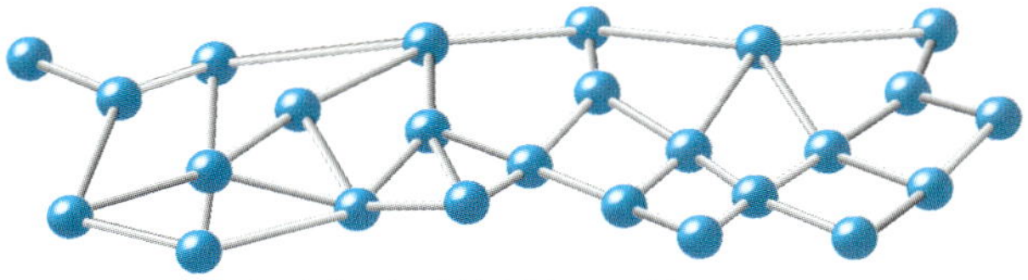

Polymère rigide et insoluble à liaisons croisées

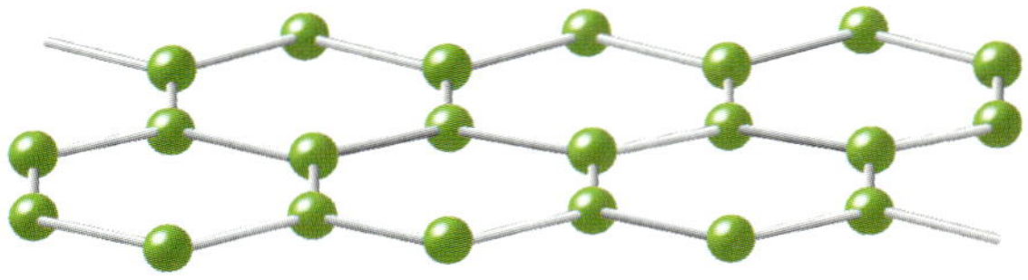

Le thermoplastique ramollit quand il est chauffé

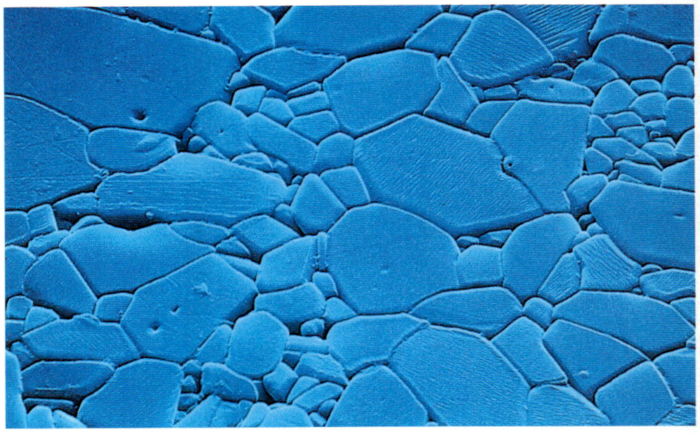

CRÉATION MATÉRIELLE Le secret du plastique réside dans la manière dont ses molécules sont liées (dessins du haut). Quant à l'alumine, vue ici magnifiée en coupe transversale (ci-dessus), sa composition est dure et résistante à la chaleur, mais reste néanmoins facilement moulable.

Un monde composite

Les classifications perdaient de leur sens au fur et à mesure que les métaux, les plastiques et les céramiques étaient combinés pour former des composés. Le verre tissé ou filé fut associé à la résine plastique pour créer la fibre de verre. Les fibres de carbone, développées en Grande-Bretagne en 1963, furent mélangées à des résines et formèrent des composés plus durs que l'acier et pesant trois fois moins lourd. Le Kevlar, une fibre de plastique suffisamment résistante pour arrêter une balle de fusil, fut développée en 1965 par la chercheuse de la firme Du Pont, Stephanie Kwolek. Depuis 1981, des composés céramiques – des tuiles en fibre de silice – protègent la structure de la navette spatiale américaine pour sa rentrée dans l'atmosphère.

1900 — 2000

- 1909 Premier polymère synthétique : la Bakélite
- 1913 Développement de l'acier inoxydable
- 1931 Le Néoprène, substitut synthétique du caoutchouc
- 1938 Découverte du Téflon
- 1963 Développement de la fibre de carbone
- 1965 Invention du Kevlar
- 1981 Tuiles en fibre de silice

3

LA PLANÈTE VILLAGE

LES INVENTIONS QUI ONT PERMIS DE RESTITUER LA VOIX SUR DES SUPPORTS ÉLECTRIQUES OU À TRAVERS L'ATMOSPHÈRE ONT CHANGÉ LA NATURE MÊME DES RELATIONS HUMAINES. PUIS D'AUTRES DÉCOUVERTES ONT TRANSFORMÉ NOTRE CONCEPTION DU TEMPS ET DE L'ESPACE. À PRÉSENT, TOUTE INFORMATION TRANSMISE À UN SATELLITE DANS L'ESPACE EST REÇUE INSTANTANÉMENT DANS LE MONDE ENTIER.

LA RADIO UNIFIE LE MONDE

DE LA MUSIQUE, DES VOIX, DES ONDES PRÉSIDENT À LA NAISSANCE DU XXe SIÈCLE

L'HOMME ET SON INVENTION **Démonstration de son équipement par Guglielmo Marconi. La photo est tirée du premier film sur la télégraphie sans fil.**

Pendant de nombreuses années, les chercheurs de divers pays contribuèrent à l'invention de la télégraphie sans fil, c'est-à-dire la maîtrise des ondes électromagnétiques pour la diffusion des signaux. Mais c'est l'autodidacte Guglielmo Marconi qui mit la touche finale à ces tentatives. Encouragé par sa mère, héritière des whiskies Jameson, et, après qu'il eut déménagé d'Italie à Londres, par l'ingénieur en chef des Postes britanniques, Marconi travailla de manière purement empirique. Au début, il utilisa un générateur d'étincelles électriques, un « oscillateur », qui avait été mis au point par l'Allemand Heinrich Hertz, en 1888, pour transmettre des ondes radio, et un « cohéreur », inventé par le Français Édouard Branly pour détecter les ondes et les transformer en signaux électriques. Les améliorations de Marconi comprenaient un transmetteur, qui envoyait un train soutenu d'ondes radio, toutes de la même longueur d'onde, et un récepteur réglé sur cette longueur d'onde.

En 1901, une antenne reliée à un puissant générateur fut hissée à quelque part en Cornouailles et le premier signal transatlantique (la lettre « S » du code morse) fut transmis à Marconi, qui le reçut, au comble de la fierté, à Terre-Neuve. Mais il y avait un grand pas entre la transmission des traits et des points du morse et celle des ondes sonores. Reginald Fessenden, savant d'origine canadienne, avait réussi à transmettre des paroles sur les ondes en 1900, mais la portée de son appareil ne dépassait pas 1,7 km ; un équipement plus élaboré était de toute évidence nécessaire. Une solution partielle fut fournie par le docteur John Ambrose Fleming, conseiller de Marconi, qui, en 1904, inventa la diode, un dispositif doté de deux électrodes pour capter plus nettement les ondes radio. En 1906, à la veille de Noël, émettant d'une ferme près de Plymouth, dans le Massachusetts, Fessenden réalisa la première diffusion radio. Au lieu d'utiliser un oscillateur comme transmetteur, il se servit d'un générateur à haute fréquence qui produisait des ondes radio modulées sur le son de la voix. Lors de sa démonstration, il chanta, joua du violon, récita la Bible et envoya ses vœux de Noël à des bateaux en mer.

DÉTENTE EN FAMILLE **Une publicité de 1920 insiste sur les bienfaits domestiques – convivialité et intimité – que procure le poste « Radiola ».**

La diode de Fleming fut supplantée par la triode, brevetée en 1907 par l'Américain Lee DeForest, qui ajouta une troisième électrode et qui conçut un amplificateur sensible aux variations sonores les plus subtiles. La triode allait devenir le dispositif de base des futurs radars, télévisions et ordinateurs, et son invention fut à la source d'une bataille épique pour le brevet.

En 1943, la Cour suprême américaine donna raison à DeForest et déclara le brevet américain de Fleming non valable. L'entreprenant DeForest réalisa des radiodiffusions régulières depuis un studio de New York, afin de promouvoir la vente de ses radio en kit que les radioamateurs pouvaient assembler eux-

QUAND HAUTE TECHNOLOGIE RIME AVEC BEAUTÉ **Ce récepteur et son antenne complexe étaient conçus pour capter les transmissions par ondes courtes. Ils étaient à la pointe de la technique en 1925.**

GUGLIELMO MARCONI, LE PIONNIER DE LA RADIO

Le pionnier de la télégraphie sans fil, Guglielmo Marconi, décrivit à la BBC comment il reçut la première transmission radio transatlantique à Terre-Neuve, le 12 décembre 1901 : « Soudain, vers midi et demi, on entendit le cliquetis sec du frappeur qui percutait le cohéreur, indiquant que quelque chose arrivait ; j'écoutais alors avec attention. Manifestement, les trois cliquetis qui résonnaient dans mes oreilles correspondaient à trois points de morse… Les ondes électriques qui avaient été émises dans l'Ontario avaient traversé l'Atlantique, ignorant superbement la rotondité de la Terre, dont tant de sceptiques pensaient qu'elle serait un obstacle fatal, et elles atteignaient à présent mon récepteur à Terre-Neuve. »

1900 — 1950

1900 Premières paroles radiodiffusées
1901 Premier signal radio transatlantique
1917 Le récepteur à fréquence variable et à réglage facile d'Armstrong
1936 Premier usage commercial de la VHF (transmission à très haute fréquence)

UN CRIME SUR LES ONDES

Le docteur Crippen, qui défraya la chronique pour avoir assassiné sa femme, fut le premier criminel arrêté grâce à la radio. Lui et sa maîtresse, déguisée en garçon, s'enfuirent de Londres en juillet 1910, à bord du paquebot canadien *Montrose*. Le capitaine

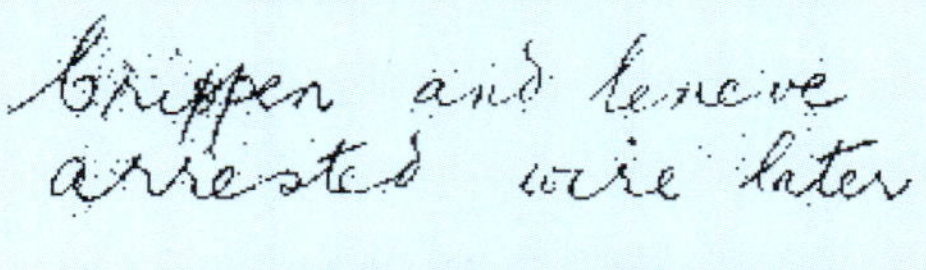

eut des soupçons et transmit par radio une description de l'homme à sa compagnie qui alerta Scotland Yard. Un inspecteur fut dépêché sur un vaisseau plus rapide et Crippen fut arrêté lorsque le *Montrose* arriva à destination, suscitant une admiration générale pour le potentiel de la radio.

mêmes. En janvier 1910, il installa son équipement dans le Metropolitan Opera House pour réaliser la première radiodiffusion en extérieur : le grand Caruso chanta en direct pour un public rassemblé dans des palaces de New York.

La radio en famille

La triode rendit les récepteurs plus sensibles et accrut de manière exponentielle la portée des communications radio. En 1924, par exemple, Marconi utilisa un transmetteur à ondes courtes pour réaliser une émission radio qui fut reçue jusqu'en Australie. La triode, incorporée dans un récepteur à réglage facile développé par l'Américain Edwin Armstrong, et le développement des haut-parleurs (qui remplacèrent les écouteurs) stimulèrent la fabrication de postes de radio. Aux États-Unis, le nombre de stations de radio passa de 60 à 600 entre 1923 et 1925, et les foyers équipés de postes passèrent de 0,2% à 60% en l'espace de dix ans.

Dès le milieu des années 30, Edwin Armstrong avait perfectionné une technique, appelée modulation de fréquence, qui éliminait quasiment tous les parasites provoqués par des interférences électriques et les précipitations orageuses : la FM était née. La VHF – transmission à très haute fréquence, à des longueurs d'onde supérieures aux ondes courtes – avait été l'objet d'expériences faites par Marconi à partir de la Première Guerre mondiale; et une technique de navigation à l'aide de ces faisceaux avait été conçue en Allemagne en 1934. Mais la VHF ne fut réellement employée qu'avec les premières émissions de télévision, en 1936. Entre-temps, les améliorations du microphone avaient rendu les journalistes plus mobiles, mais les radios étaient encore trop lourdes; même les prétendus portables étaient aussi volumineux et pesants qu'une valise pleine. Tout cela changea avec l'avènement des postes à transistors dans les années 50. Désormais, n'importe qui pouvait capter des émissions de radio, où qu'il se trouvât.

LE SON EN MINIATURE Le Regency TR-1 « sans tubes », révolutionna le transistor en 1954. Le premier Sony portable sortit peu après.

DANS LE FEU DE L'ACTION Un commentateur sportif émet de Francfort en 1931. La diffusion d'événements sportifs alla de pair avec le développement de microphones plus mobiles.

1950 — 2000

1954 Lancement du premier transistor

1958 Transmission expérimentale de radio stéréophonique par la BBC

LE MONDE À PORTÉE DE VOIX

UN NOUVEAU RÉSEAU QUI FAIT PARLER DE LUI

En 1900, le téléphone était un instrument primitif et sans grande importance comparé au télégraphe, qui était alors largement utilisé. Les lignes s'emmêlaient dans les centraux téléphoniques, les téléphones individuels étaient les otages d'assez mauvaises liaisons et la réception était inadéquate sur les longues distances. Les appels passaient par des opératrices qui établissaient les liaisons manuellement. Bien qu'une méthode malcommode de liaison automatique ait été inventée en 1899, il fallut attendre plusieurs années avant que le système se diffuse.

Mais ce n'est qu'avec le développement du téléphone interurbain, dans les années 20, que les téléphones à tonalité directe devinrent standard. La plupart des appareils avaient encore un cornet et un écouteur séparés jusqu'à ce que le design familier du téléphone à récepteur et microphone intégré ne s'impose dans les années 30.

Les océans continuaient à former une formidable barrière que les liaisons radiotéléphoniques pouvaient difficilement surmonter. Un service commercial transatlantique fut ouvert en 1928, mais à 15 £ les trois minutes – deux fois le salaire hebdomadaire moyen d'un ouvrier anglais – c'était un luxe que très peu de gens pouvaient se permettre. Tout recours à des câbles transatlantiques était exclu jusqu'à ce qu'on développe des relais téléphoniques permettant d'amplifier les signaux, suffisamment résistants pour supporter une immersion en profondeur. Le premier câble fut posé en 1956 et pouvait transmettre 36 appels simultanément.

Vers le milieu du siècle, les lignes étaient toujours encombrées, en particulier en Amérique du Nord, malgré les 250 000 opératrices employées pour transmettre les appels longue distance. Mais les techniques de communication se sont perfectionnées plus vite que l'emploi du téléphone, si bien qu'en 1990, le nombre d'opératrices avait chuté de 93 % malgré une augmentation de 700 % du trafic téléphonique.

LA VOIX DE LA RUE Une cabine téléphonique Railophone vers 1910. La première cabine publique britannique fut installée dans un bureau de poste de Fleet Street, à Londres, en 1906.

LA LIAISON MANUELLE Des opératrices relaient des communications en 1906 (ci-dessus, en haut). Avec ce modèle de téléphone (ci-dessus), il fallait remonter une manivelle pour parler à l'opératrice.

1900 — 1950

1928 Premier service téléphonique commercial transatlantique

DES DÉBUTS DIFFICILES

Il fallut attendre longtemps avant que les gens ne prennent le téléphone au sérieux. Cette attitude remonte à l'invention même de l'appareil, quand Alexander Graham Bell devança de deux heures son rival Elisha Gray au Bureau des brevets, le 7 mars 1876. Le dispositif de Gray était le meilleur des deux, mais le brevet de Bell est généralement considéré comme le plus rémunérateur de l'histoire de l'invention.

Un ingénieur en chef à la Poste résuma le sentiment de l'époque envers le téléphone. « J'en ai un dans mon bureau, mais il sert plutôt de décoration. Je ne l'utilise pas car je n'en veux pas. » Les Américains furent les premiers à prendre conscience du potentiel du téléphone, alors qu'il resta un moyen secondaire en Europe jusque dans les années 50. En 1910, il y en avait sept millions en service aux États-Unis. Ce nombre ne fut atteint en Grande-Bretagne qu'en 1960.

L'Europe resta à la traîne des États-Unis, où la Bell Telephone Company développa un central téléphonique entièrement électronique, plus rapide, meilleur marché et plus fiable, car il utilisait des circuits intégrés. Bell entreprit des essais en 1960 et le premier central téléphonique électronique fut opérationnel dans le New Jersey, en 1965. En Grande-Bretagne, la conversion aux communications longue distance automatisées n'eut lieu que dans les années 80. Une transition vers le système digital s'est alors opérée : les appareils à touches ont remplacé les appareils à cadran. Ces innovations ont généré une pléthore de nouveaux services, tels que les systèmes de conférences à distance, le rappel automatique ou le transfert d'appel, ainsi que la mise en mémoire pour éviter d'avoir à refaire des numéros souvent appelés. Le téléphone permet aussi à présent la transmission en simultané de données informatiques.

La technologie de l'information

La Grande-Bretagne fut une pionnière dans un autre domaine, celui du vidéotexte. La BBC et ses rivaux commerciaux avaient développé en 1973 les systèmes Ceefax et Oracle, des services d'information par télétexte pour les téléspectateurs. La poste, suivie de British Telecom, améliora le concept avec un système qui consistait à brancher les récepteurs de télévision sur le réseau téléphonique. Les abonnés pouvaient accéder à des services, en utilisant une clé et un décodeur numériques connectés à un ordinateur. Baptisé Prestel, il fut lancé en 1979 et, en l'espace d'un an, fournissait des informations en provenance de quatre cents sources différentes. En 1982, France Télécom commercialisa le Minitel, qui permettait à son possesseur d'accéder à de nombreux services et de communiquer à distance par information écrite. À partir de 1996, l'ensemble des données contenues dans les annuaires des pages jaunes et des pages blanches de France Télécom était disponible sur CD-Rom pour une utilisation sur micro-ordinateur.

APPEL DU BOUT DU MONDE

La liberté que confère le téléphone portable fut spectaculairement démontrée par un appel que sir Edmund Hillary reçut chez lui, en Nouvelle-Zélande, au début de l'année 1992. Il venait de son fils, qui l'appelait du sommet de l'Everest.

Le téléphone cellulaire portable eut un succès encore plus immédiat. Développé par la firme suédoise Ericsson et lancé en 1979, le système utilise des téléphones qui tiennent dans le creux de la main, et qui transmettent et reçoivent des appels depuis une cellule locale. Les appels sont ensuite diffusés de cellule en cellule à travers un réseau géographique couvrant une zone beaucoup plus étendue.
Restait la question du contact visuel entre abonnés. On s'est orienté vers la transmission de données comprimées : depuis les années 90, des systèmes sont développés aux États-Unis, en Europe et au Japon. Le Videophone 2500, qui transmet et reçoit une petite image quand il est branché sur une prise téléphonique ordinaire, a été commercialisé aux États-Unis en 1992.

PARLER D'UNE SEULE MAIN **Le combiné supplanta le téléphone à écouteur et cornet séparés dans les années 30 et devint un standard qui domina le marché pendant plus de 40 ans.**

TÉLÉPHONE MICKEY **La technologie du téléphone à touches coïncida avec une évolution du design dans les années 80. Mickey Mouse fut l'un des nombreux personnages à décorer les combinés.**

LA MODE DU PORTABLE **Le lancement du téléphone cellulaire par la firme suédoise Ericsson, en 1979, avec le radiophone, suscita un rapide engouement.**

1950 — 2000

- 1956 Pose du premier câble transatlantique
- 1965 Premier central téléphonique électronique
- 1979 Lancement de Prestel
- 1979 Lancement du téléphone cellulaire portable

L'EXPLOSION DU TÉLÉPHONE

APRÈS UN DÉPART LENT, LE RÉSEAU TÉLÉPHONIQUE FRANÇAIS EST DEVENU L'UN DES PLUS PERFORMANTS DU MONDE.

LES DEMOISELLES DU TÉLÉPHONE Elles desservaient en moyenne 80 lignes chacune avant l'apparition de l'« automatique ».

Le téléphone arrive en France en 1880, quatre ans après son invention par Graham Bell. En décembre de cette année-là, le président de la République Jules Grévy fait installer un poste à l'Élysée et il peut ainsi communiquer en ligne directe avec tous les membres du gouvernement. Mais, à la fin du XIXe siècle, hors des palais nationaux, la principale utilisation du téléphone consiste à retransmettre des concerts, grâce au « théâtrophone », imaginé dès 1881 par Clément Ader, relié directement aux salles de spectacle.

Cependant, le « télégraphe parlant » fait rêver tous les passionnés de modernité et de technique, car il représente une révolution dans la communication personnelle. Cet objet un peu mythique reste longtemps encore réservé aux privilégiés, aux administrations, etc.

C'est l'époque des « demoiselles du téléphone », qui s'activent dans les centraux, desservant en moyenne 80 lignes chacune, et subissant parfois les propos galants d'abonnés séduits par leur voix agréable. En 1913, la ville de Nice se dote du premier central automatique. En 1925, un réseau de ce type est installé à Paris par le constructeur américain ITT.

La Seconde Guerre mondiale impose le téléphone – qui a joué un rôle majeur dans le conflit – dans les principaux pays occidentaux. Or, la France reste en retrait, en dépit de la compétence du Centre national d'études des télécommunications (Cnet), organisme public créé en 1945.

Mais les infrastructures manquent et les gouvernements successifs ne semblent pas disposés à combler le retard, considérant le téléphone comme un bien de consommation secondaire et non comme un équipement aussi primordial que pouvaient l'être alors le chemin de fer ou le réseau électrique. L'humoriste Fernand Raynaud triomphe avec son sketch « le 22 à Asnières » – il finit par passer par New York pour obtenir sa liaison –, illustration cruelle mais proche de la réalité de l'état des télécommunications françaises dans les années 50-60... De leur côté, les chansonniers ironisent : « La moitié des Français attendent le téléphone et l'autre moitié, la tonalité. » Le délai d'ouverture d'une ligne est couramment de douze mois, mais il peut monter jusqu'à trois ans ! Les Français souffrent de cette pénurie et s'impatientent. Car l'attente est énorme. Entre 1961 et 1965, les demandes d'abonnement sont multipliées par quatre...

Il faut attendre le cinquième plan de modernisation et d'équipement (1966-1970) pour que les télécommunications soient enfin considérées comme un facteur de développement économique et un outil d'amélioration de la vie quotidienne. À partir de 1974, la France commence à rattraper son retard et, en 1975, elle adopte un « plan d'action prioritaire » . L'histoire, dès lors, va vite, au prix d'investissements colossaux. En huit ans, le nombre de lignes saute de 6 à 22 millions. En 1979, le pays se dote d'un premier satellite de télécommunications, Télécom 1. En 1982, le délai de raccordement n'est plus que de quinze jours. Finalement, en moins de dix ans, la France se couvre d'un réseau ultramoderne, qui sera ensuite entièrement numérisé. Après avoir

LE MINITEL Dans les années 80, cet appareil – mariage du téléphone et de l'ordinateur – a connu un succès considérable en France.

LES SATELLITES Ils ont révolutionné la téléphonie. Ici, Télécom 2, de France Télécom, en 1990.

été l'un des plus en retard des pays industrialisés, il devient l'un des plus performants du monde, exportant ses techniques et ses innovations.

La réussite du Minitel

Au téléphone de base sont venus s'ajouter de nouveaux outils. Parmi eux, le Minitel, dont les premières expérimentations ont lieu à Rennes et à Vélizy, au printemps 1981, a permis le développement de la filière télématique française. Cette alliance du téléphone, de l'ordinateur et du téléviseur, basée sur l'affichage d'informations alphanumériques ou graphiques sur l'écran et l'échange interactif d'informations, connaît un succès foudroyant. Neuf ans après son lancement, un abonné français sur cinq en est équipé. En revanche, le Minitel est un échec hors des frontières.

Pionnière dans le domaine de la télématique, la France négocie cependant avec retard le virage du téléphone mobile. Ni France Télécom ni les industriels n'ont apprécié à sa juste mesure l'ampleur du phénomène dans les années 90, pensant que le portable resterait essentiellement réservé au monde des affaires. Aujourd'hui, trois opérateurs français – Itinéris, SFR et Bouygues Télécom – se livrent une rude bataille , à coups de promotions, de forfaits adaptés à tous les besoins, de matraquage publicitaire et de services divers (réserver des billets de train ou de spectacle, commander un taxi, se faire réveiller, trouver un numéro de téléphone, connaître les cours de la Bourse, l'actualité, la météo en direct, etc.). Les consommateurs trouvent leur compte dans cette surenchère, car les tarifs ont connu une baisse continue et la vente de portables... une hausse vertigineuse. Parallèlement à cette profonde évolution, le téléphone filaire a, lui aussi, connu de nombreuses transformations, multipliant les services en direction tant des particuliers que des entreprises. C'est pour ces dernières, par exemple, qu'est mis au point le système baptisé Visioconférence, qui permet à plusieurs correspondants – jusqu'à 100 ! – d'intervenir sur une même ligne, ensemble ou à tour de rôle. À destination des foyers, on voit apparaître le signal de double appel, la conversation à trois, le transfert d'appel, les cartes nominatives, les messageries vocales ou écrites, les factures détaillées, l'affichage du numéro appelant, etc. Finalement, téléphones filaires et portables se révèlent plus complémentaires que rivaux.

L'ordinateur et le téléphone

Mariés à l'ordinateur et à la carte de crédit, les téléphones mobiles seront les outils à tout faire de demain. Avec leur modem intégré et leurs liaisons infrarouges, ils permettront l'envoi de courrier électronique, sa lecture par un synthétiseur vocal, le passage et le paiement de commandes, et se feront fax, terminal Internet, etc. Grâce à eux, l'informatique sera elle aussi mobile. Les réseaux sont également appelés à se transformer avec le développement du téléphone direct par satellite. Certains industriels ont en effet jugé plus rentable d'envoyer des engins de télécommunications dans le ciel plutôt que d'installer à prix d'or des relais sur tout un territoire. Ces satellites permettent aux utilisateurs d'être joints partout dans le monde avec le même poste.

Reste une question, et de taille : toutes ces innovations ne vont-elles pas finir par compliquer l'utilisation quotidienne du téléphone, alors que les usagers souhaitent, au contraire, la simplifier ? L'un des axes de recherche consiste à leur proposer un seul numéro, valable à la fois pour le combiné domestique, le portable, voire le téléphone professionnel, avec une messagerie commune aux trois usages.

À plus long terme, tous les opérateurs étudient des solutions qui devraient conduire à une offre baptisée « numéro unique-messagerie unique-terminal unique ». L'aventure du téléphone ne ferait-elle que commencer ?

TÉLÉPHONES MOBILES, INTERNET... L'offre se multiplie pour répondre aux nouveaux besoins de communication.

MÉDECINE ET TÉLÉPHONE

Le téléphone est un allié précieux de la médecine. Qu'il s'agisse d'échanger un avis entre praticiens, de consulter un expert, de piloter une intervention à distance, de se réunir entre spécialistes pour étudier un dossier ou de former de jeunes internes, nombre de pratiques médicales font de plus en plus appel au téléphone en utilisant des réseaux à hauts débits.

Dans ce domaine, l'hôpital universitaire de Strasbourg fait figure de pionnier. Depuis 1995, une fois par semaine, une télécommunication thérapeutique interdisciplinaire se déroule entre plusieurs sites (Strasbourg, Toulouse, Bâle, Yale University, aux États-Unis...). Tous les cas difficiles de décision préopératoire y sont étudiés afin de définir la meilleure stratégie à adopter.

Autre pratique, le télé-compagnonnage, qui permet à de jeunes praticiens d'assister en direct aux gestes opératoires des plus expérimentés par l'intermédiaire d'une liaison visiophonique.

LES SATELLITES À LA CONQUÊTE DE L'UNIVERS

LES SATELLITES ÉTABLISSENT DES RELAIS PARTOUT DANS LE MONDE

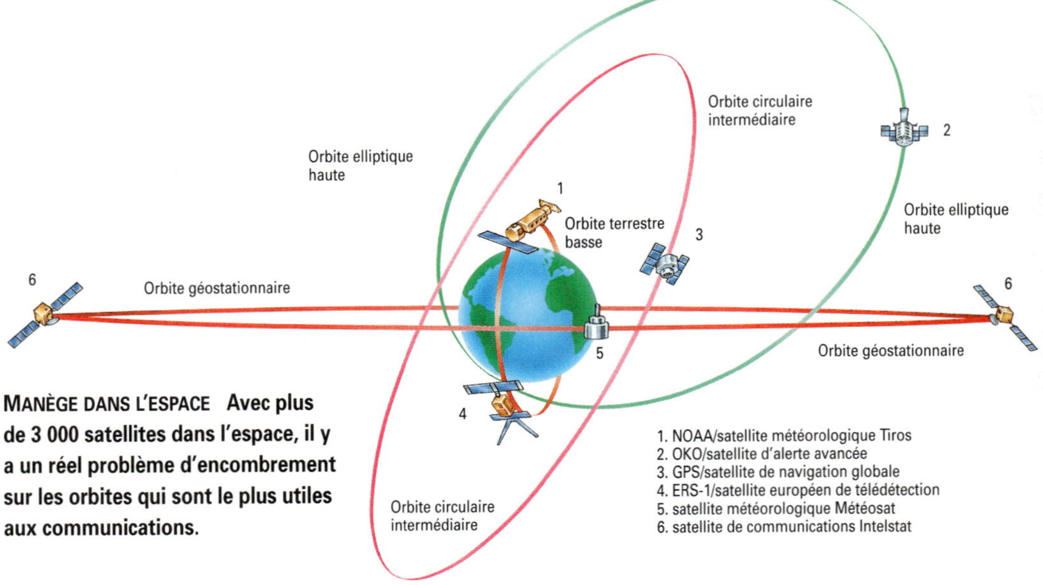

MANÈGE DANS L'ESPACE Avec plus de 3 000 satellites dans l'espace, il y a un réel problème d'encombrement sur les orbites qui sont le plus utiles aux communications.

En 1956, un astronome britannique déclara que « le voyage dans l'espace, c'est du pipeau ». Mais, l'année suivante, le bip-bip-bip de Spoutnik 1 cloua le bec aux sceptiques et fit clairement entrevoir au monde le potentiel de la communication spatiale.

L'électronique se développa au même rythme que la technologie des fusées, entraînant des avancées rapides. En 1958, le petit satellite américain Vanguard 1 captait et relayait des données au moyen d'une radio alimentée par des cellules photovoltaïques. Et, ce Noël-là, la voix enregistrée du président Eisenhower transmit ses vœux aux stations de contrôle disséminées autour de la Terre depuis un satellite baptisé SCORE (Signal Communication by Orbital Relay Equipment).

L'ASSASSINAT DE KENNEDY

Le premier événement historique qui rassembla les téléspectateurs du monde entier, grâce à la couverture satellite, fut l'assassinat puis l'enterrement du président Kennedy qui furent relayés par Telstar, en novembre 1963.

Une révolution : les satellites de télécommunication

Echo 1, le premier satellite expérimental de télécommunications – un ballon brillant fait de plastique dur revêtu d'aluminium –, fut lancé le 12 août 1960. Il enfla dans l'espace pour atteindre un diamètre de 30 m et réfléchit les signaux radio émis depuis la Terre, d'où on pouvait le voir sous la forme d'une tache lumineuse se déplaçant rapidement. Diriger un faisceau sur le ballon était délicat et le signal de retour était très faible. Néanmoins, Echo 1 remplit sa mission en relayant des images et des sons des États-Unis à l'Europe.

Echo 1 mit en évidence la nécessité de disposer d'un système d'amplification et, en octobre 1960, l'armée américaine lança Courier 1B, un satellite de 250 kg doté de plus de 19 000 cellules photovoltaïques pour contrôler les signaux de relais et d'amplification. Courier 1B arrêta d'émettre au bout de dix-huit jours et il fallut deux ans de recherches supplémentaires en électronique pour aboutir au lancement de Telstar, le 10 juillet 1962. Le satellite pesait 78 kg et avait un diamètre de seulement 81 cm – un nain, comparé à Courier 1B. Telstar fut mis en service depuis Andover, dans le Maine, aux États-Unis et, pour la première fois, la phrase « En direct par satellite » apparut sur les écrans de télévision.

La capacité de Telstar se limitait à soixante appels téléphoniques simultanés ou à une transmission télévisée, et son orbite elliptique lui permettait seulement d'opérer vingt minutes toutes les deux heures et demie. Mais le satellite frappa l'imagination du public à un point tel qu'il inspira une chanson à succès. Relay 1, construit par RCA, transmit en 1963 un signal télévisé en couleurs, mais sa capacité était elle aussi limitée.

Pour réaliser des communications plus efficaces, un satellite devait être placé sur une orbite parfaitement synchronisée à la rotation de la Terre, une orbite géostationnaire, qui lui permettait de se régler sur elle. Le satellite à orbite synchronique, inventé par une équipe de Hughes Aircraft sous la direction de Howard Rosen et lancé expérimentalement en 1963, offrit la solution recherchée. Syncom 1 explosa après son lancement, mais Syncom 2 et 3 remplirent leur mission en relayant un flux continu de signaux à 35 887 km dans l'espace.

La série des Syncom fut suivie par Early Bird, qui fut mis sur orbite au-dessus de la côte du Brésil en avril 1965 et devint le premier satellite de télécommunications commerciales, après sa mise en service le 28 juin. Il relaya 240 appels téléphoniques simultanés ou une chaîne de télévision couleur, et établit le premier lien entre l'Amérique du Nord et l'Europe. La dernière tâche d'Early Bird fut de transmettre des images des premiers pas sur la Lune, en juillet 1969. À cette date, il avait été baptisé Intelstat 1 et était déjà largement dépassé comme système de communication international. Les satellites de type Intelstat, positionnés en orbite

DÉCOLLAGE 1960 : Echo 1 (à gauche), fixé au-dessus d'une fusée. Vingt-deux ans plus tard, les satellites de télécommunications, tel le satellite canadien Anik (ci-dessous), sont lancés depuis une navette spatiale.

PHOTO SATELLITE La Bretagne vue par le satellite français SPOT depuis une altitude de 800 km.

géostationnaire au-dessus de l'Atlantique, furent graduellement dotés de capacités de plus en plus importantes. En 1986, chaque Intelstat 6 pouvait relayer 33 000 appels téléphoniques et jusqu'à 60 chaînes de télévision sur des faisceaux qui pouvaient être dirigés vers des stations terrestres individuelles.

Diffusion directe par satellite

La première étape vers la transmission directe par satellite à domicile, sans passer par une station de relais terrestre, fut franchie en 1974 avec le lancement depuis Cap Canaveral, en Floride, d'ATS-6, un satellite doté d'un puissant système de relais. Utilisé initialement pour désenclaver les communautés américaines isolées, il fut ensuite déplacé au-dessus de l'Afrique de l'Est pour émettre vers l'Inde.

En 1979, le satellite canadien Anik B inaugura le premier service télévisé diffusant directement les programmes dans les foyers équipés d'une petite antenne parabolique. L'Europe se lança bientôt dans son propre programme de satellites. Dans les années 80, l'Agence spatiale européenne mit sur orbite un système de communications régional. Entre-temps, les Japonais fabriquèrent JACSAT, qui avait la plus importante capacité de tous les satellites de télécommunications – américains exceptés. La technologie des satellites était à présent suffisamment accessible pour que des entreprises privées concurrencent les gouvernements et, depuis les années 90, plus de deux cents satellites sont sur orbite.

LE SYSTÈME NERVEUX DE L'HUMANITÉ

L'idée de satellite de télécommunications fut conçue en 1945 par l'écrivain de science-fiction anglais Arthur C. Clarke, l'auteur de *2001 : l'Odyssée de l'espace.* Clarke y décrivait comment des signaux émis dans l'espace pouvaient être réfléchis vers des stations terrestres à des milliers de kilomètres de l'émetteur d'origine. Il imagina aussi les satellites à orbite géostationnaire et calcula précisément leur altitude orbitale. Clarke appela son concept « le système nerveux de l'humanité… qui reliera l'ensemble de la race humaine, pour le meilleur et pour le pire, et créera une communauté inconcevable à d'autres époques. »

PRÉDIRE LE TEMPS QU'IL FERA

Avant le lancement, le 1er avril 1960, du premier satellite météorologique expérimental Tiros 1, les ballons et les rapports radio de navires en mer étaient les seules méthodes fiables de prédiction.

Au milieu des années 90, le point d'impact d'un cyclone – auparavant imprévisible – a pu être calculé à 100 km près, avec quatre fois plus de précision que dans les années 70. Quand en 1992 le cyclone Andrew a frappé le sud de la Floride, les autorités américaines ont disposé d'assez de temps pour évacuer 1,5 million de personnes.

ALERTE MÉTÉO Une photo satellite du cyclone Andrew se déplaçant à 225 km/h au-dessus du golfe du Mexique, le 25 août 1992, avant qu'il ne frappe le sud de la Floride.

1950 — 2000

1962 Lancement de Telstar

1965 Lancement d'Early Bird, le premier satellite de communications commerciales

1979 Première télédiffusion directe par satellite

Les messagers du courrier : de la poste à Internet

Le routage rapide du courrier et le courrier informatisé

Tout au long du siècle, le facteur n'a cessé de représenter un symbole de continuité, qui semble être resté à l'écart des bouleversements technologiques majeurs. Dans les coulisses, cependant, et alors que les sacs postaux devenaient de plus en plus volumineux, la poste essayait de gérer au mieux les quantités croissantes de courrier. Au début du siècle, 2 324 millions de lettres étaient envoyées en Grande-Bretagne. En 1992, ce chiffre avait plus que doublé (5 455 millions), et la poste ne pouvait tout simplement pas faire face. Naturellement, on tenta de rationaliser les méthodes d'expédition – l'une des plus novatrices étant le réseau ferré souterrain Royal Mail. Introduit en 1926, ce train télécommandé sans conducteur mettait six minutes, au lieu de quarante-cinq minutes par camion, pour traverser Londres et expédier le courrier dans un centre de triage.

TRAIN POSTAL Le train souterrain qui envoyait le courrier sous les rues de Londres pour éviter les affres de la circulation, en 1926, est encore en usage aujourd'hui et permet les mêmes gains de temps.

DISTRIBUTION DU COURRIER Au début du siècle, la poste était le principal mode de communication dans les pays développés. Ci-dessus, en France, en 1914 ; ci-dessous, dans le Kent, en Angleterre, en 1910.

Rationalisation de la distribution

À partir des années 60, le tri mécanique semblait la seule manière de résoudre un problème qui devenait mondial. L'invention des codes postaux aux États-Unis – qui reprenait la division de Londres par districts postaux établie en 1856 – créa un début d'ordre et rendit possible l'automatisation. Le premier bureau de poste automatisé ouvrit en 1960 à Providence, dans l'État de Rhode Island, aux États-Unis. Il triait lettres et paquets, leurs codes postaux étant lus par des dispositifs électroniques. Le tri automatique des paquets fut introduit en Grande-Bretagne trois ans plus tard.

Depuis le début des années 90, des systèmes de lecture optique équipés de lecteurs de code-barres peuvent trier onze enveloppes par seconde grâce à un système entièrement automatique vingt fois plus rapide que le tri manuel. En 1995, un scanner

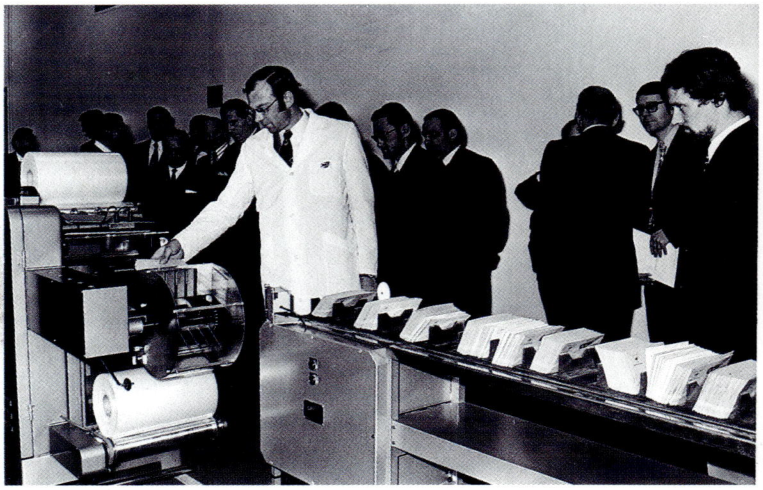

TRIAGE AUTOMATIQUE À Orléans, des responsables examinent un système de triage de courrier qui lit les adresses et répartit le courrier selon la région et la zone.

1900 — 1950

1917 Création des premiers codes postaux, par attribution de chiffres aux quartiers de Londres

1926 Introduction du système ferroviaire souterrain Royal Mail, à Londres

LE SECRET DÉFENSE AMÉRICAIN

Internet puise sa source dans les craintes américaines de guerre atomique. Il eut pour origine l'Advanced Research Project Agency Network, ou ARPANET, un réseau informatique conçu par le département de la Défense américain qui avait été spécialement créé sans lien fixe pour pouvoir continuer à fonctionner en cas d'attaque nucléaire.

Lorsque la menace diminua, au milieu des années 80, la National Science Foundation parvint à relier son propre réseau à ARPANET pour donner aux universités un accès aux superordinateurs américains. C'était le début d'Internet.

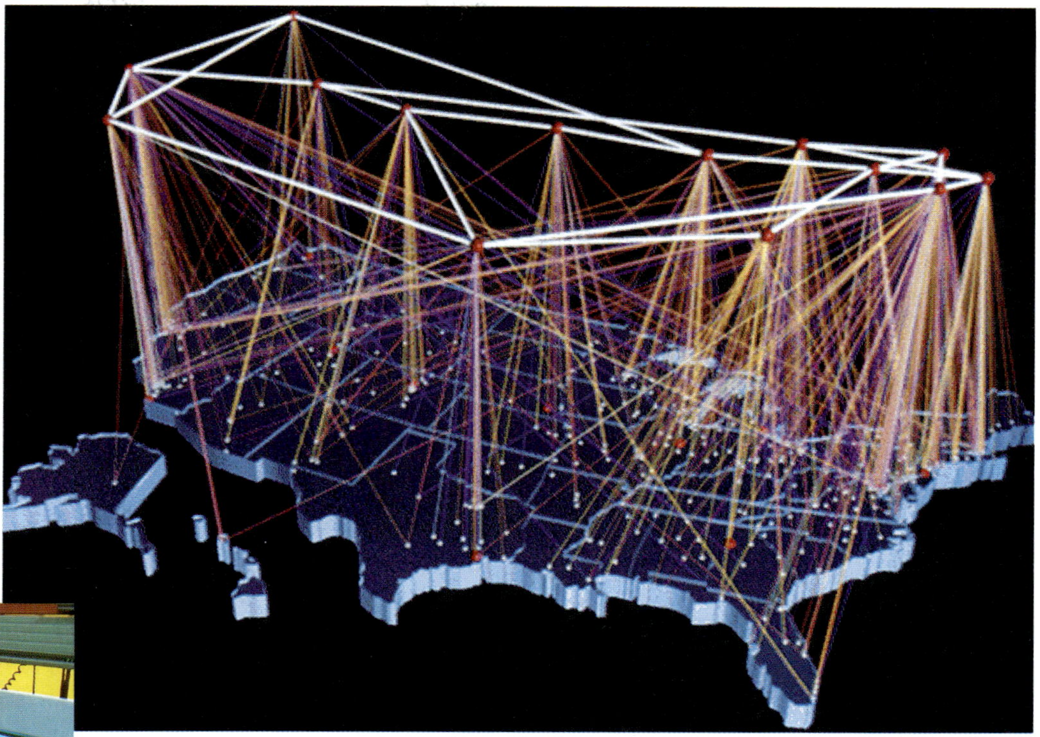

SURFER SUR LE NET **Le système Internet aux États-Unis, où il vit le jour. Le World Wide Web gère un réseau de 10 000 ordinateurs à travers le monde (à gauche). Les icônes que l'on peut s'attendre à voir lorsqu'on utilise le courrier électronique (ci-dessus).**

quatre-vingt-seize fois plus sensible que les anciens modèles fut testé par les services postaux américains, ainsi qu'un ordinateur capable de décrypter les écritures les moins lisibles.

Le sésame électronique

La solution qui consistait à abandonner les adresses en faveur de codes personnalisés s'est heurtée à des réticences d'ordre sociologique, car les gens sont attachés à la notion de domicile privé. Mais ce changement était déjà en route avec l'émergence du courrier électronique.

En utilisant un ordinateur personnel, un transducteur téléphonique et une adresse codée, des millions de personnes peuvent se brancher sur Internet, réseau de communications international gratuit. Une correspondance instantanée peut ainsi être obtenue au prix d'un appel téléphonique local.

Ce développement majeur se fit par hasard. Au milieu des années 80, un groupe d'habitants de San Francisco intéressé par le jardinage et les jeux sur ordinateur trouvèrent le moyen d'utiliser un réseau informatique initialement conçu pour le ministère de la Défense. Ils lancèrent un Bulletin Board System (BBS) grâce auquel ils pouvaient échanger des informations ou discuter par ordinateur. Ils l'appelèrent WELL, un acronyme pour Whole Earth 'Lectronic Link (Liaison électronique mondiale).

BBS fit des émules dans le monde entier : il eut comme premiers imitateurs CIX en Grande-Bretagne et TWIX au Japon. La structure ouverte d'Internet empêche de mesurer l'expansion exacte du système mais, en 1994, on estimait qu'il existait quelque 30 000 réseaux intégrés qui s'échangeaient des images et des clips vidéo, ainsi que du texte.

Parallèlement au courrier électronique, les liaisons par ordinateur servent de relais à d'innombrables sites spécialisés. Des services de référence généralistes sont par ailleurs proposés par d'importants réseaux commerciaux, comme Compuserve. D'autres, comme World Wide Web (WWB), constituent des systèmes sophistiqués de recherche et de traitement d'information. En 1995, on a estimé qu'environ trente millions de personnes utilisaient Internet, et on envisage l'émergence d'autoroutes de l'information où le téléphone, la télévision et l'ordinateur fusionneraient pour créer un monde d'accès et d'échange illimités.

LA NAISSANCE DE FED'EX

En 1973, l'idée d'une distribution internationale sous 24 h du courrier germa dans l'esprit d'un diplômé de Yale, Frederick Smith, fils du fondateur d'une importante compagnie de transports, Dixie Greyhound. Smith investit tous ses biens et emprunta 72 millions de dollars de plus pour acheter 33 jets Falcon de Dassault qui pouvaient chacun contenir 3 400 kg de courrier. Pour attirer les clients, il établit un forfait fixe de 5 $ pour tout ce qui pouvait être inséré dans une enveloppe en papier bulle. Il appela son service Federal Express.

1950 — 2000

1960 Premier bureau de poste automatisé, à Providence, dans le Rhode Island, aux États-Unis

1974 Mise en place des codes postaux à l'échelle nationale, en Grande-Bretagne

1995 Utilisation d'Internet par environ 30 millions de personnes

L'EMPIRE DE LA PRESSE ET DE L'ÉDITION

DE L'ASSEMBLAGE MANUEL DES CARACTÈRES À L'ÉDITION ASSISTÉE PAR ORDINATEUR

Grâce à l'invention de la rotative, qui accélérait le processus d'impression, la technologie put être en phase avec le développement de l'alphabétisation au XIXe siècle. Et, en 1900, la tâche d'assembler les caractères manuellement cédait déjà la place aux systèmes de composition sur clavier, avec des machines comme la Linotype et la Monotype, qui tendaient à automatiser partiellement la production de journaux et de livres.

En 1904, la publication du quotidien *The Daily Mirror* – illustré de photographies reproduites grâce à un procédé dit de similigravure – marqua les débuts de la presse populaire en Grande-Bretagne. La reproduction de photographies de qualité devint possible quand la rotogravure – procédé consistant à imprimer une plaque de cuivre sur laquelle une photographie a été gravée – fut adaptée sur les rotatives. *The Illustrated London News* fut le premier organe de presse à introduire cette technique en 1912 mais, bien qu'idéale pour les magazines, elle était trop lente pour les quotidiens.

Plus décisive fut l'invention de l'impression offset par Ira Rubel, à New York, en 1904. L'idée d'améliorer l'art centenaire de la lithographie survint par hasard : Rubel remarqua qu'en se servant d'un tampon en caoutchouc on pouvait transférer une image gravée sur une plaque métallique enduite d'encre sur du papier et produire ainsi une impression de haute qualité. Le procédé devint à la fois plus rapide et meilleur marché lorsqu'on utilisa une plaque d'impression en zinc, d'où l'image était transférée sur une surface intermédiaire – un cylindre recouvert de caoutchouc –, puis imprimée sur le papier. La reproduction en couleurs devint aussi réalisable au cours de la première décennie du siècle, avec l'adaptation du procédé de similigravure combinant trois tons – rouge cramoisi, jaune et bleu-vert – pour produire une image en couleurs. Les livres devinrent plus attrayants et la vente de cartes postales connut un essor foudroyant.

RÉVOLUTION DANS L'IMPRESSION Le linotypiste qui fond des caractères (ci-dessous) a cédé la place aux équipes rédactionnelles composant directement leurs articles sur ordinateur (à droite).

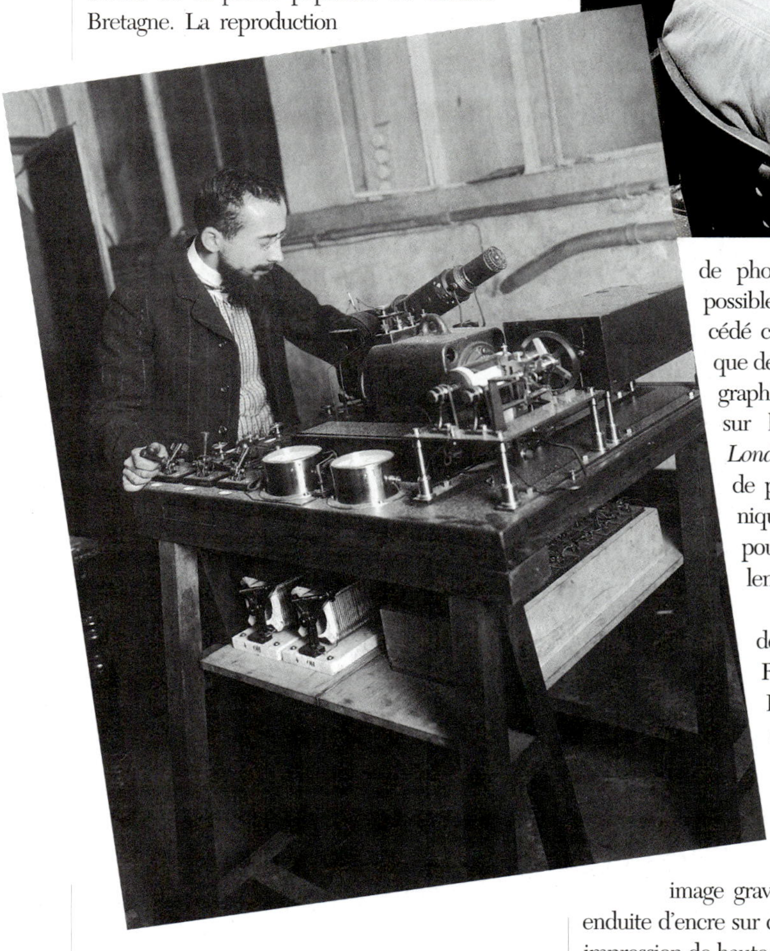

L'INVENTION DU FAX C'est un Français, Édouard Belin, qui perfectionna cet appareil destiné à transmettre tout document ou image par lignes téléphoniques ou faisceaux hertziens.

La révolution de la composition

Tandis que l'impression s'accélérait et que son coût baissait, la fabrication des lettres restait une tâche ingrate qui impliquait la manipulation de rangées de caractères en métal pour permettre la mise en pages. Un procédé plus efficace avait bien été imaginé dans les années 1890, mais il fallut des dizaines d'années pour le développer.

Les origines de la photocomposition – la technique de composition par photographie – sont hongroises, mais la première photocomposeuse efficace fut développée en 1939 par l'Américain William Heubner, qui conçut une machine pro-jetant des caractères sur un film lorsqu'on pressait la touche d'un clavier. Deux Français, Louis Moyroud et René Higonnet, améliorèrent le procédé avec une méthode consistant à projeter de la lumière à travers un disque de caractères en rotation sur un matériau photosensible. Ils obtinrent le soutien de financiers américains et développèrent la série de machines Photons, en 1954, qui pouvaient composer mille caractères à la minute. La photocomposition en Grande-Bretagne, en 1957, d'un livre de poche Penguin marqua la première application de la technique au domaine de l'édition.

Les systèmes de photocomposition proliférèrent rapidement, accélérant grandement le processus d'impression et stimulant le passage à l'offset. L'introduction de presses offset rapides, qui imprimaient des rouleaux de papier plutôt que des feuil-

1900 — 1950

1904 Invention de l'impression offset

1939 Première photocomposeuse efficace

1947 Premier scanner électronique

les individuelles, poussèrent les quotidiens à adopter, dans les années 60, l'offset, qui s'imposa comme principal mode d'impression.

L'édition électronique

L'édition connut ensuite une révolution électronique. En 1947, la firme Fairchild Corporation, aux États-Unis, introduisit le premier dispositif de scannage électronique : un faisceau photoélectrique balaye une illustration placée sur un tambour en rotation, puis envoie un signal à un disque qui grave une copie de l'image sur la surface à imprimer. La composition devint électronique dans les années 60 avec l'introduction des tubes cathodiques et du stockage sur bande magnétique. Le premier système assisté par ordinateur, Digiset, fut une invention allemande. Ses caractères, stockés dans la mémoire électronique de l'ordinateur, apparaissent sur l'écran lorsqu'on presse une touche et sont ensuite transférés sur du papier photographique. N'importe quel terminal vidéo peut être relié de cette manière à un ordinateur central.

Depuis 1970, plus de mille systèmes de composition assistée par ordinateur fonctionnent à travers le monde. Les années 80 ont été marquées par une nouvelle révolution, engendrée par les progrès de l'informatique, qui rendent certaines opérations désormais superflues. L'ère de l'édition personnelle – combattue pendant des années par les syndicats – vit le jour en 1982 avec le lancement de Postscript, le premier logiciel conçu spécifiquement pour gérer un processus d'impression entièrement électronique. Des systèmes d'imagerie électronique permettent enfin d'intégrer l'illustration au texte.

En 1985, l'édition personnelle s'est imposée avec le lancement de PageMaker, le premier logiciel développé pour les ordinateurs personnels, puis, plus tard, avec le développement du logiciel de mise en pages XPress. Les auteurs eux-mêmes sont devenus partie intégrante du processus d'édition. En abandonnant leurs machines à écrire pour des ordinateurs et en présentant leurs textes sous forme de disquettes ou de supports plus performants (disque optique, CD réinscriptible), ils se transforment de fait en imprimeurs. L'informatisation de la collecte, de la transmission et de l'impression des textes et des images a permis aux journaux de rester compétitifs dans la course effrénée à la communication. De nos jours, les reporters et les photographes, équipés d'un ordinateur portable, d'une caméra digitale et d'un téléphone, peuvent, alors même qu'ils se trouvent au milieu d'une zone de combat, transmettre des textes et des images aux journaux du monde entier. Le processus d'édition et de mise en pages se fait ensuite électroniquement sur des écrans d'ordinateur. Le contenu d'un journal n'a désormais plus besoin d'avoir de support papier, jusqu'à la mise sous presse – il existe tout simplement sous forme d'impulsions électroniques transmises entre des terminaux d'ordinateur.

MISE SOUS PRESSE Reproduction en couleurs avec un scanner électronique (à l'extrême droite) ; une rotative ultrarapide (à droite) ; l'imprimerie d'un grand quotidien – *le Financial Times*, à Londres – (ci-dessous).

1950 — 2000

1954 Photocomposeuse de la série Photon

1965 Lancement de Digiset, le premier système de photocomposition assistée par ordinateur

1985 Lancement de PageMaker, le logiciel qui permet l'édition personnelle

Autoroutes de lumière

La communication par fibre optique : des milliards de données par seconde

La lumière a toujours été la plus ancienne forme de communication sur de longues distances. À la fin du XXe siècle, elle était incontestablement la meilleure – drainant des milliards de données par seconde sur de petits conduits de verre.

Les hommes de l'Antiquité agitaient des torches pour transmettre des messages et dépendaient du climat pour leurs signaux de fumée. Mais pour rendre la lumière plus efficace, il fallait la maîtriser et la canaliser. La première percée intervint en 1955,

Effets de lumière **Un technicien de Corning Labs, aux États-Unis, tient entre ses mains des fibres optiques employées dans les télécommunications.**

quand un chercheur indien de l'Imperial College, à Londres, le docteur Narinder Kapany, étira des filaments de verre optique afin de les rendre aussi fins qu'un cheveu humain. Il projeta de la lumière à une extrémité, elle émergea à l'autre bout, identique, même avec un filament enroulé sur lui-même ou tordu.

Les minces guides lumineux de Kapany, ou fibres optiques, furent d'abord utilisés en médecine. Dès 1958, les chirurgiens les assemblaient et s'en servaient pour examiner l'estomac. Leur emploi dans les télécommunications – rendu possible par l'invention simultanée du laser –, domaine par excellence de la transmission des messages, date de 1966. Cette année-là, deux savants de l'Essex, en Grande-Bretagne, montrèrent que si l'on éliminait toutes les impuretés du verre, les câbles électriques pourraient être remplacés par des fibres optiques, insensibles aux parasites et dotées de capacités de transmission nettement meilleures.

Les câbles optiques

Des câbles optiques expérimentaux furent posés aux États-Unis et en Grande-Bretagne dès 1977. Cette même année, les laboratoires Bell, aux États-Unis, émirent les premiers signaux télévisés sur fibres optiques et Bell Telephone installa son premier système commercial au cœur de Chicago. Il transmettait les signaux vidéo, les données informatiques et les appels téléphoniques sous forme d'impulsions lumineuses. La première liaison téléphonique par fibre optique fut établie entre Ipswich et Martlesham Heath en Grande-Bretagne, sur une distance de 13 km. Et, en 1978, toutes les maisons de la petite ville canadienne d'Elie, dans le Manitoba, étaient câblées par fibres optiques et pouvaient recevoir de nombreux services, tels que chaînes de télévision, émissions de radio haute fidélité, téléphone, prévisions météorologiques informatisées… Le premier câble optique transatlantique fut opérationnel en 1978. Il pouvait transmettre, sur deux fibres et dans les deux directions, jusqu'à 40 000 appels téléphoniques simultanés. Le Pacifique fut câblé en 1989.

Néanmoins, les besoins de l'amplification électronique limitaient le potentiel de la communication optique, qui avait été expérimentalement démontré par les laboratoires Bell en 1985 lorsqu'ils étaient parvenus à transmettre l'équivalent de 300 000 conversations téléphoniques simultanées sur une seule fibre. Résolus à trouver un système de transmission entièrement optique de capacité infinie, les chercheurs étudièrent le phénomène qui permet aux vagues de se déplacer sur de longues distances sans perdre leur forme. Les savants de Bell recréèrent cet effet dans les fibres optiques et, en utilisant des impulsions laser amplificatrices, parvinrent, à la fin des années 80, à transmettre des signaux optiques sur plus de 11 200 km. Dès 1991, ils réalisaient des transmissions expérimentales de trente-deux milliards de bits par seconde – plus de douze fois plus rapides que les télécommunications existantes. Les autoroutes de l'information, intégrant la télévision haute définition interactive et le vidéophone, sont aujourd'hui prêtes à naître.

Bell, inventeur d'un téléphone très particulier

Alexander Graham Bell ne considérait pas le téléphone comme son invention la plus importante. Il était beaucoup plus fier de son « photophone », le premier dispositif permettant de transmettre la voie par ondes lumineuses. La personne qui appelait parlait dans un cornet attaché à un disque recouvert d'un miroir qui réfléchissait la lumière vers une antenne parabolique réceptrice située à 183 m de distance. La voix faisait vibrer le disque et l'intensité du faisceau lumineux fluctuait en conséquence, altérant la résistance d'une cellule photoconductrice en sélénium située au centre de l'antenne. La cellule était reliée à une batterie et à des écouteurs, qui vibraient en phase avec les fluctuations, reproduisant ainsi la voix. Bell fit la démonstration du photophone le 26 avril 1890 mais, en dépit de son enthousiasme, la technologie de l'époque n'était pas assez avancée pour que son invention dépasse le stade de la curiosité.

Quatre-vingts ans plus tard, le laboratoire qui porte son nom transforma son rêve en réalité en participant au développement du laser et de la fibre optique.

Messages de lumière **Les fibres optiques sont de deux types : à conduction simple et à conduction multiple. Avec la conduction simple, l'âme étroite du câble permet à l'impulsion lumineuse de voyager directement à vitesse constante, ce qui la rend plus appropriée pour les longues distances. Avec la conduction multiple, l'âme plus large permet à l'impulsion d'emprunter des trajets différents et la ralentit. Sa production est moins coûteuse et elle est utilisée sur de courtes distances.**

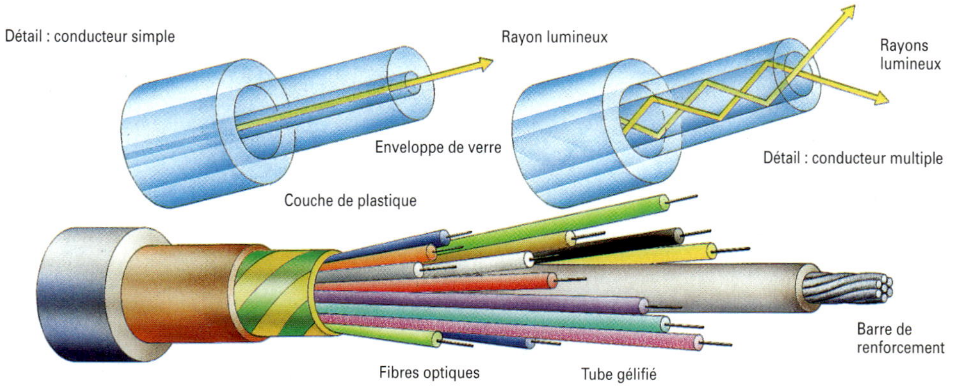

1900 – 2000

1955 Première application pratique de la fibre optique

1966 Démonstration de fibres optiques pour la transmission d'appels téléphoniques

1977 Un central téléphonique à Chicago, aux États-Unis, utilise des fibres optiques

1988 Mise en service du premier câble optique transatlantique

4

LES AVANCÉES DE LA MÉDECINE

À LA FIN DU XIXe SIÈCLE, CERTAINS MÉDECINS PENSAIENT QU'IL FALLAIT LAISSER FAIRE LA NATURE, PLUS EFFICACE QUE LA MÉDECINE. AU XXe SIÈCLE, GRÂCE AU RESPECT DE L'HYGIÈNE, À L'ÉTIOLOGIE DES MALADIES ET À L'INVENTION D'APPAREILS PERMETTANT D'OBSERVER L'INTÉRIEUR DU CORPS, LA MÉDECINE EST DEVENUE UNE SCIENCE ULTRAPERFECTIONNÉE.

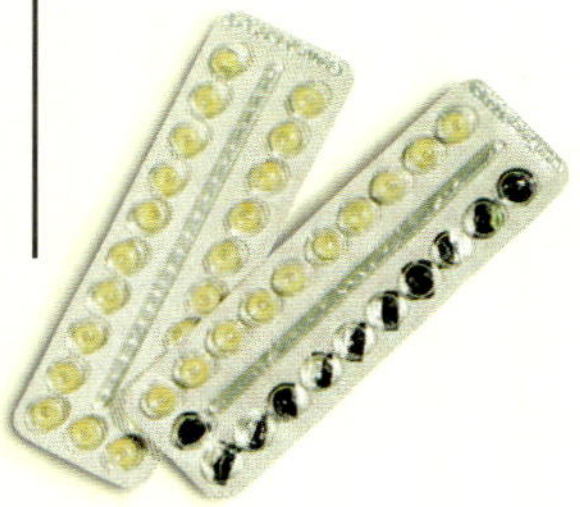
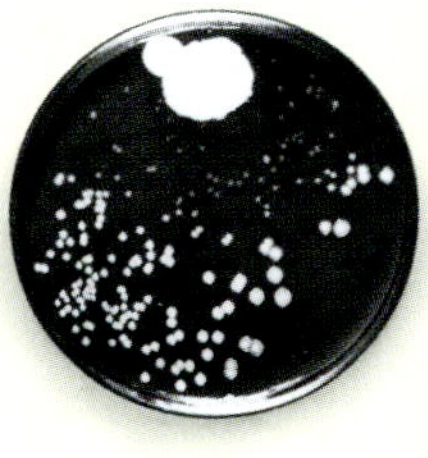
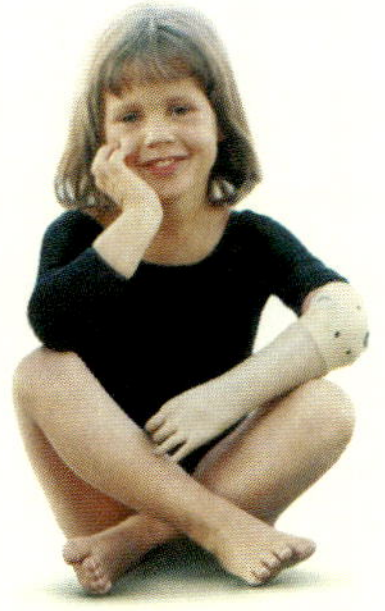
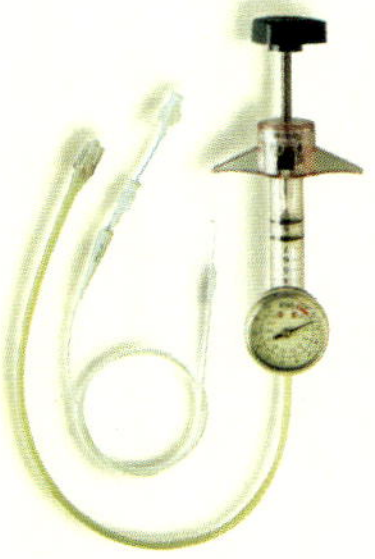

FACILITER LE DIAGNOSTIC

DE LA DÉCOUVERTE FORTUITE DES RAYONS X ET DES DÉCOUVERTES QUI S'ENSUIVIRENT

Pendant presque toute l'histoire humaine, tout diagnostic précis des maladies avait été impossible. Les techniques empiriques d'examen – par tâtonnement, tapotement, écoute et pressage – furent affinées au XVIIe siècle quand les médecins commencèrent à utiliser des montres et des thermomètres pour prendre le pouls et la température. On se mit aussi à employer le brassard de caoutchouc, inventé en 1896 par le médecin italien Riva-Rocci, pour mesurer la tension artérielle. À partir du début du xxe siècle, la technologie permit d'acquérir une connaissance plus approfondie de l'organisme et les médecins purent enfin identifier et quantifier les maladies – ou du moins certaines d'entre elles.

Première intrusion avec les rayons X

Comme toujours, quelques-uns des dispositifs de diagnostic les plus importants sont issus de découvertes fortuites, telle celle faite en Allemagne en 1895 par le professeur de physique, Wilhelm Röntgen. Alors qu'il bricolait un soir dans son laboratoire avec un tube cathodique et un écran fluorescent, il parvint à produire un nouveau type de rayonnement. Dès qu'il s'aperçut que ces rayons X, ainsi qu'il les appela (« X » signifiant inconnu), pouvaient être utilisés pour visualiser les os du corps humain, il initia une véritable révolution dans l'art médical.

Pendant le demi-siècle qui suivit, les rayons X furent couramment utilisés pour photographier pratiquement tout l'intérieur du corps humain. Les chausseurs eux-mêmes proposaient à leurs clients de radiographier leurs pieds. Ce n'est qu'à la fin des années 50 qu'il devint patent que les rayons X – comme les autres formes de radiation – pouvaient provoquer des cancers et qu'il fallait les utiliser avec prudence. C'est aussi à cette époque que l'on découvrit comment employer utilement les effets négatifs du rayonnement pour détruire les cellules cancéreuses par radiothérapie.

D'autres améliorations suivirent. En 1972, G. N. Hounsfield, un ingénieur de la compagnie d'électronique EMI, développa une technique pour explorer l'intérieur du corps humain. Connue sous le nom de scanner, la technique radiographie le corps humain en le découpant en « tranches », selon le principe de la tomographie mis au point en 1915 par le Français André Bocage ; ces radiographies sont ensuite intégrées de manière à former l'image tridimensionnelle d'un organe spécifique.

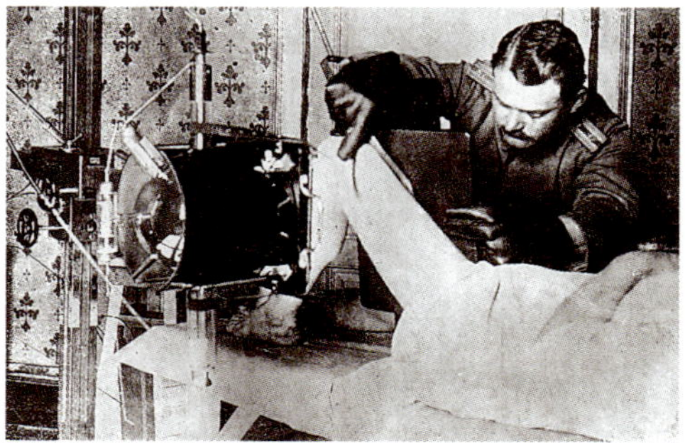

UNE IMAGE IRRÉELLE L'une des premières photographies par rayons X prises par Röntgen fut celle de la main de sa femme, en 1896 (ci-dessous). Un chirurgien militaire radiographie la cuisse d'un soldat en 1916 (à droite).

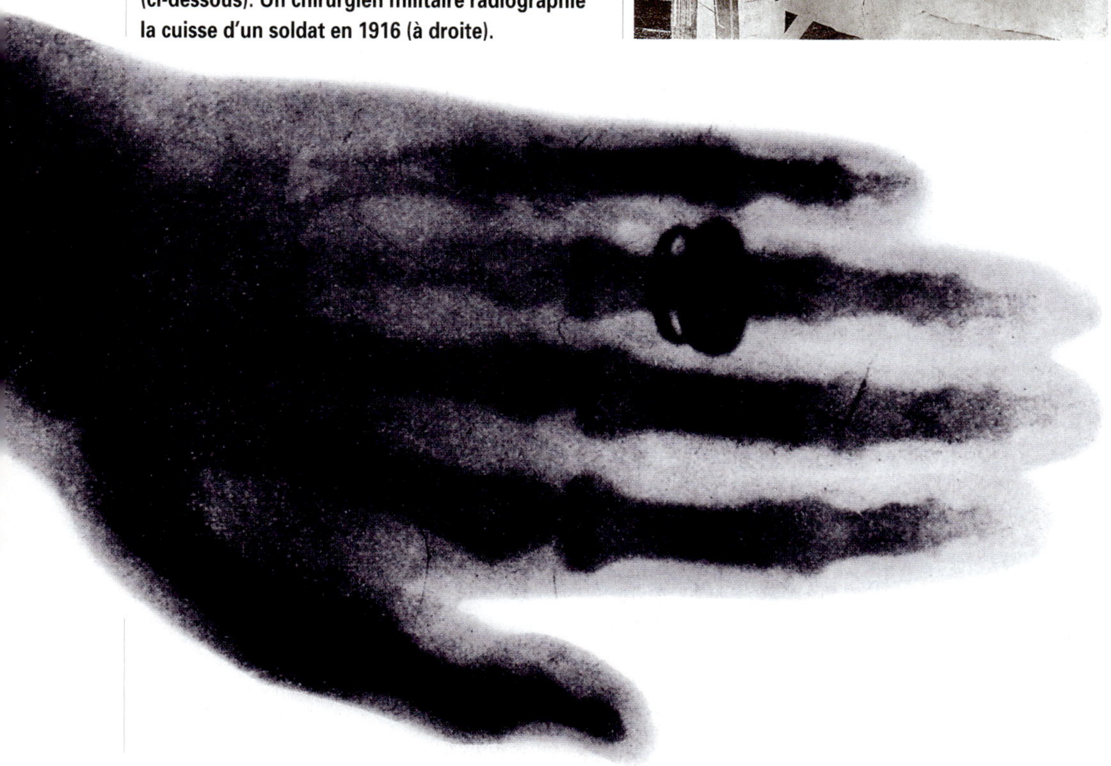

EXPLORER L'INTÉRIEUR DU CORPS HUMAIN

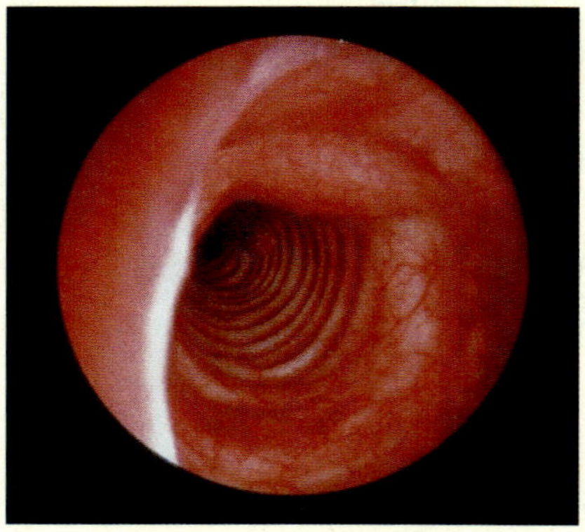

NOTRE CORPS DE L'INTÉRIEUR Une image de la trachée artère reliant la gorge aux poumons. Elle a été prise à l'aide d'un bronchoscope (un type d'endoscope).

Dans certaines maladies, telles que les ulcères de l'estomac, l'observation de la zone touchée posait beaucoup de problèmes. Les endoscopes (tubes) insérés dans la gorge et l'anus étaient depuis longtemps utilisés pour la visualisation interne, mais la technique était difficile et douloureuse. Le développement de la fibre optique – des tubes de verre flexibles transmettant la lumière – permit d'utiliser les endoscopes de façon à voir encore plus profondément dans le corps humain, et avec moins d'efforts exigés du médecin et du patient.

En 1965, le professeur Harold Hopkins, de l'université de Reading, en Grande-Bretagne, utilisa comme lentilles des endoscopes en fibre de verre mince, qui transmettaient la lumière et relayaient les images. Ces fibres ont depuis permis de banaliser les examens internes.

L'apport de l'électricité

Le cœur, toutefois, ne pouvait être étudié par rayons X, car il est exclusivement constitué de tissus mous. Pour comprendre son mécanisme, les médecins apprirent à maîtriser une autre force, l'électricité.

La première avancée importante eut lieu en 1903 quand le physiologiste hollandais Willem Einthoven inventa un galvanomètre pour enregistrer les pulsations du cœur. Il fonctionnait en transmettant les faibles impulsions électriques dans les

1900 — 1950

1901 Wilhelm Röntgen obtient le prix Nobel de physique pous sa découverte des rayons X

1924 Willem Einthoven obtient le prix Nobel de médecine pour son électrocardiographe

1929 Hans Berger invente l'électroencéphalographie

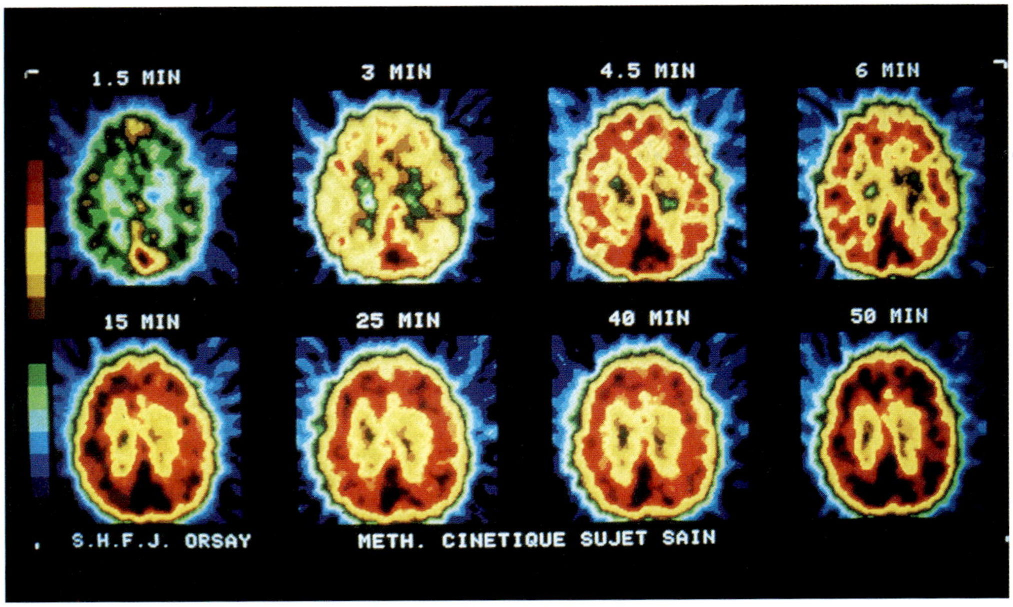

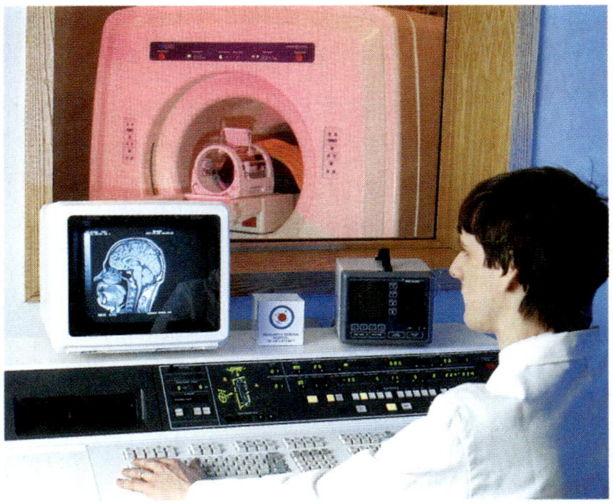

L'ESPRIT ET LA MATIÈRE Un radiographe suit l'évolution d'un patient passant un scanner (ci-dessus). Une série de huit photographies axiales d'un cerveau humain prises par tomographie (à gauche).

bras et les jambes à une fibre de quartz placée dans un champ magnétique. La fibre vibrait en réaction aux impulsions et ses mouvements étaient captés sur une plaque photographique mobile.

La machine d'Einthoven, lourde de 270 kg et ancêtre de l'électrocardiographe actuel, montrait que chaque battement du cœur produisait cinq pulsations électriques distinctes qui fournissaient une image étonnamment détaillée du muscle cardiaque et permettaient de déceler toute irrégularité de rythme. Avec l'aide d'Horace Darwin, le plus jeune fils de Charles Darwin, il fabriqua une version portable qui pouvait enregistrer les données sur papier.

L'électricité permit aussi une meilleure compréhension des mécanismes du cerveau, grâce à l'invention de l'électroencéphalographie, réalisée par le physiologiste allemand Hans Berger en 1929. L'appareil, relevant les minuscules impulsions du cerveau captées par des électrodes placées sur le crâne, révéla que le cerveau connaît des états différents – excité, relaxé, somnolent, en état de rêve, en état de sommeil profond et en état comateux – et que ces états sont produits par différentes zones du cerveau. Et qu'il existe, de plus, selon les gens, différentes configurations de ces zones. Dès que ces variations furent comprises, l'électroencéphalographie devint un outil de diagnostic précieux.

Les technologies modernes

Les investissements massifs dans la recherche technologique pendant la Seconde Guerre mondiale permirent de réaliser plusieurs percées dans le domaine du diagnostic. L'une eut pour origine la nécessité de limiter l'emploi des rayons X, en particulier sur les femmes enceintes. Un dispositif militaire se prêtait particulièrement bien à l'usage médical : le sonar, utilisé jusque-là pour détecter les sous-marins. À la fin des années 50, Ian Donald, professeur d'obstétrique à l'université de Glasgow, en Écosse, se dit que si le sonar pouvait montrer la position et la forme d'un sous-marin et en reproduire l'image sur un écran, il pouvait aussi bien voir un fœtus en gestation.

Avec l'assistance de l'informatique, qui transforme les échos en images visuelles, l'échographie est devenue d'usage courant pour suivre toutes les étapes de la grossesse. D'innombrables femmes ont eut le bonheur de voir une image, même floue, de leur enfant sur un scanner à ultrasons.

La scintigraphie, apparue en 1961, mesure les radiations émises par un organe donné, après introduction d'une substance radioactive (phosphore, iode, thallium…) ayant une affinité particulière avec cet organe. Puis le scanner inspira la tomographie par émission de positons, très utile pour examiner le cerveau. Ce procédé consiste à faire avaler au patient de faibles doses de glucose modérément radioactif. Celui-ci est absorbé en quantités variées par différents organes. Les électrons positifs de la substance réagissent avec les électrons négatifs du corps, provoquant une décharge de rayons gamma qui sont analysés par ordinateur. Le glucose, vital pour le cerveau, est absorbé plus rapidement par les zones les plus actives. En suivant le processus d'absorption, on peut mettre en évidence le fonctionnement du cerveau et identifier les désordres cérébraux avec plus de précision qu'en utilisant l'électroencéphalographie.

À la fin des années 70 apparut l'imagerie par résonance magnétique nucléaire, un système hautement sophistiqué utilisant un puissant électroaimant pour provoquer des modifications temporaires des atomes du corps. Ces changements sont ensuite analysés et utilisés pour produire des images tridimensionnelles des organes internes. À la différence du scanner, il n'utilise pas de radiations. Le système est très utile pour enregistrer les processus biochimiques et il est idéal en neurologie et pour le diagnostic de maladies telles que la dystrophie musculaire, ainsi que pour les opérations nécessitant des transplantations.

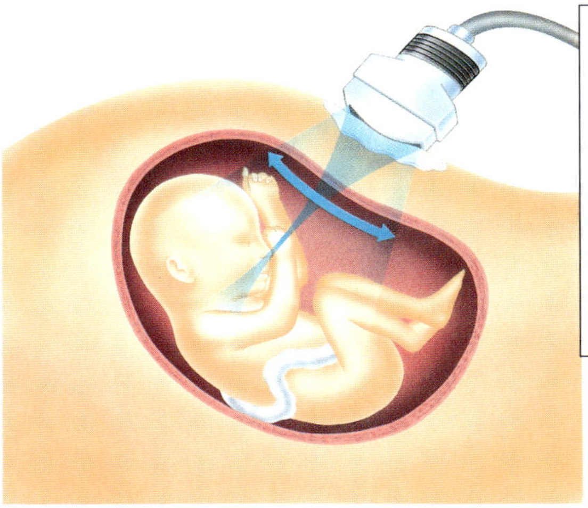

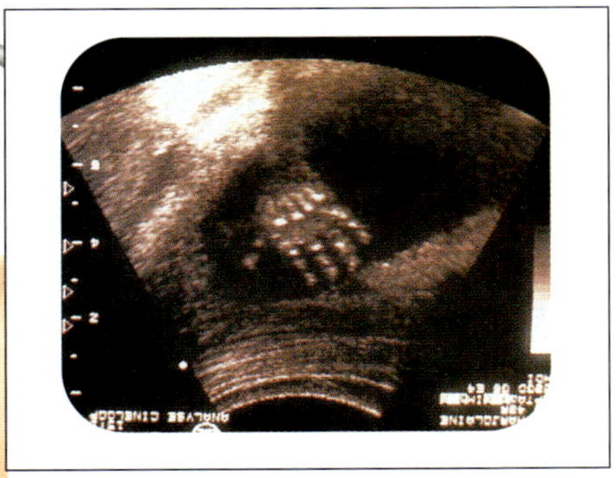

LA VIE AVANT LA NAISSANCE Pendant l'échographie, un curseur placé sur l'abdomen transmet les images du fœtus à un écran de contrôle.

1950 — 2000

1952 Premier emploi d'ultrasons (échographie) sur un cœur humain, aux États-Unis

1961 Première utilisation de la scintigraphie

1972 Invention du scanner par sir Godfrey Newbold Hounsfield, en Grande-Bretagne

1979 G. N. Hounsfield obtient le prix Nobel de médecine pour l'invention du scanner

1993 Mise au point du morphomètre par les Français Scarabin et Carsin

RÉVOLUTION EN CHIRURGIE

LA CHIRURGIE SORT DE L'EMPIRISME ET ENTRE DANS L'ÈRE SCIENTIFIQUE

C'est la Première Guerre mondiale qui révolutionna la chirurgie. Les attitudes traditionnelles perpétuées par une hiérarchie mandarinale et obtuse cédèrent la place au comportement nouveau de jeunes et ambitieux chirurgiens, déterminés à soigner les plaies, l'infection et les douleurs le plus humainement possible. Ces nouveaux compor-tements s'imposèrent grâce à de rapides avancées technologiques et aux découvertes réalisées dans le domaine des médicaments et des anesthésiques. Après la Seconde Guerre mondiale, de nouvelles inventions permirent aux chirurgiens de traiter les plaies les plus graves – voire de rassembler des membres sectionnés – et d'opérer le cœur humain.

La chirurgie cardiaque

Jusqu'au xxe siècle, le cœur était tout autant un symbole qu'un objet – le siège de l'angoisse et de la joie – mais on ne le considérait pas comme un organe pouvant être examiné, traité ou opéré.

Tout cela changea radicalement en 1940 avec le développement de la cathétérisation cardiaque – l'insertion d'un tube, par l'intermédiaire d'une aiguille le long d'une veine, directement dans le cœur, à des fins diagnostiques ou thérapeutiques. Cette technique fut expérimentalement développée en 1929 par un jeune médecin allemand, Werner Forssmann. Son travail fut repris par deux chercheurs américains, le premier d'origine française, André Cournand et Dickinson Richards, qui travaillèrent d'abord sur des animaux. La première cathétérisation cardiaque sûre et sans douleur sur un être humain eut lieu en 1940.

La chirurgie cardiaque fit alors un bond en avant. Les chirurgiens pouvaient maintenant déterminer la quantité de sang que le cœur pompait et mesurer la pression qui lui était nécessaire. Cela signifiait que l'on pouvait dorénavant distinguer les cœurs malades – ceux avec des conduits obstrués et des liaisons anormales entre les cavités – des cœurs sains et déterminer des procédures de réparation.

Mais réparer un cœur signifiait pouvoir intervenir sur lui. Comment l'isoler? Le cœur cesserait-il de battre? Et si oui, repartirait-il? En 1931, le docteur américain John Gibbon avait trouvé la solution. Il devait être possible, pensa-t-il, de détourner le flot sanguin vers une machine qui le pomperait dans le corps et remplacerait les poumons en extrayant le gaz carbonique et en injectant de l'oxygène. Le cœur ainsi arrêté, on pourrait l'opérer.

Mais il fallut à Gibbon vingt-deux ans d'expériences solitaires avant de pouvoir mettre au point son circuit sanguin extracorporel. En 1953, après plusieurs opérations réussies sur des chiens, le docteur et son équipe étaient prêts à intervenir sur un être humain. Le 6 mai, au Jefferson College Hospital de Philadelphie, aux États-Unis, ils opérèrent une jeune fille de 18 ans qui souffrait d'une perforation au cœur. Elle fut maintenue en vie pendant vingt-six minutes, tandis que son sang circulait dans

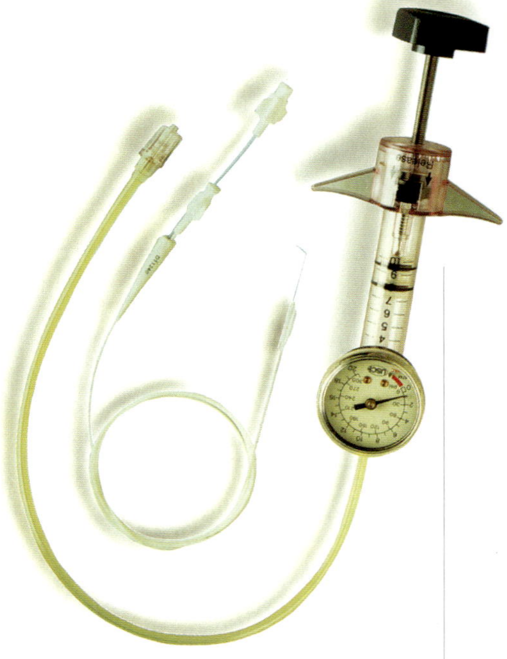

POUR DÉBOUCHER LES ARTÈRES Un cathéter cardiaque à ballon dilatatoire utilisé pour élargir doucement les artères obstruées.

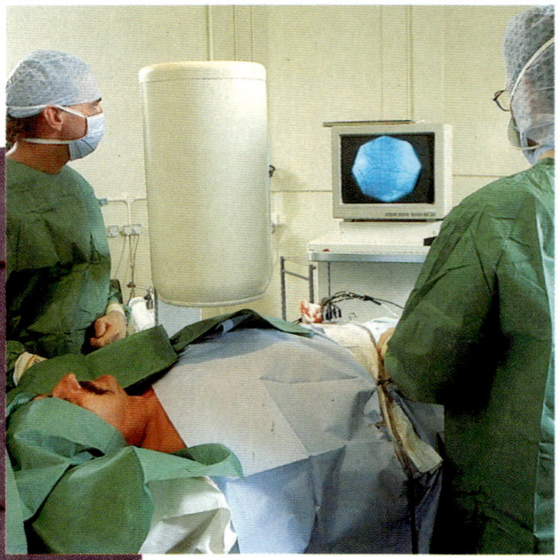

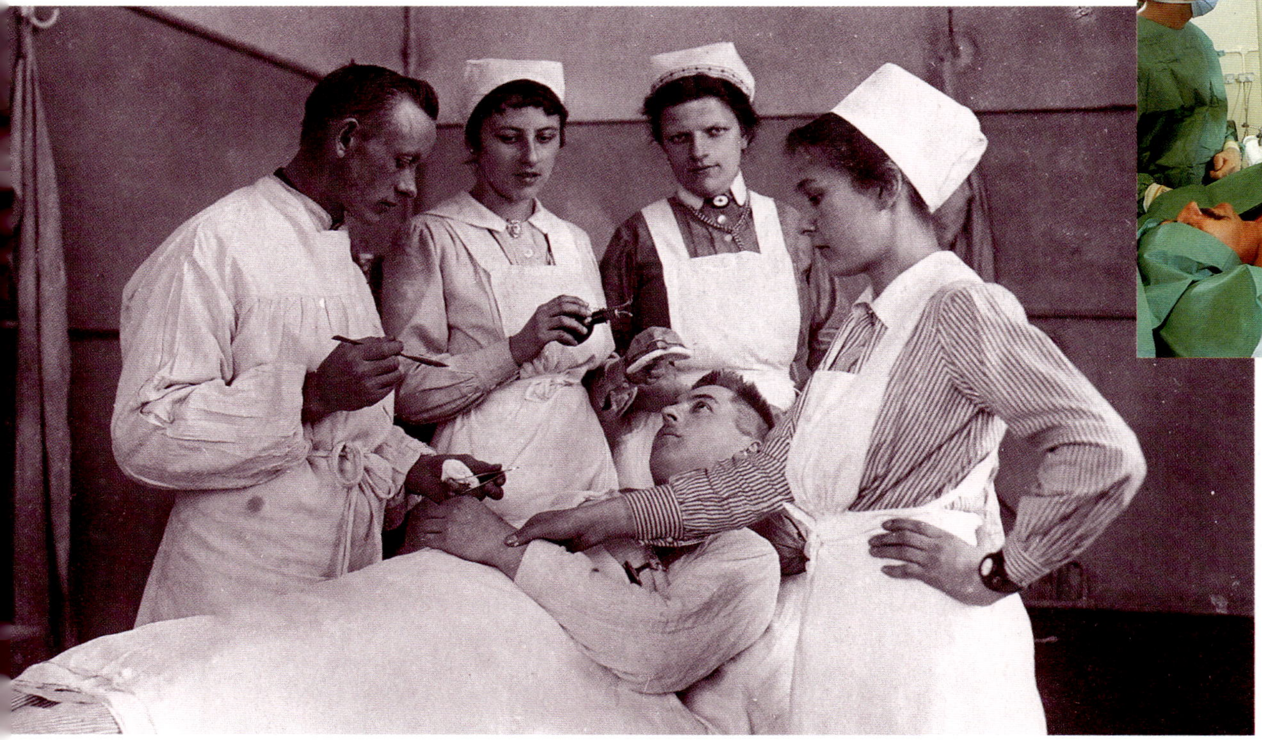

AVANCÉE CHIRURGICALE Un chirurgien militaire et son équipe d'infirmières examinent un patient en 1917. Ci-dessus : Lors d'une procédure de cathatérisation moderne, en Angleterre, le cardiologue place des électrodes en fil mince dans le cœur du patient avec des cathéters insérés dans le cou et l'aine, et suit l'opération à l'aide d'un écran de contrôle.

1900 — 1950

1921 Utilisation du microscope lors d'une opération de l'oreille

1929 Werner Forssmann invente le cathéter cardiaque en Allemagne

1940 Première cathétérisation cardiaque sur un patient, aux États-Unis la machine de Gibbon et que celui-ci suturait le trou intracardiaque. La jeune fille se rétablit parfaitement. Plus tard, trois autres patients moururent et Gibbon ne put supporter le stress. Il cessa d'opérer.

Dans les années qui suivirent, les idées de Gibbon furent reprises par d'autres médecins qui apportèrent diverses améliorations, comme l'utilisation de l'hypothermie pendant l'arrêt du cœur nécessaire à son opération, afin de réduire les besoins de l'organisme en oxygène et d'interrompre la circulation sanguine. À partir de 1960, la chirurgie cardiaque devint une opération de routine.

Une autre innovation majeure fut la valve artificielle. La première prothèse – une bille de plastique recouverte d'acier inoxydable – fut réussie en 1961 par les Américains Starr et Lowell Edwards, de Portland (Oregon). Plus récemment, le chercheur français Alain Carpentier a mis au point une valve de porc adaptée à l'humain qui a l'avantage de ne pas exiger un traitement anticoagulant à vie.

RÉPARER LE CŒUR Une photographie en rayons X du cœur humain (à droite) montre la valve mécanique qui y a été implantée. Elle régule le flux de sang du ventricule gauche à l'aorte, principale artère du corps humain, et le distribue à tout l'organisme. Une valve prothétique aortique a environ la taille d'une pièce (ci-dessous).

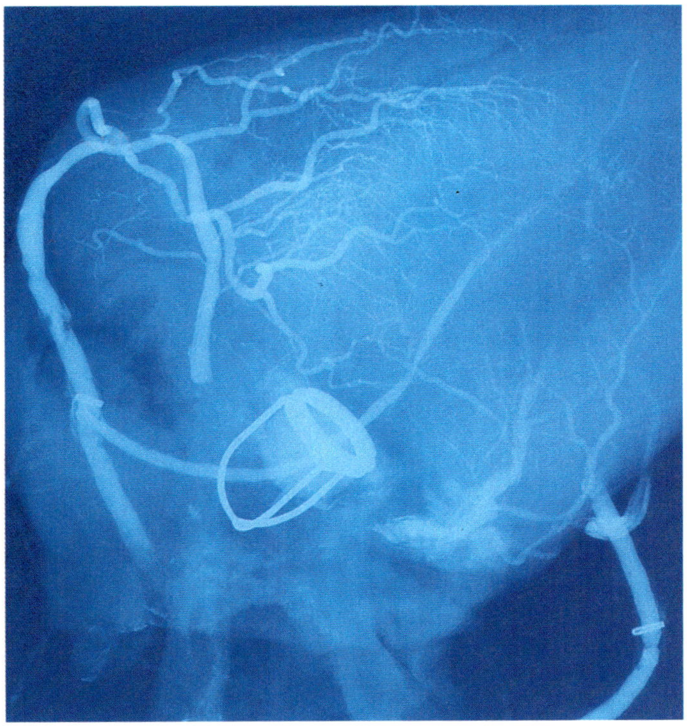

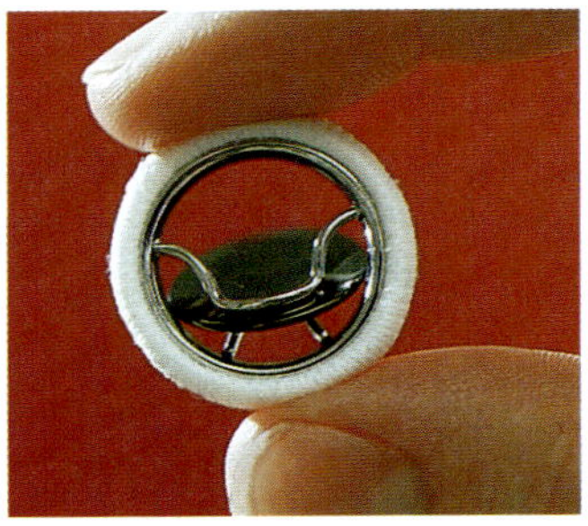

Rassembler les membres sectionnés

L'idée de réunir des membres sectionnés est ancienne et devint une possibilité théorique en 1908, quand le chirurgien français Alexis Carrel conçut une méthode pour suturer les vaisseaux sanguins. Il fallut des décennies pour la réaliser, car elle exigeait une microchirurgie de haut niveau, avec des microscopes puissants, des fils plus fins qu'un cheveu et la possibilité de recoudre les nerfs. Un microscope fut utilisé pour une opération de l'oreille en 1921, mais la vraie microchirurgie, avec emploi de microscopes multiples permettant la coopération de plusieurs chirurgiens, ne fut effective que dans les années 60. En 1962, à Boston, un garçon de 12 ans perdit son bras droit lors d'un accident. Il fut emmené au Massachusetts General Hospital, où le membre, conservé dans de la glace et du sel, fut greffé sur lui par Ronald Malt et Charles McKhann. Deux ans plus tard, le garçon recouvrait l'usage de son bras.

Le potentiel extraordinaire de cette chirurgie fut illustré par un drame, qui eut lieu en 1986. À New York, la veille de Noël, Béatrice Ramos se jeta avec son fils de 13 mois sous une rame de métro. Le train passa sur les jambes du garçon. Son pied droit et sa jambe gauche ne pouvant être apparemment sauvés, le garçon risquait d'avoir des prothèses ; les chirurgiens firent un pari risqué, et réussi : ils greffèrent son pied gauche sur sa jambe droite.

CHRISTIAN CABROL, UN HOMME DE CŒUR

Jeune médecin, Christian Cabrol se dirige d'abord vers la chirurgie pulmonaire, avant de s'orienter vers la chirurgie cardiaque, qui connaît, au cours des années 60, un développement spectaculaire grâce aux premières opérations à cœur ouvert.

En 1968, après les succès du professeur sud-africain Christiaan Barnard, Cabrol se lance à son tour dans la grande aventure de la transplantation. Le 27 avril, à 22 h 15, un patient, Clovis Robain, entre en salle d'opération. Dix jours plus tôt, il a été hospitalisé en urgence à l'hôpital de la Pitié-Salpêtrière et son état s'est brusquement détérioré. Il faut aller vite. Après avoir obtenu l'accord du malade et de sa famille, la décision est prise : la greffe cardiaque. Jamais une telle opération n'a été tentée en France. Dans un service voisin, un jeune homme mortellement blessé dans un accident de la route deviendra, après l'accord de son épouse, le donneur espéré. À 7 heures du matin, Clovis Robain quitte le bloc opératoire. Malgré sa mort, qui survient trois jours plus tard, l'aventure des greffes cardiaques va se poursuivre. Les premiers succès significatifs seront rendus possibles grâce à l'apparition d'un médicament antirejet très puissant, la ciclosporine, mise au point par le chimiste suisse Jean Borel. L'espérance de vie d'un greffé du cœur fait alors des progrès considérables.

Après plusieurs transplantations cardiaques réussies, Cabrol et son équipe assureront en 1982 la première greffe cœur-poumon en Europe. En une vingtaine d'années, ils sauveront des centaines de malades.

Au-delà de ses exploits chirurgicaux, Christian Cabrol est également l'homme d'un combat : celui du don d'organes. Inlassablement, il s'est battu pour informer et faire admettre auprès du grand public d'abord, mais aussi auprès des législateurs et des magistrats la nécessité de favoriser cette pratique afin de disposer de suffisamment de greffons. Sa notoriété le sert et l'opinion se montre sensible aux arguments de ce géant légèrement voûté, aux mains immenses et au visage éternellement fendu d'un large sourire. Ainsi, peu à peu, à partir du milieu des années 80, les dons d'organes sont devenus à la fois plus courants et plus faciles parce que mieux acceptés. C'est sans doute cela, la plus grande victoire du professeur Cabrol.

DE L'UTILITÉ DES SANGSUES

L'une des trouvailles les plus surprenantes de la microchirurgie a été la réintroduction des sangsues en médecine. Une fois que les veines et les artères ont été suturées, les veines ne peuvent parfois pas être utilisées immédiatement alors que le membre doit continuer a recevoir du sang oxygéné. Par elles-mêmes, les artères pourraient remplir cette fonction – mais le sang n'a nulle part où aller. Le membre se remplirait rapidement de sang. Une sangsue placée sur un doigt sectionné, par exemple, fait couler le sang et injecte un anticoagulant l'empêchant de former des caillots. Cela permet à la plaie de saigner pendant douze heures, un temps suffisant pour que les veines redeviennent opérationnelles.

1950 – 2000

1952 Charles Hufnagel (États-Unis) implante la première valve cardiaque artificielle

1953 Première opération utilisant la machine cœur-poumons de John Gibbon

1954 Première transplantation rénale réussie

1967 Première transplantation cardiaque sur un être humain, par Christiaan Barnard, en Afrique du Sud

1981 Première greffe du foie réussie, par le docteur Bismuth, à Paris

1989 Première greffe « in utero » sur un fœtus de 28 semaines, à l'Hôtel-Dieu, à Lyon

CES MACHINES QUI SAUVENT

DÉFAILLANCES CARDIAQUES ET INSUFFISANCES RÉNALES NE SONT PLUS SYNONYMES DE MORT

Certains patients, qui souffrent de maladies incurables, ont besoin d'appareils leur apportant une assistance continue, plutôt que d'interventions chirurgicales ponctuelles. Les deux dispositifs qui se sont révélés les plus efficaces traitent les défaillances cardiaques ainsi que les insuffisances rénales.

Soigner le rein

Les reins humains sont remarquables. Lors d'un processus connu sous le nom de dyalise, les deux reins filtrent les impuretés du sang – et les excrètent sous forme d'urine. Chaque rein contient un million de tubes – les néphrons – qui traitent le liquide dans deux sortes de tamis éliminant toute une série de déchets et établissant une balance entre le sel et l'eau. À eux deux, ils traitent 180 litres de liquide par jour.

Les humains peuvent vivre avec un seul rein. Mais si les deux reins cessent de fonctionner, les impuretés s'accumulent – avec un risque de mort en quelques jours. En fait, les maladies rénales sont presque toujours progressives et leurs effets ne se font sentir qu'au terme de quelques années. En 1914, peu après que les fonctions rénales eurent été analysées et comprises, des savants américains conçurent une machine qui pouvait remplacer le rein. Son principe clé, connu sous le nom de vividiffusion, consistait à créer une membrane semi-perméable qui permettrait de filtrer les impuretés lors du passage du sang. L'appareil fonctionnait, mais le seul patient à leur disposition était un chien.

Près de trente ans plus tard, un homme se souvint de leur travail. Willem Kolff, qui exerçait dans un hôpital des Pays-Bas sous l'occupation nazie, inventa une nouvelle machine à dyalise, en utilisant des peaux de saucisse comme membranes et un tonneau à bière. Plutôt que de laisser les nazis s'approprier son invention, il persuada quelques réfugiés de la faire passer en cachette en Angleterre. Il s'y rendit lui-même à la fin de la guerre.

Après la guerre, son dispositif servit de base à d'autres modèles, moyennant quelques modifications apportées aux membranes. Ces appareils se révélèrent d'une importance vitale pour les personnes affectées d'insuffisances rénales sérieuses et victimes de certains accidents – tel l'empoisonnement – à l'issue desquels on pouvait redonner au rein ses fonctions normales. Mais ils ne pouvaient pas être utilisés pour les traitements à long terme car le tube qui envoyait le sang dans la veine s'obstruait. Il fallait un nouveau point d'entrée pour chaque opération et le corps n'en offre qu'un nombre limité. Les nouvelles technologies du programme spatial américain apportèrent la solution. Grâce à des tubes fait de Téflon inerte et anti-adhésif, on put beaucoup réduire les risques d'obstruction

Au début des années 60, Belding Scribner, de l'université de Washington, à Seattle, aux États-Unis, se mit à traiter les patients souffrant d'insuffisance rénale chronique. Mais c'était un processus coûteux et long, et les patients devaient venir à l'hôpital deux fois par semaine et y rester seize heures chaque fois. À cela s'ajoutait la cherté et la rareté des machines, ce qui posait un grave problème de conscience aux équipes médicales : qui pourrait profiter de la dyalise ? Un rejet signifiait, de fait, une condamnation à mort.

Le pacemaker

La deuxième grande percée dans le domaine du traitement des maladies chroniques fut le pacemaker, qui règle les battements du cœur. Puisque le cœur bat en réaction à ses propres impulsions électriques, il peut être activé par une décharge de même nature. Sur la base de recherches sur les électrocardiographes, Paul Zoll, au Beth Israel Hospital, à Boston, inventa un appareil à secousses extérieur – une aiguille insérée à travers la peau jusqu'au sommet du cœur, avec une électrode à la sur-

SE SOIGNER CHEZ SOI **Guère plus encombrant qu'un récepteur de télévision, la machine à dialyse était entièrement entrée dans les mœurs dès 1966.**

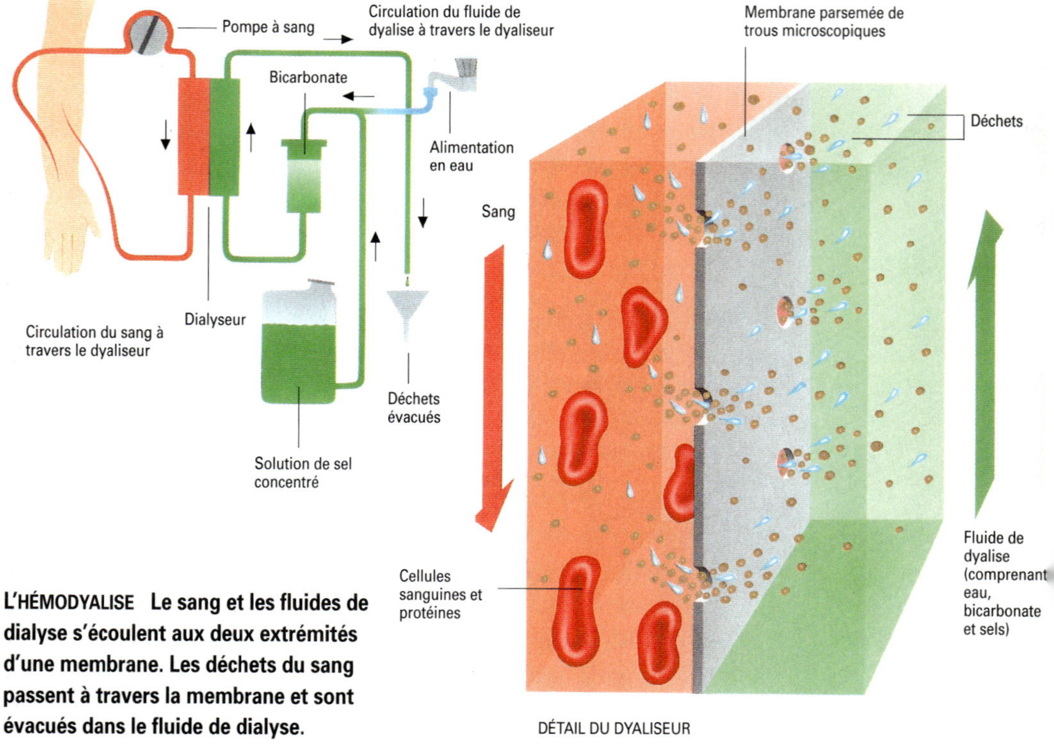

L'HÉMODYALISE **Le sang et les fluides de dyalise s'écoulent aux deux extrémités d'une membrane. Les déchets du sang passent à travers la membrane et sont évacués dans le fluide de dyalise.**

1900 — 1950

1914 Premières expériences de dyalise rénale à Boston, aux États-Unis

1943 Invention aux Pays-Bas d'une machine à dyalise, par Willem Kolff face de la peau placée sur le thorax. Le premier test clinique eut lieu le 7 octobre 1952 sur un patient âgé de 65 ans qui souffrait d'un trouble de rythme lié à une obstruction due à une défaillance électrique dans son cœur. Et cela, malgré le traitement médicamenteux qu'il suivait. Zoll brancha le patient et quand l'électrocardiogramme montra que le cœur ralentissait, il envoya une série de brèves décharges électriques. Pendant cinquante-deux heures, le cœur ne fonctionna que grâce à la machine de Zoll. Le 9 octobre, l'organe se mit à battre tout seul. Peu de temps après, le patient put quitter l'hôpital.

D'autres améliorations suivirent. À Minneapolis University, dans le Minnesota, aux États-Unis, Clarence Walton Lillehei, qui devait mettre au point en 1955 la technique d'opération à cœur ouvert, eut l'idée de placer directement sur le cœur des électrodes déchargeant de façon strictement contrôlée une électricité faible. Il contacta un ancien réparateur de télévisions, Ear Bakken, particulièrement qualifié pour réparer les équipements médicaux. Celui-ci fabriqua un appareil de la taille d'un paquet de cigarettes. Le problème était que le fait d'ouvrir le thorax afin d'introduire les fils pouvait provoquer des infections. Lillehei expliqua que « l'étape suivante consistera à miniaturiser encore plus le dispositif, à le recouvrir de plastique et à l'insérer dans le corps. Et voilà! Ce sera le premier pacemaker implantable ! »

En Europe, des recherches menées parallèlement permirent au médecin suédois Ake Senning d'implanter un pacemaker en 1960. Il est à noter que, de nos jours, le pacemaker peut stimuler d'autres organes que le cœur.

Les pacemakers connurent un succès immédiat ; mais ils posaient des problèmes. Certains patients mouraient au bout de quelques mois. La recherche mit en évidence le fait que, à un moment particulier du rythme cardiaque – représenté par les « vagues T » dans un électrocardiographe –, le cœur pouvait palpiter s'il était stimulé. Ainsi, un pacemaker pouvait tuer comme il pouvait sauver.

La solution vint d'un nouveau modèle de pacemaker qui fournissait du courant seulement quand cela était nécessaire et qui fut inventé à la fin des années 60 par Barouh Berkovits, de l'American Optical Company. Le pacemaker de Berkovits a depuis prolongé la vie de centaines de milliers de personnes.

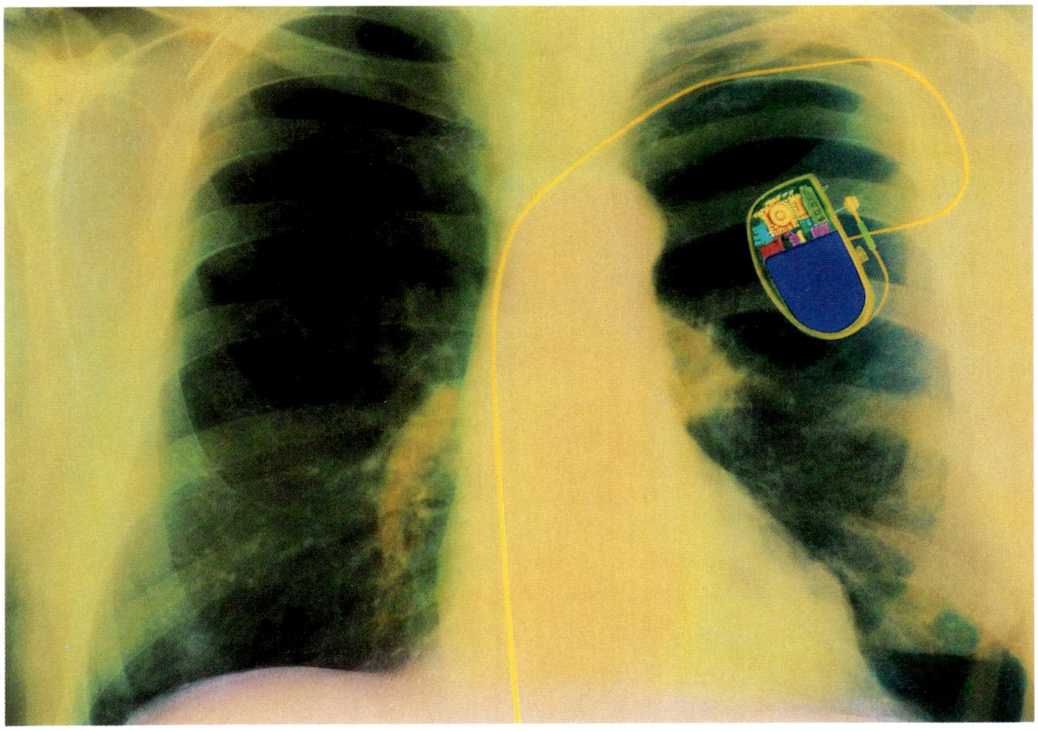

SOUTENIR LE CŒUR Une radiographie d'un pacemaker alimenté par une pile, implanté en haut de la cage thoracique d'un patient. Un conduit, ici en jaune (en bas, à droite), le relie au cœur.

LE CŒUR ARTIFICIEL : UN RÊVE RÉALISÉ

Si une valve cardiaque peut être remplacée, pourquoi pas le cœur tout entier? Cette idée traversa l'esprit de l'inventeur de la machine à dyalise, Willem Kolff. En 1957, il implanta un cœur artificiel sur un chien, qui survécut quatre-vingt-dix minutes. Cette tentative sembla n'avoir qu'une portée réduite mais au début des années 60 Christiaan Barnard reprit les transplantations en Afrique du Sud. Son premier patient vécut dix-huit jours et mourut, non pas d'un rejet de greffe, courant avec les transplantations d'organes, mais d'une infection pulmonaire.

Les chercheurs continuaient néanmoins d'envisager que ce soit possible. Robert Jarvik, de l'université d'Utah, aux États-Unis, conçut un modèle fonctionnant à l'air comprimé ; greffé sur des veaux, il permettait de les maintenir en vie près de deux mois jusqu'à ce qu'ils n'en aient plus besoin. En décembre 1982, Barney Clark, âgé de 61 ans, fut le premier humain à se voir greffer un cœur artificiel par le docteur William de Vries à Salt Lake City, dans l'Utah, aux États-Unis. Clarck survécut cent douze jours. Près de quatre-vingt-dix cœurs artificiels furent implantés dans les années 80, mais leur succès limité entraîna de nombreuses controverses.

Dans les années 90, la compagnie américaine Thermo Cardio Systems développa un cœur électrique, alimenté par une pile, qui se plaçait à côté du cœur et le stimulait. Considéré à l'origine comme un dispositif temporaire pour les patients en attente de greffe, on l'envisage à présent comme une solution viable. Le premier cœur électrique fut implanté au Texas Heart Institute en janvier 1991 et on compte, à cette date, environ soixante-cinq implantations dans le monde. La première implantation britannique a été réalisée par Stephen Westaby du John Radcliffe Hospital, à Oxford, le 23 octobre 1955. La plus longue durée de vie après opération est de cinq cent quatre jours.

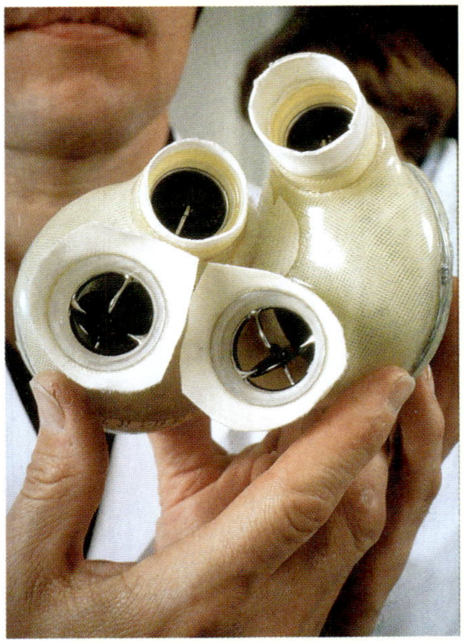

Le Jarvik-7 Cœur artificiel de plastique et d'aluminium utilisé lors de la première transplantation cardiaque, le 1er décembre 1982. Il était alimenté à l'air comprimé et à l'électricité.

1950 — 2000

1958 Invention du pacemaker

1964 Dyalise à domicile

1986 Mise au point des prothèses coronariennes, à Toulouse

1988 Un homme reçoit un pacemaker alimenté par une source de plutonium, avec une espérance de vie de vingt ans

DES REMÈDES QUI FONT DES MIRACLES

LA DÉCOUVERTE DE LA PÉNICILLINE ET LE RÔLE MAJEUR DU VACCIN CONTRE LA POLIO

Le XXe siècle fut celui de la « balle magique » ; cette expression, lancée par le fondateur de la chimiothérapie, Paul Ehrlich, signifie que l'on a mis au point des médicaments pouvant soigner une maladie précise. Petit à petit, il apparut que nombre d'entre eux provoquaient des effets secondaires ou favorisaient de nouvelles formes de maladie, parfois graves dans certains organismes, mais cela n'empêcha pas l'essor de la nouvelle science, qui apporta ses bienfaits à des millions de personnes.

La pénicilline et les antibiotiques

La découverte de la pénicilline, premier antibiotique, par le bactériologiste écossais Alexander Fleming dans le fouillis de son laboratoire est devenue légendaire – ce fut un mélange de chance, de dur labeur, de frustration et, en définitive, de succès. Le monde médical accueillit ses découvertes avec indifférence lorsqu'il les rendit publiques en 1929. On dût attendre 1941 pour que la pénicilline s'impose, quand deux chercheurs d'Oxford, Howard Florey et Ernst Chain, demandèrent au département de l'Agriculture américain de les aider à produire le médicament pour traiter les troupes américaines mourant de maladies infectieuses sur le front.

Au fur et à mesure que les travaux sur la pénicilline progressaient, les savants recherchaient d'autres antibiotiques – naturels et artificiels. Les sulfamides réduisirent de 65 à 20 % les décès par méningite. En 1948, la streptomycine permit de combattre efficacement la tuberculose, qui subsiste dans de nombreux pays du tiers-monde. En 1923, les Français Calmette et Guérin contribuèrent largement à lutter contre ce fléau en lançant le vaccin du BCG.

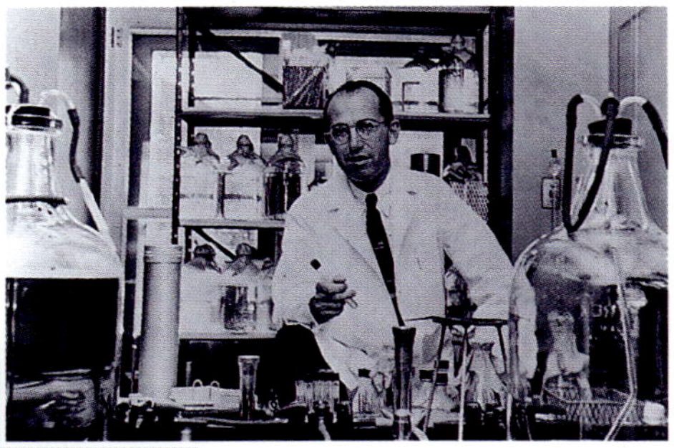

SALK LE SAUVEUR Le docteur Jonas Salk (à droite) sauva la vie de millions de personnes avec son vaccin contre la polio. La forme orale du vaccin, distribuée ci-dessous à des enfants, fut développée plus tard par Albert Sabin.

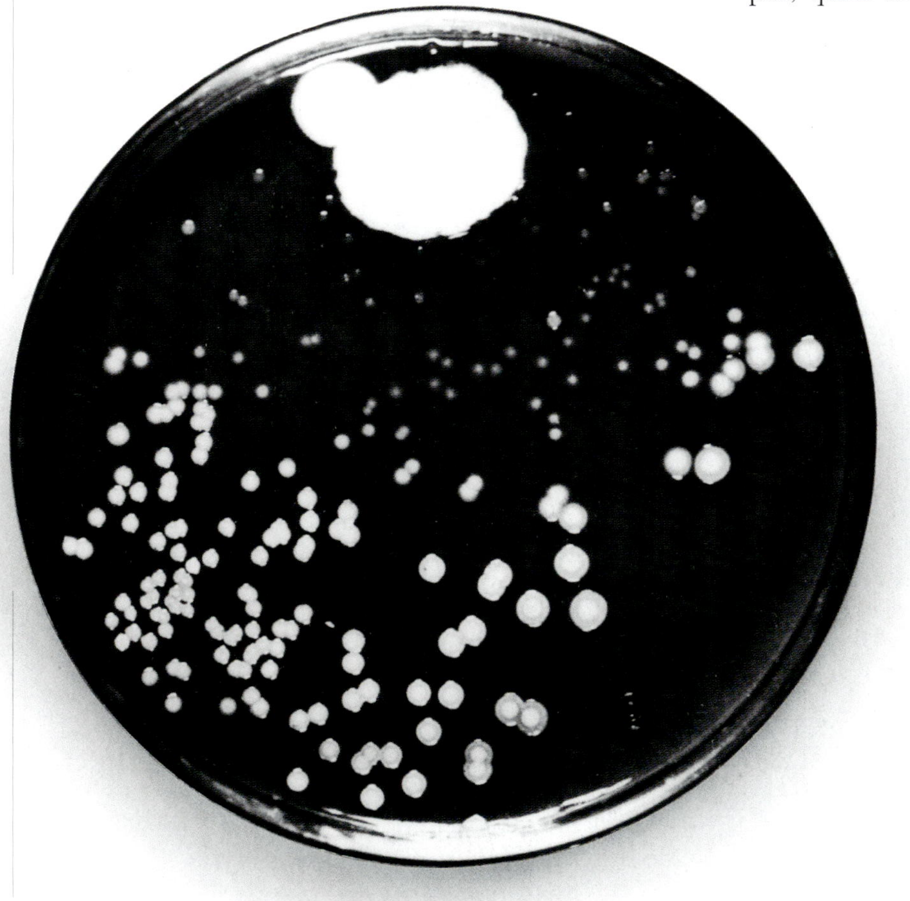

CULTURE DE MOISISSURES La plaque où Fleming observa la croissance de la pénicilline.

La recherche sur les virus

Une autre branche de la recherche s'intéressa aux virus, des micro-organismes provoquant des maladies comme la fièvre jaune ou le rhume. Une invention importante dans le domaine des antiviraux fut la découverte du vaccin contre la poliomyélite, qui pouvait entraîner la paralysie à vie.

En 1939, le président Roosevelt, lui-même victime de la polio, établit la National Foundation for Infantile Paralysis (NFIP) pour financer la recherche. En 1954, la NFIP testait son vaccin sur 1,8 million d'enfants – le plus grand test clinique de l'histoire de la médecine –, qui fut un réel succès.

L'inconvénient de ce vaccin était qu'il se faisait par injection et nécessitait jusqu'à huit piqûres de rappel. Le virologue d'origine russe Albert Sabin mit au point un vaccin plus puissant et à effet plus rapide pouvant être pris par voie orale. D'où le « vaccin sur un morceau de sucre », familier à des millions d'enfants. Une autre avancée importante fut la découverte des vaccins de l'hépatite A et B. La variole, maladie virale, a longtemps causé des épidémies mortelles. Une campagne mondiale de vaccination a été menée à partir de 1967, qui a permis l'éradication totale de la maladie en 1979.

L'événement majeur de la dernière décennie a été la découverte, en 1983, par le Français Luc Montagnier, du VIH, virus responsable du sida.

1900 — 2000

1910 Le pionnier de la médecine allemande Paul Ehrlich découvre un traitement contre la syphilis

1922 Découverte de l'insuline et début de traitement efficace du diabète

1923 Le BCG, vaccin contre la tuberculose

1945 Alexander Fleming, Ernst Chain et Howard Florey partagent le prix Nobel de médecine pour leurs travaux sur la pénicilline

1954 Tests massifs du vaccin contre la polio de Jonas Salk

1967-1979 Campagne réussie d'éradication de la variole dans le monde

Contraception et conception

Des techniques controversées pour maîtriser la création de la vie humaine

Aucune invention n'a été aussi controversée que la pilule anticonceptionnelle, nul sujet plus âprement discuté que la contraception. Les grandes religions, les gouvernements, les firmes pharmaceutiques, les groupes de pression et des millions d'individus ont tous eu leur mot à dire sur le sujet. Et pourtant, malgré l'avis de ceux qui s'opposent totalement à la contraception, le marché regorge de produits de plus en plus sophistiqués ou pratiques – des préservatifs (masculins ou féminins) aux stérilets et à la pillule. Des millions de femmes ont été toutefois victimes d'effets secondaires et ont dû faire face à une nouvelle difficulté : ayant choisi de contrôler la conception, comment, le moment venu, parvenir à contrôler la fertilité ?

L'invention de la pilule

Au cours de l'Histoire, dans la plupart des grandes civilisations, on a toujours inventé des potions qui prétendaient empêcher la conception. Certaines se fondaient sur des mythes et des légendes, d'autres étaient de simples préparations à base de plantes.

Quand l'Américain Gregory Pincus développa dans les années 50 la première pilule anticonceptionnelle, il s'inspira d'une découverte antérieure : les ignames du Mexique contenaient une substance qui, une fois traitée, ressemblait chimiquement à l'hormone sexuelle femelle : la progestérone. Pincus établit qu'une forme modifiée de progestérone inhibait l'ovulation. Une campagne menée par la féministe et avocate du contrôle des naissances Margaret Sanger permit à Pincus d'obtenir une bourse de recherche de 115 000 dollars. Le produit final, la norethynodrel, fut commercialisé en 1960.

Depuis cette date, la pilule a été améliorée de manière à réduire les effets secondaires tels que la thrombose, qui peut provoquer des attaques et des arrêts cardiaques. Globalement, même si les risques ont diminué, on n'a eu de cesse d'affiner les formules des pilules pour les rendre non nocives, et, surtout à partir des années 70, de chercher des alternatives. Les années 80 virent l'introduction de contraceptifs hormonaux injectables, ainsi que de la pilule postcoïtale PC4. Sous le nom de pilule du lendemain, elle est en fait active trois jours après un rapport sexuel sans protection. En 1988, la RU 486, ou pilule abortive, devint disponible en France, où elle avait été inventée par le professeur Étienne-Émile Baulieu. Les dernières recherches concernent la pilule anticonceptionnelle pour homme, testée à l'heure actuelle aux États-Unis et en France.

LA PILULE Les risques de grossesse non désirée avec la contraception orale vont de 0,1 à 7 %.

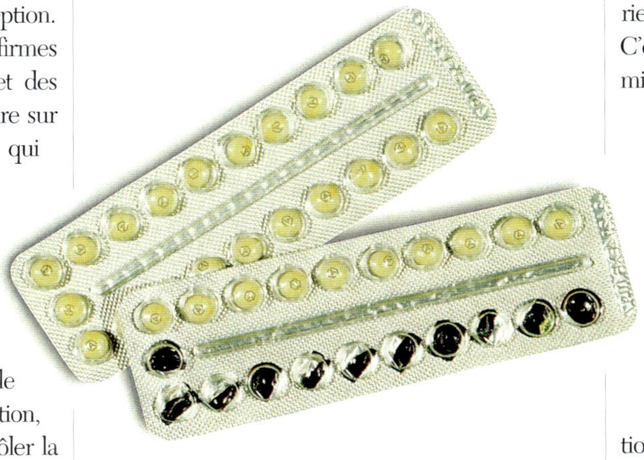

Le traitement de la stérilité

Grâce à la pilule, les femmes purent avoir la maîtrise de leur corps et de leur fertilité. Mais ce qu'un nombre croissant de femmes et d'hommes souhaitaient aussi, c'était une aide médicale pour combattre la stérilité. Les techniques existaient : dans les années 60 et 70, la combinaison de la microchirurgie, des ultrasons, de l'endoscopie et de médicaments nouveaux permit aux médecins, comme jamais auparavant, d'examiner, de stimuler, d'enlever et de remplacer les organes déficients.

L'une des techniques de fertilisation les plus célèbres est la conception *in vitro* – dans une pipette. Développée en Angleterre par les docteurs Patrick Steptoe et Robert Edwards, cette méthode implique d'autres techniques de pointe, intimement liées les unes aux autres ; elle permet la fertilisation scientifique d'un ou plusieurs embryons à l'extérieur du corps, puis leur insertion dans l'utérus. C'est ainsi que naquit en 1978 Louise Brown, premier bébé-éprouvette

La fertilisation in vitro a ouvert des possibilités encore plus sophistiquées : par exemple, le transfert intrafallopien des gamètes (ovules et spermatozoïdes) : celles-ci sont placées directement dans la trompe de Fallope. Le don d'ovule, de sperme ou d'embryon et le recours à la mère porteuse comptent parmi les techniques les plus prometteuses. La France détient le record mondial par habitant des fécondations in vitro. Néanmoins, leur introduction dans la société ne s'est pas faite sans mal. Elles coûtent cher et ne sont efficaces que dans 8 à 12 % des cas. En Angleterre, en 1994, seulement 3 873 bébés sur 17 540 sont nés grâce à ces techniques, qui posent, en outre, des questions d'éthique.

CONCEPTION IN VITRO Une micro-aiguille (à droite) insère un spermatozoïde dans un ovule, tandis qu'une pipette (à gauche) maintient celle-ci.

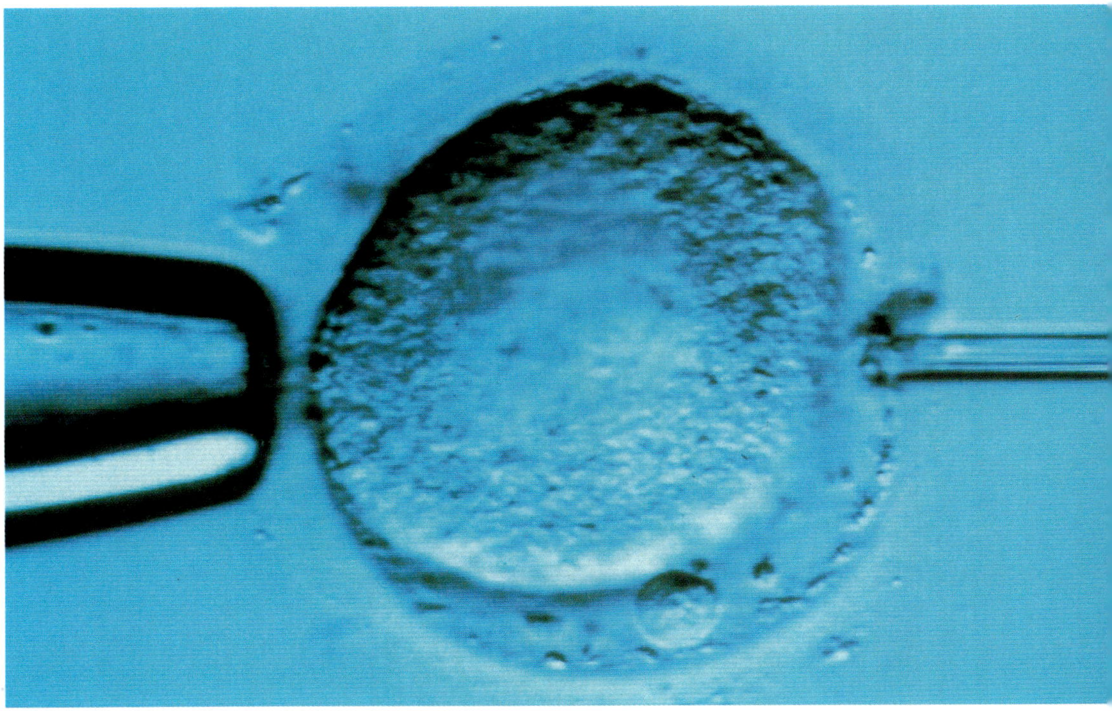

1900 – 2000

1954 Invention de la pilule anticonceptionnelle

1960 Commercialisation du premier contraceptif oral, aux États-Unis

1978 Naissance de Louise Brown, le premier « bébé-éprouvette »

1982 La pilule postcoïtale en vente en Grande-Bretagne

1984 Naissance du premier bébé par congélation d'ovule, en Australie

RECOUVRER SON INTÉGRITÉ PHYSIQUE

REMPLACER LES MEMBRES ABÎMÉS OU PERDUS

On a toujours tenté de rendre au corps endommagé son état initial, soit en remplaçant les membres sectionnés, soit en utilisant une assistance artificielle pour compenser les handicaps physiques. L'audiophone électrique a été inventé en 1902 et la lentille de contact en plastique en 1938.

Les progrès de la technologie ont généré des inventions qui ont transformé la vie de millions de personnes dans des domaines où l'évolution naturelle ne pouvait rien faire. Les problèmes articulaires, par exemple, ont toujours affecté les animaux dotés d'une épine dorsale. On connaît des cas d'hommes de Néandertal qui auraient tiré parti d'une opération des hanches. La première enquête à grande échelle sur les maladies des os, en 1938, estima que 6,5 millions d'Américains souffraient d'une forme ou d'une autre de maladie rhumatismale, entraînant la perte de 97 millions de jours de travail par an. Dans chaque pays occidental, le coût économique et psychologique de ces handicaps est exorbitant.

Avec l'âge, les articulations des hanches deviennent particulièrement vulnérables. La rotule de la hanche, assemblage clé de la locomotion, se déplace sur trois dimensions et peut porter près de cinq fois le poids du corps. Mais quand elle se bloque ou s'effrite, la vie peut devenir un véritable calvaire et le patient se retrouve cloué au lit.

Au cours de ce siècle, la douleur et l'inflammation furent essentiellement traitées de manière médicamenteuse, mais la seule solution était le remplacement de cette articulation. Dans les dernières années du XIXe siècle, un chirurgien français, Louis Ollier, effectua 270 remplacements de l'os du coude. Mais la rotule de la hanche posait un problème plus sérieux. Pendant des décennies, aucun matériau n'était assez résistant pour imiter la nature particulière de cet os. Dans les années 40, un chirurgien américain, Marcus Smith-Petersen, tenta de résoudre le problème. Il réduisit la taille de la rotule du fémur et élargit en même temps la cavité articulaire. Il inséra ensuite une coupelle métallique polie, souplement adaptable, pour tenir en place le fémur. Mais, au cours du temps, le joint se grippa.

Une autre approche, réalisée par deux chirurgiens français, les frères Judet, déjà auteurs des premières greffes d'os en 1950, consista à tenter de remplacer le haut du fémur par une pièce en plastique de la forme d'un gros pouce et de l'insérer dans le fémur. Le dispositif fonctionnait mieux, mais le plastique avait tendance à ankyloser l'os et émettait un grincement gênant lorsque le patient marchait. Progressivement, la pièce se dresserait et le dispositif risquait de lâcher.

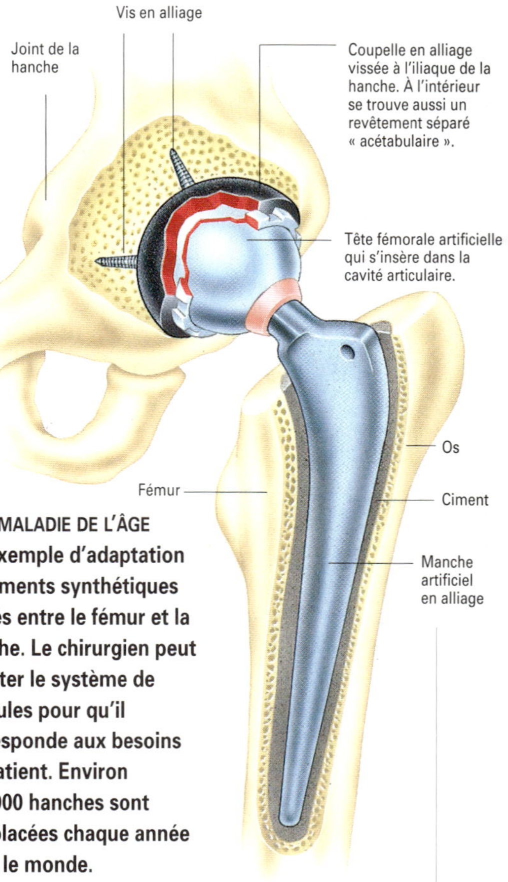

UNE MALADIE DE L'ÂGE Un exemple d'adaptation d'éléments synthétiques placés entre le fémur et la hanche. Le chirurgien peut adapter le système de modules pour qu'il corresponde aux besoins du patient. Environ 300 000 hanches sont remplacées chaque année dans le monde.

Le « père » du remplacement des hanches

La percée vint des travaux menés au Manchester Royal Infirmary par John Charnley, en janvier 1960. L'opération dut autant à la médecine qu'à l'ingénie-

LA NAISSANCE DE LA LENTILLE DE CONTACT

Pendant près de sept cents ans, depuis le XIIIe siècle, où les premières lunettes apparurent, les pratiques des opticiens changèrent fort peu. Au cours du XXe siècle, le verre a été remplacé par le plastique et, grâce à une série de progrès rapides, les lentilles de contact sont devenues des extensions de l'œil.

Les premières lentilles en verre furent fabriquées de 1887 à 1892 en Allemagne, en Suisse et en France. Ce n'est qu'en 1938 que de nouvelles avancées technologiques permirent leur fabrication en plastique. On les réalise en prenant une impression de l'œil ; on les forme sur ce moule ou selon des dimensions précisées par l'opticien. Les premières lentilles de plastique étaient très grandes et couvraient l'œil entier. Au début, cela signifiait que l'œil ne pouvait pas « respirer » et elles devenaient inconfortables au bout d'une heure ou deux. Puis on se rendit compte qu'elles étaient aussi efficaces si on les perçait d'un petit trou. Dès lors, certaines personnes pouvaient les porter pendant des périodes beaucoup plus longues. Elles se révélèrent particulièrement utiles pour les sportifs, tels les joueurs de rugby astigmates.

DEUXIÈME VUE Une lentille de contact dure prête à être posée sur l'œil.

En 1948, la taille des lentilles de contact se réduisit pour couvrir la seule cornée, et ce afin de pouvoir être portées plus longtemps. Cela présentait un certain nombre d'avantages : l'adaptation des lentilles de cornée exigeait moins de temps que les premières lentilles, et elles étaient moins coûteuses. Cependant, il y avait un certain nombre de désavantages. C'étaient encore des lentilles dures, qu'il fallait découper dans du Perspex solide. Tout comme les précédentes, elles ne permettaient pas à l'œil de respirer, si bien que la cornée avait tendance à gonfler et à perdre sa sensibilité naturelle.

En 1960, un chimiste tchèque, spécialiste des polymères, Otto Wichterle, suggéra de fabriquer une lentille souple à partir d'un plastique hydrogel malléable et absorbant l'eau. Le plastique serait versé dans des moules de taille donnée, laissé à reposer, puis extrait et ses côtés seraient polis. La compagnie d'optique américaine Bausch and Lomb acheta l'idée et se préparait à la commercialiser. Mais, soudain, ses projets furent réduits à néant par une déclaration de la US Food and Drug Administration selon laquelle la lentille souple était une drogue. Il s'ensuivit toute une série de tests, qui retardèrent le lancement jusqu'en 1972. Aujourd'hui, les lentilles de contact souples sont utilisées par des dizaines de millions de personnes qui jugent tout à fait normal de pouvoir les acheter librement, de les mettre elles-mêmes puis d'oublier qu'elles les portent.

1900 — 1950

1902 Le premier audiophone électrique en usage en Grande-Bretagne est porté par la reine Alexandra au couronnement d'Édouard VII

1938 Développement de la première lentille de contact efficace

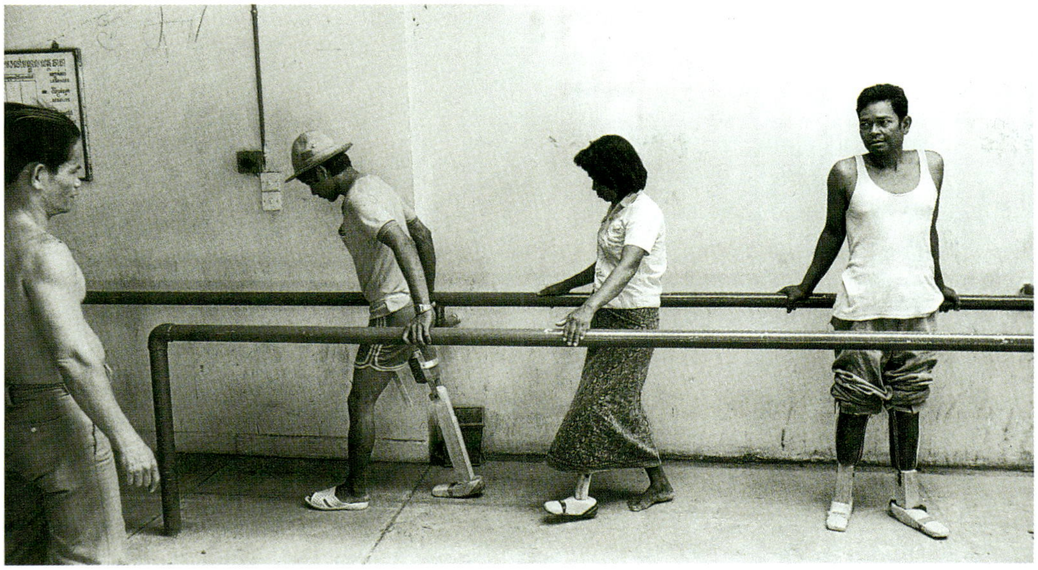

LA FOLIE DES GUERRES Des victimes de mines antipersonnel apprennent à utiliser des membres artificiels dans un centre spécialisé à Phnom Penh, au Cambodge, en 1985.

rie. Charnley avait réalisé une étude sur la lubrification de l'articulation. « Un joint animal, nota-t-il, est nettement plus glissant que la glace. » La question qui se posait était : comment l'imiter? La solution consistait à durcir la rotule et à assouplir et à lisser la cavité articulaire. Il découpa un bol en dents de scie dans du Téflon, un plastique polytétrafluoroéthylène non adhésif, qu'il martela dans l'iliaque de la hanche. Il remplaça ensuite la tête du fémur par une tête en acier inoxydable, de moins de 2,5 cm de diamètre, qui s'ajustait exactement au bol de plastique. Les deux éléments étaient fixés à l'os situé en dessous par un ciment en acrylique.

La nouvelle hanche se révéla efficace. Entre la première opération et son compte-rendu dans *The Lancet*, le 27 mai 1961, Charnley réalisa 97 opérations. Il s'aperçut que les patients pouvaient marcher au bout de cinq semaines. Deux mois plus tard, ils pouvaient rentrer chez eux, débarrassés de toute douleur.

L'un des grands défis d'une telle opération est l'infection, cause classique d'échec lors des premières tentatives de remplacement de hanche. Les antibiotiques étaient une excellente solution, mais Charnley innova en créant un « environnement d'air propre » où l'air purifié s'écoule dans un seul sens sur le corps du patient.

Depuis cette date, les remplacements de hanche sont devenus courants : plus de 200 000 opérations sont réalisées chaque année en Europe et aux États-Unis. Et l'âge n'est pas un obstacle. Des centaines d'octogénaires se sont fait remplacer les hanches. Le 16 novembre 1995, la reine mère d'Angleterre, âgée de 95 ans, reçut une nouvelle hanche. Bien qu'elle fût l'une des personnes les plus âgées à subir une telle opération, elle fit ses premiers pas dans les deux jours qui suivirent.

De nouveaux espoirs pour les handicapés

L'une des armes les plus terrifiantes de la fin du XXe siècle est la mine antipersonnel. En Afghanistan, en Birmanie, au Mozambique, au Cambodge, en Somalie et en Éthiopie notamment ont été semés des millions de ces petits dispositifs meurtriers qui pèsent environ 500 g et sont dissimulés dans les forêts et dans les champs. Au Cambodge, pays marqué par de terribles conflits et où les Khmers rouges ont fait régner la terreur, près de 300 000 personnes – hommes, femmes et enfants – ont perdu, qui un pied, qui une jambe, voire les deux jambes. Par rapport à la population totale, c'est quatre-vingt-sept fois plus qu'en Occident.

Les jambes artificielles qu'ils recevaient jusqu'au début des années 90 n'étaient pas fondamentalement différentes des prothèses de bois et de métal utilisées depuis des générations. L'une des solutions adoptées au Cambodge comme dans les autres pays fut de simplifier et d'abaisser le coût des prothèses, mais c'était avant que la conception et la fabrication assistées par ordinateur ne permettent de réaliser de réels progrès.

L'un des systèmes les plus avancés est le Seattle Shapemaker, conçu par la Prosthetics Research Foundation à Seattle, aux États-Unis. Il consiste à fabriquer un moule du membre sectionné en plâtre, dont la forme est scannée électroniquement. La machine réalise ensuite une prothèse et stocke l'équivalent digital du plâtre pour un usage futur. Grâce à ce système – employé au Viêt Nam depuis 1995 –, le processus, autrefois long et compliqué, est devenu beaucoup plus simple et rapide.

POUR COURIR ET JOUER À NOUVEAU Une jambe artificielle à capacité sensorielle est placée sur un patient à New York en 1990 ; à droite, une petite fille pose tranquillement avec son bras artificiel conçu par ordinateur.

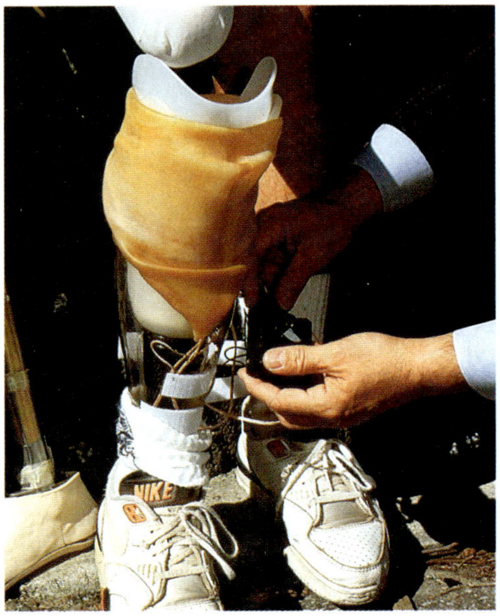

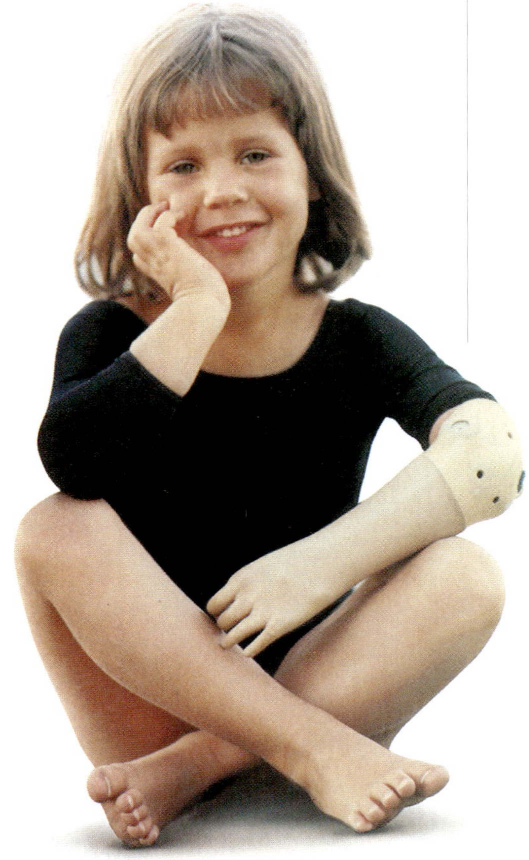

1950 — 2000

1960 Premier remplacement de hanche en plastique effectué par John Charnley, en Grande-Bretagne

1964 Première lentille souple hydrophile

1987 Introduction des lentilles de contact souples jetables

1990 Première lentille souple progressive pour presbytes, par Essilor

1995 Début de la conception et de la fabrication assistées par ordinateur de membres artificiels au Viêt Nam

REDEVENIR AUTONOME

LA TECHNOLOGIE ET LE SPORT S'ASSOCIENT POUR RENDRE ESPOIR AUX HANDICAPÉS

Jusqu'à la fin du siècle, il était entendu que les handicapés devaient vivre soit dans des institutions, soit chez eux. Il n'y avait aucune volonté d'améliorer la mobilité ou la communication de cette minorité silencieuse. Au cours des dernières années, toutefois, du fait de l'activisme grandissant du mouvement des handicapés, la technologie a évolué. Qu'il s'agisse de fauteuils de course pour les sportifs, de prothèses spéciales pour les victimes de mines antipersonnel ou de mécanismes hautement sophistiqués, actionnés par des patients totalement paralysés, toute une série d'inventions nouvelles permettent à des millions de personnes d'acquérir une indépendance quasi totale.

Entre les deux guerres, les fauteuils roulants étaient des fauteuils sur roues. Puis, en 1932, l'ingénieur américain Harry Jennings conçut un fauteuil repliable pour son ami Herbert Everest, qui était devenu paraplégique. Il en réduisit le poids de 41 kg à 23 kg et le partenariat Everest et Jennings domina le marché du fauteuil roulant pendant cinquante ans.

SECRET D'ÉTAT Le fauteuil roulant et les béquilles du président américain Roosevelt, atteint de poliomyélite en 1922, étaient rarement montrés en public.

Au cours de ces dernières années, la conception de l'équipement pour handicapés s'est considérablement améliorée – et l'élan est essentiellement venu du sport. Le nouveau credo, c'est que l'innovation en matière d'équipement doit faire reculer les barrières du possible et non pas se contenter du strict minimum. Tout marathon de haut rang a son équivalent pour handicapés, et les fauteuils profilés et résistants surclassent leurs prédécesseurs tout comme les vélos de course modernes renvoient les bicycles au rayon des antiquités.

Ce changement d'attitude a pour origine les travaux de sir Ludwig Guttmann, un neurologue allemand réfugié en Grande-Bretagne, qui ouvrit le Centre de recherche sur les blessures de l'épine dorsale au Stoke Mandeville Hospital, en Angleterre, en 1944. Il s'était donné pour objectif de réhabiliter les patients paralysés à la suite de blessures à l'épine dorsale. En 1948, il organisa un concours de tir à l'arc pour seize anciens combattants paralysés et se mit à rêver de l'époque où les handicapés auraient leurs propres jeux Olympiques. En 1996, les Jeux paralympiques sont devenus un événement international respecté du calendrier sportif.

Fauteuils de course

La véritable révolution en matière de conception se produisit après qu'une sportive américaine, Marilyn Hamilton, se fut écrasée contre une montagne avec son deltaplane en 1978, endommageant son épine dorsale et perdant l'usage de ses jambes. Rejetant le fauteuil roulant commandé par son physiothérapeute, qu'elle qualifia de « dinosaure en acier inoxydable », elle contacta deux amis qui concevaient des deltaplanes, Don Helman et Jim Okamoto. Ils fabriquèrent alors le Quickie (rapide), un modèle sportif, bas de caisse, pesant seulement 12 kg, et fait de tubes d'aluminium utilisés dans les deltaplanes.

Hamilton, Helman et Okamoto s'associèrent. En 1980, leur fauteuil devint extrêmement populaire auprès de 1,5 million d'Américains qui avaient besoin de fauteuils roulants et les ventes décollèrent. Un Quickie repliable fut commercialisé en 1983. Tout d'un coup, des milliers de handicapés bénéficiaient d'une liberté jusque-là inconnue à domicile, au travail et dans le sport.

En 1985, la firme prit une dimension internationale et suscita une intense compétition. Le Quickie se déclina en plusieurs versions, tout comme les voitures et les bicyclettes. Un modèle pour bébé était même proposé. Les clients pouvaient le commander en couleurs brillantes, tel le rose vif. Enfin, en 1993, une version motorisée fut commercialisée. L'Amérique et l'Europe, qui représentaient un marché de 3,5 millions de handicapés, ne furent pas les seuls à bénéficier du développement du Quickie. L'invention du Quickie poussa un tétraplégique britannique, David Constantine, à adapter la révolution technique et conceptuelle aux handicapés du tiers-monde – où 18 millions de personnes pourraient en bénéficier.

FACILE À MONTER Le fauteuil de la fondation Motivation, empaqueté à plat (à droite), semi-assemblé (à gauche) et complètement monté (à l'arrière-plan). Il peut être fabriqué et réparé localement, au Cambodge, par exemple.

Dans les pays en voie de développement, un fauteuil roulant high-tech coûtant environ 20 000 francs n'est pas approprié. La fondation caritative de Constantine, Motivation, s'est installée en Roumanie, en Indonésie, au Bangladesh et dans plu-

RÉVÉLER LA VOIX CACHÉE

Le physicien et auteur du best-seller *Une brève histoire du temps*, Stephen Hawking, paralysé par une maladie neuronale, perdit la voix quand il subit une trachéotomie. Il décrit ici le synthétiseur de voix inventé par le spécialiste de l'informatique californien Walt Woltosz : « Sa belle-mère souffrait du même mal que moi et il développa un logiciel pour l'aider à communiquer. Un curseur se déplace sur un écran. Quand il se trouve sur l'option que vous désirez, vous actionnez une commande par un mouvement de la tête ou des yeux ou, dans mon cas, par la main. De cette manière, vous pouvez sélectionner des mots qui sont ensuite imprimés sur le bas de l'écran. Quand vous avez obtenu ce que vous voulez, vous pouvez l'envoyer vers le synthétiseur de voix ou le conserver sur disquette. C'est un processus lent, environ dix fois plus que la parole normale. Mais le synthétiseur est beaucoup plus audible que ne l'était ma voix […] mon plus jeune fils, qui avait seulement 6 ans lorsque je subis ma trachéotomie, ne pouvait pas me comprendre à l'époque. Aujourd'hui, il n'a plus aucune difficulté. Cela représente beaucoup pour moi. »

1900 — 1950

1932 Conception du fauteuil roulant repliable par l'Américain Harry Jennings

1944 Sir Ludwig Guttmann ouvre le centre de recherche sur les blessures de l'épine dorsale au Stoke Mandeville Hospital, en Grande-Bretagne sieurs autres pays pour concevoir des fauteuils roulants pouvant être fabriqués et réparés sur place. Au Cambodge, où des milliers de personnes sont mutilées par des mines chaque année, Motivation conçut un fauteuil en bois à trois roues qui pouvait être fabriqué pour environ 300 francs. Il vient empaqueté à plat et s'assemble en seulement une heure. Vers le milieu des années 90, le Quickie n'était plus considéré comme un simple fauteuil de course. Pratiquement tous les handicapés pouvaient l'utiliser et les sportifs paraplégiques commençaient à concevoir des fauteuils adaptés à leurs besoins spécifiques.

Les ordinateurs au secours des handicapés

Certains handicaps privent ceux qui en sont victimes de bien plus que de l'usage de leurs membres à proprement parler. Les désordres musculaires et nerveux, comme la sclérose en plaques, empêchent les infirmes d'accomplir les tâches les plus banales et peuvent même les priver de l'usage de la parole. Jusqu'à la fin des années 60, tout ce que pouvait faire une personne totalement paralysée pour attirer l'attention ou demander de l'aide était de souffler dans un sifflet suspendu au-dessus de son lit.

La première grande innovation eut lieu en 1969 quand des ingénieurs de l'hôpital sur les blessures de l'épine dorsale, à Stoke Mandeville, se rendirent compte que si les patients pouvaient souffler dans un sifflet, ils pouvaient aussi bien actionner des microcommandes pour contrôler des appareils électriques. Les patients pouvaient dès lors avoir une mesure de contrôle sur leur environnement et actionner des dispositifs – rideaux, télévisions, intercoms – via des câbles. L'« unité de contrôle de l'environnement » fut baptisée Patient Operated Selector Mechanism (ou POSM). Il semblait naturel que les patients le surnomment Possum (du latin signifiant « je peux ») et le nom fut donc adopté pour le mécanisme, ainsi que par la compagnie qui le développa. D'autres innovations suivirent, grâce au financement de l'État. Dès le milieu des années 80, le Possum était doté de micro-ordinateurs et pouvait être actionné par télécommande. En 1993, une unité portable fut commercialisée. Elle pouvait être programmée en fonction des besoins individuels. Parallèlement, le Possum fut doté de synthétiseurs de voix informatisés, fonctionnant par petits mouvements – inspiration et expiration, battement des paupières. À l'aide de ces réactions minuscules, les patients pouvaient sélectionner des options, telles qu'une lettre ou un mot, et former des phrases qui étaient ensuite « lues » dans la machine, puis imprimées ou stockées sur disquette.

Le résultat de toutes ces inventions a été d'accroître le contrôle, la liberté de mouvement et la

L'ESPRIT DE CONQUÊTE Le skieur Raynald Riu court le slalom géant lors des Jeux paralympiques de Norvège, en 1994 (à droite) ; le sprinter Tanni Grey prend la corde (ci-dessous).

1950 — 2000

1969 Invention du Patient Operated Selector Mechanism (Possum)

1978 Développement du fauteuil roulant Quickie

1991 Invention de la table Sipho par le médecin français Denis Rémy, pour le traitement des lombalgies chroniques

LE GÉNIE GÉNÉTIQUE

MANIPULER LA GÉNÉTIQUE : BIENFAIT POUR L'HUMANITÉ OU SOURCE DE DANGERS ?

Près de 4 000 maladies humaines sont dues à des défauts génétiques. On estime qu'à la naissance, un bébé sur vingt possède un désordre des gènes. Après la découverte, en 1953, de la structure de la molécule d'ADN (acide désoxyribonucléique), en 1960, du rôle de l'« ARN messager » (acide ribonucléique), par les Français Monod, Lwoff et Jacob et, en 1966, du fonctionnement complet du code génétique, les savants espéraient pouvoir s'attaquer directement aux maladies génétiques – en manipulant les gènes eux-mêmes. Mais la tâche était redoutable : il fallait d'abord identifier les gènes, puis les remplacer. Ce n'est qu'aujourd'hui qu'il apparaît que cela pourrait être possible.

On savait depuis longtemps que ces désordres pouvaient entraîner des maladies. En 1803, un médecin américain nota que l'hémophilie était contractée par les hommes et que les femmes la transmettaient. Mais ce n'est que lorsque James Watson et Francis Crick décrivirent en 1953 la structure de l'ADN que les médecins comprirent pourquoi.

Crick et Watson découvrirent que l'information transmettant l'hérédité est présente dans les chromosomes de chaque cellule humaine sous forme d'ADN. Cet ADN détermine le développement physique de chaque personne.

Ces recherches révélèrent que les désordres génétiques n'étaient pas uniformes. La drépranocytose, maladie du sang touchant près de 40 % des Africains de l'Ouest, est due à un seul élément défectueux dans un gène – une erreur d'une lettre seulement dans l'alphabet de l'ADN. D'autres syndromes sont dus à l'absence d'un chromosome. Et la tuberculose a plus de chances d'affecter les personnes ayant une prédisposition génétique à la contracter. Dans chaque cas, la question se pose de savoir quel est le rôle joué par les gènes. Pour y répondre, les savants se sont lancés, au milieu des années 90, dans un projet international d'une importance majeure consistant à cartographier les chromosomes présents dans les cellules humaines. Dès 1992, les chercheurs français ont présenté une première carte des chromosomes couvrant 90 % du génome humain, au lieu de 2 % jusqu'alors.

Réécrire le code génétique

Certains des résultats obtenus ont bouleversé la médecine. Vers 1995, les chercheurs ont identifié 2 000 gènes, dont plusieurs contribuent partiellement ou intégralement à un certain nombre de maladies génétiques. Parmi ceux-ci, la fibrose cystique, la maladie d'Alzheimer et le cancer du côlon. L'étape suivante a consisté à altérer les gènes – en l'occurrence, à réécrire les données de l'information génétique. Cette technique, le génie génétique, consiste à utiliser des enzymes et des virus comme outils pour détacher une séquence d'ADN et insérer l'information nouvelle dans la cellule, modifiant ainsi son activité et celle de ses descendants. Dans les années 70, les savants ôtèrent la section d'ADN responsable de la fabrication d'insuline et la réinsérèrent dans une bactérie pour produire de l'insuline humaine. En 1982, l'insuline fabriquée par génie génétique fut pour la première fois utilisée pour soigner des diabétiques.

Finalement, le traitement direct des êtres humains fut entrepris. En 1990, des savants du Maryland, aux États-Unis, procédèrent à la suppression des globules blancs défectueux d'une enfant de 4 ans qui était privée d'une enzyme vitale à son système immunitaire, les modifièrent et les réinsérèrent. Les globules et leurs gènes de remplacement déclenchèrent la production de l'enzyme manquante – mais le traitement n'eut pas d'effet permanent.

L'avenir de ce nouvel axe de recherche promet d'être étonnant : les êtres humains auront le pouvoir de déterminer leur propre environnement – en contrôlant le contenu génétique des plantes et des animaux – et leur propre évolution. En théorie, les maladies génétiques pourraient bien appartenir au passé – à condition que les considérations pratiques et éthiques puissent s'accorder.

LES DÉCHIFFREURS DU CODE **Maurice Wilkins (à gauche), Francis Crick (troisième à partir de la gauche) et James Watson (à droite) reçoivent le prix Nobel, en 1962.**

ADN : PERCER LE CODE DE LA VIE

L'information héréditaire qui est transmise d'une génération à l'autre est contenue dans une espèce de code chimique présent dans le noyau des cellules vivantes. Dans une cellule humaine, chaque noyau contient quarante-six chromosomes (sous forme de vingt-trois paires) et ces chromosomes sont les supports des gènes. Les gènes sont faits de chaînes de molécules d'acide nucléique géantes et complexes, connues sous le nom d'ADN – acide désoxyribonucléique.

En 1953, s'appuyant sur la recherche de nombreux autres biologistes, James Watson et Francis Crick découvrirent que l'ADN consiste en quatre bases chimiques – l'adénine, la guanine, la thymine et la cytosine – qui contiennent, selon des séquences variées, le code génétique. Les bases sont appariées – adénine-thymine et guanine-cytosine – et forment deux brins s'enroulant l'un autour de l'autre comme un escalier en colimaçon. C'est ce qu'on appelle la double hélice. Quand une cellule se divise, le code génétique est reproduit par l'ADN qui se déroule en son milieu, chaque brin individuel formant ensuite un double identique.

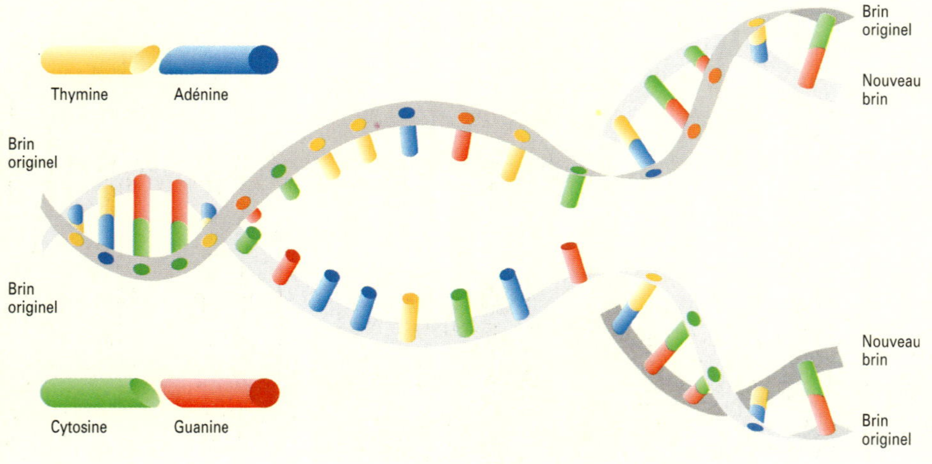

1900 — 2000

1901 Le botaniste hollandais De Vries observe des mutations génétiques chez les plantes

1952 Les Français Morel et Martin, de l'INRA, obtiennent une plante à partir de quelques cellules seulement

1953 James Watson et Francis Crick annoncent leur découverte du fonctionnement partiel du code génétique, en Grande-Bretagne

1982 Production d'insuline par génie génétique et emploi dans le traitement du diabète

1990 Premier traitement direct d'êtres humains par génie génétique, aux États-Unis

L'ÉNERGIE EN PUISSANCE

5

L'ACCROISSEMENT CONTINU DE LA POPULATION MONDIALE A SUSCITÉ LA MISE AU POINT DE TECHNIQUES DE PLUS EN PLUS SOPHISTIQUÉES POUR TIRER PROFIT DES RESSOURCES ÉNERGÉTIQUES DE NOTRE PLANÈTE. LE BOIS A ÉTÉ REMPLACÉ PAR LE CHARBON, PLUS DIFFICILE À EXPLOITER MAIS PLUS PRODUCTIF. LE NUCLÉAIRE SE SUBSTITUE AU PÉTROLE ET, POUR L'AGRICULTURE, L'USAGE DES ENGRAIS ET DES MACHINES-OUTILS A PERMIS D'OBTENIR DES RÉSULTATS TRÈS CONVAINCANTS.

EXPLOITER LES TRÉSORS ENFOUIS SOUS LA TERRE

L'ACCROISSEMENT DES BESOINS EN ÉNERGIE OBLIGE LES PROSPECTEURS DE PÉTROLE À ÊTRE PLUS ENTREPRENANTS

Neuf milliards de litres de pétrole jaillissent des entrailles de la terre tous les jours. Des industries entières dépendent de cette matière première et rares sont celles qui pourraient s'en passer. On s'est souvent battu pour contrôler l'un ou l'autre des puits d'extraction.

Le pétrole était connu dans l'Antiquité. On le recueillait là où il suintait à la surface du sol et on s'en servait pour l'éclairage, le nettoyage et le calfatage des bateaux. Au XIXe siècle, on l'utilisait surtout pour les lampes, sous forme de paraffine, jusqu'à ce qu'un nouveau débouché s'ouvre, celui de l'automobile. L'essence, seul produit dérivé du pétrole brut à avoir été jugé alors sans utilité et dangereux, fit soudain l'objet d'une demande pressante.

En 1911, l'industrie automobile connut un essor sans précédent et prit une dimension internationale. Malgré les progrès réalisés dans le domaine du forage, la quantité d'essence obtenue à partir du pétrole brut restait faible – tout au plus 20 % – à cause des méthodes de distillation utilisées. En outre, sa qualité dépendait de celle de la matière première, extrêmement variable.

UN VRAI GEYSER Le 15 mars 1910, à Lakevew, aux États-Unis, le pétrole jaillit du puits n° 1 ; il fournira le nombre record de neuf millions de barils au cours des dix-huit mois suivants.

Nouvelles méthodes, nouveaux produits

Tout changea aux États-Unis lorsque, en 1913, dans l'Indiana, un nouveau procédé de raffinage fut inventé par William Burton – alors chef de la production à la compagnie américaine Standard Oil. Appelé cracking ou craquage, il consiste à diviser, sous l'effet de la chaleur et de la pression, les molécules de pétrole brut en molécules plus petites et plus volatiles, utilisables dans les moteurs. Non seulement le rendement s'en trouva amélioré, jusqu'à atteindre 45%, mais en outre, l'industrie automobile ne dépendait plus de la qualité du brut.

Ces progrès en entraînèrent d'autres dans le domaine de la prospection. L'impossibilité qu'il y avait à déterminer la présence du pétrole d'après l'apparence de la roche avait constitué au départ un obstacle majeur. La méthode sismique à laquelle on eut recours ensuite se révéla un moyen d'investigation très utile. Elle consiste à mesurer, à l'aide de sismographes appelés géophones, les ondes créées par des charges explosives que l'on a pris soin de placer sur le terrain. L'étude des vibrations recueillies dans les divers types de roches permet aux géologues de connaître la structure des couches sous-jacentes et de déterminer avec exactitude l'emplacement des gisements. Avant son utilisation, en 1918, les puits ne dépassaient pas 1 800 m de profondeur; en 1830, ils descendaient jusqu'à 3 000 m.

À partir de la fin des années 30, l'industrie pétrolière fut l'objet de nouvelles sollicitations, émanant cette fois de l'aviation. Les moteurs des appareils utilisés exigeaient un carburant de qualité supérieure, à degré d'octane élevé, qui, étant donné les procédés de raffinage utilisés alors, était coûteux et peu abondant. La réponse vint sous la forme d'une amélioration du cracking due à un Français, Eugène Houdry. Il ne s'agissait plus de craquage

SPINDLETOP : LE PREMIER PUITS

Lorsque, en 1891 (à Spindletop Hill, Texas), Patillo Higgins remarqua des bulles de gaz dans l'eau de certaines sources, il ne douta pas qu'elles indiquaient la présence de pétrole. Il fonda une société de prospection, mais ses recherches furent vaines. Il engagea alors un foreur, Anthony Lucas, sans plus de résultats.

Très dépité, à cours d'argent, Lucas s'associa avec deux prospecteurs indépendants et reprit les recherches à l'insu du pauvre Higgins. Le 10 janvier 1901, sous l'effet d'une fantastique pression, la superstructure du puits sauta. Le pétrole se mit à couler à raison de 75 000 barils par jour – à cette époque, la moitié de la production totale des États-Unis – avec un grondement qui s'entendait à des kilomètres à la ronde. Certains crurent que ce phénomène annonçait la fin du monde. Ils se trompaient : c'était le commencement d'une ère nouvelle, qui apporterait la prospérité au Texas.

LE PREMIER GISEMENT Bakou, au bord de la mer Caspienne, qui appartient à l'ex-Union soviétique, devint au début du siècle un grand centre pétrolier.

1900 — 1950

1913 Mise au point du cracking, aux États-Unis

1922 Invention du turboforage, en Union soviétique. L'usure des équipements s'en trouva réduite

1940 Invention de l'hydrocraquage par le Français Eugène Houdry

1947 Mise en exploitation de la première plate-forme offshore, dans le golfe du Mexique

DAILY Mirror
'Exciting' North Sea strike means a big boost for the economy—and the taxpayer
OIL BONANZA FOR BRITAIN

À LA UNE En 1970, la découverte d'un gisement de pétrole dans la mer du Nord fut accueillie par des manchettes enthousiastes évoquant, comme celle du *Daily Mirror*, « un décollage économique ».

thermique ; on faisait appel à des catalyseurs, substances chimiques qui agissent sur les réactions en chaîne en les activant, sans subir elles-mêmes de modifications. Cette innovation, l'hydrocraquage, permit d'élargir la gamme des produits extraits du pétrole brut et d'améliorer leur qualité. En 1945, la production de kérosène pour l'aviation s'élevait, aux États-Unis, à un demi-million de barils par jour – quantité suffisante pour mettre la victoire à la portée des Alliés.

Le pétrole offshore

Malgré l'incontestable modernisation de l'industrie pétrolière, la demande restait difficile à satisfaire. Les États-Unis, gros consommateur de pétrole, ne pouvaient pas compter sur les quantités fournies par les pays producteurs, notamment le Moyen-Orient. Les exigences de la guerre froide conduisirent à la recherche de nouveaux gisements. On s'intéressa aux ressources des fonds océaniques, et des plates-formes flottantes furent les bases de la prospection dans le golfe du Mexique. En 1947, du pétrole jaillit à 16 km des côtes de la Louisiane.

La nouvelle ère qui s'ouvrit alors transforma l'économie de l'Europe. Ce continent semblait recéler peu de pétrole, pourtant, en 1959, un immense gisement de gaz fut découvert en Hollande et, en 1965, un autre en mer du Nord. La Grande-Bretagne et la Norvège y entreprirent des opérations de forage mais ce ne fut qu'en 1969, après de nombreux efforts restés vains, que le pétrole finit par jaillir. D'autres découvertes suivirent et le pétrole offshore connut un essor considérable malgré le coût élevé des installations, dû aux terribles conditions atmosphériques rencontrées en mer du Nord. Les travaux de celles mises en place entre 1969 et 1975 comptent parmi les plus coûteux. En juin 1975, les derricks de la mer du Nord commencèrent à fournir du pétrole à la Grande-Bretagne, y installant une période de prospérité économique qui devait durer vingt ans.

NAISSANCE D'UN GÉANT

Construite vers 1965, Ninian Central n'est pas seulement la plus grande plate-forme de la mer du Nord, mais c'est aussi la plus importante structure mobile jamais créée par l'homme. Elle a été conçue pour remplir des fonctions multiples : elle doit servir à pomper le pétrole, à l'extraire, à réinjecter de l'eau de mer dans l'espace laissé vide, à recueillir du gaz et à acheminer le pétrole vers les établissements côtiers. Sa construction, qui eut lieu en Écosse, dura trois ans et 2 000 personnes y prirent part. Remorquée en mer et en partie submergée, sa partie inférieure, de 135 m de large, servit de base au pont supérieur. La hauteur totale est de 236 m et le poids de l'ensemble atteint presque 600 000 tonnes. En mai 1978, elle fut acheminée jusqu'au gisement pétrolier de Ninian, au nord-est de la Grande-Bretagne, par huit remorqueurs, qui la tirèrent sur 830 km. Avec les deux autres plates-formes voisines, elle produit du pétrole au rythme régulier de 300 000 barils par jour.

DERRICK SUPER Haute comme deux fois la cathédrale Saint-Paul de Londres, la plate-forme de Ninian Central est la plus grande des trois installations construites pour exploiter ce champ pétrolifère sous-marin.

1950 — 2000

1969 Découverte de pétrole dans la mer du Nord

1975 Arrivée en Grande-Bretagne du pétrole en provenance de la mer du Nord

LIBÉRER L'ATOME

LE RÊVE D'UN ÂGE NUCLÉAIRE PROPRE ET SANS DANGER S'ESTOMPE DEVANT LA SOMBRE RÉALITÉ

Autrefois, tous les combustibles – bois, charbon, pétrole – étaient à base de plantes fossiles. Mais en les brûlant pour fournir de l'énergie, on produisait beaucoup de saletés. L'apparition à notre siècle d'un combustible d'origine non végétale fit espérer l'avènement d'une énergie propre. Malgré le brillant avenir qui lui fut prédit, elle s'avéra beaucoup plus polluante que prévu.

Le 2 décembre 1942, à Chicago, sur un court de squash, Enrico Fermi, un physicien italien émigré aux États-Unis, se livra à une expérience qui devait se révéler capitale. En testant une idée qu'il avait eue, il mit au point la première pile atomique. Cette invention devait marquer le début d'une ère nouvelle : le nucléaire.

L'idée était, depuis Einstein surtout, dans l'air du temps. En 1919, Ernest Rutherford avait démontré qu'on pouvait casser le noyau d'un atome en le bombardant avec des particules. Cette opération exigeant beaucoup d'énergie, le savant anglais douta que sa découverte puisse avoir beaucoup d'applications pratiques. C'était compter sans l'uranium.

En 1934, Fermi avait, de son côté, constaté que l'uranium était instable. Bombardé avec des particules d'atome, les neutrons, il se divise en éléments plus légers. En 1939, ses expériences furent répétées, avec un accélérateur de particules, par Otto Hahn et Friedrich Strassmann. Les deux chercheurs allemands firent ainsi éclater l'atome, réalisant la fission nucléaire, qui devait entraîner la réaction nucléaire en chaîne, que les savants français Irène et Frédéric Joliot-Curie découvrirent, en 1939 aussi. Comprenant l'usage que l'État nazi risquait de faire de ces découvertes, le gouvernement américain finança un projet, dit Manhattan, avec pour objectif la fabrication de la première bombe atomique. En 1948, la France, par le biais du CEA (Commissariat à l'énergie atomique) mit au point la première pile atomique.

Les travaux de Fermi sur la production contrôlée d'énergie nucléaire jouèrent un rôle clé. En théorie, puisque les noyaux d'un certain type d'uranium, l'uranium 235, tendaient à éclater spontanément – et donc à libérer des neutrons – une quantité adéquate de ce métal pouvait servir à provoquer la réaction en chaîne et à produire ainsi une énergie renouvelable.

En plaçant deux grosses barres d'uranium côte à côte, on crée une masse critique qui s'autodétruit. On peut aussi utiliser une faible quantité d'uranium et contrôler la réaction avec des barres de bore ou de cadmium absorbant les neutrons : on déclenche alors une explosion extrêmement lente qui dégage une énergie continue. Faite de masses d'uranium entourées de blocs de graphite, la pile atomique de Fermi servit de point de départ aux expériences prévues par le programme Manhattan. Le graphite, en ralentissant les neutrons, avait pour fonction de faciliter la fission. Des emplacements étaient dédiés aux barres de cadmium grâce auxquelles on pouvait contrôler la réaction nucléaire. Fermi la laissa se dérouler pendant vingt-huit minutes avant de l'arrêter. Une phrase codée – « Le navigateur italien est entré dans le Nouveau Monde » – annonça son succès.

APRÈS TCHERNOBYL L'accident de la centrale nucléaire, en 1986, a relancé la contestation antinucléaire en France, comme ici, ainsi que dans toute l'Europe et aux États-Unis.

RÉACTION EN CHAÎNE Un atome d'uranium bombardé avec des neutrons se divise, libérant une quantité considérable d'énergie.

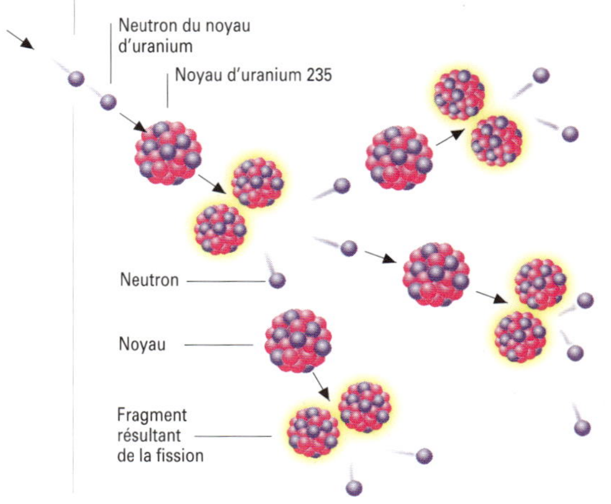

La première pile (ou réacteur) commerciale

Après la Seconde Guerre mondiale, les gouvernements britannique, français et russe mirent chacun un programme nucléaire en chantier. Ils voulaient avant tout posséder la bombe atomique, mais leur intention était aussi de remplacer le charbon – dont les réserves s'épuisaient – par le nucléaire, et de trouver une alternative au pétrole.

Montrant la voie, la Grande-Bretagne lança un programme de construction de réacteurs nucléaires avec deux objectifs en vue : produire du plutonium, qui servirait à fabriquer des bombes, et générer de l'électricité.

La méthode servant à produire de l'électricité est simple. On se sert de la radiation résultant de l'énergie dégagée par la réaction nucléaire pour chauffer un réfrigérant – en général de l'eau, du gaz ou du sodium – avec lequel on fait ensuite bouillir de l'eau. On utilise deux systèmes de chauffage afin d'éviter les risques de contamination radioactive. La vapeur dégagée sert à entraîner des turbines, qui fournissent du courant électrique. En août 1956, la Grande-Bretagne inaugura à Sellafield, dans le Cumberland – deux ans après le réacteur d'Obninsk (à 88 km de Moscou) – la première grande centrale nucléaire industrielle, Calder Hall.

1900 — 1950

1919 Première observation d'une réaction nucléaire, par Ernest Rutherford, à Manchester, en Grande-Bretagne

1938 Otto Hahn et Friedrich Strassmann découvrent la fission nucléaire

1942 Le physicien italien Enrico Fermi réalise une réaction nucléaire contrôlée

Plus tard, elle fut dotée de trois nouveaux réacteurs, et d'autres centrales furent construites au Royaume-Uni et ailleurs. La technique s'améliora pour prévenir tout risque d'accident radioactif : ces pays, à l'instar de la France, optèrent pour le gaz comme réfrigérant, car l'eau peut bouillir et se vaporiser; le gaz, lui, ne change pas d'état, si élevée que soit la température.

Depuis 1995, le nucléaire a conquis le monde pour la production d'électricité. Les surgénérateurs, qui recyclent rapidement l'uranium en plutonium pour en faire un nouveau combustible, ont vu le jour, mais certains n'ont guère fonctionné ou ont été fermés. Il n'empêche que vingt-cinq pays se sont dotés de programmes nucléaires, et beaucoup satisfont de cette manière un tiers de leurs besoins.

Des ombres au tableau

Un certain nombre de catastrophes mirent cependant un frein à l'enthousiasme initial. En 1957, un incendie s'étant déclaré dans le cœur d'un des réacteurs de l'installation militaire de Windscale, voisine de Calder Hall, une grande partie du territoire de la Grande-Bretagne fut exposée à la radioactivité. La même année, une explosion eut lieu dans une décharge de déchets nucléaires à Kyshytym, en Union soviétique, et près de 400 km² furent contaminés ; 270 000 habitants furent évacués et 10 000 personnes décédèrent. Au cours d'un accident survenu en 1979 en Pennsylvanie, à Three Mile Island, la fusion de barres de combustible fut évitée de justesse.

Plus grave encore, à Tchernobyl, en Ukraine, un réacteur mal conçu et mal entretenu explosa en 1986, émettant un immense nuage chargé de débris radioactifs. Les conséquences furent immenses tant à l'échelle nationale qu'internationale : en ex-URSS, 220 villages durent être abandonnés et 150 000 personnes évacuées, un territoire de 10 000 km² ayant été jugé zone morte. Quatre ans plus tard, les moutons du nord-ouest de l'Angleterre et du Pays de Galles présentaient des signes de contamination, qui les rendaient impropres à la consommation.

À l'inquiétude résultant de ces catastrophes sont venues s'ajouter celles causées par l'incertitude concernant les effets de la radioactivité: à partir de quelle dose devient-elle nocive? Comment faire face au danger que présentent le million de tonnes de déchets produits chaque année, dont certains resteront radioactifs pendant 100 000 ans ? Que dire aussi de la prolifération, peut-être incontrôlable, des armes nucléaires ?

La méfiance envers l'énergie atomique va donc croissante, d'autant que les réserves d'uranium nécessaires à l'alimentation des réacteurs ne sont pas inépuisables. Mais il est difficile de faire admettre à tous les pays possédant un programme nucléaire qu'il faut y renoncer, même si certains l'ont fait. L'expérience de Fermi a entrouvert une boîte de Pandore, dont on ne sait ce qu'il en sortira.

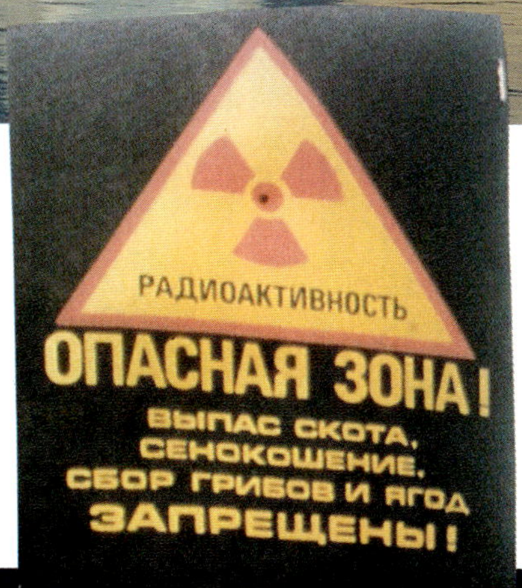

LE « MEILLEUR DES MONDES » Tchernobyl continua de fonctionner après 1986 (ci-dessous), malgré les panneaux « Zone morte » ; en haut, à gauche, Cruas-Meysse, sur le Rhône, l'une des centrales nucléaires françaises.

1950 — 2000

1954 Entrée en fonction à Obninsk, en Russie, de la première centrale nucléaire

1986 Catastrophe de Tchernobyl, en Ukraine

L'ÉNERGIE DU SOLEIL

UNE ÉNERGIE MILLÉNAIRE ET RENOUVELABLE QUI N'A PAS DIT SON DERNIER MOT

La recherche de matériaux susceptibles de fournir de l'énergie – bois, charbon, tourbe, combustibles nucléaires – occupe beaucoup l'esprit des hommes. Pourtant, le soleil dispense une quantité d'énergie qui est sous-utilisée alors qu'elle pourrait couvrir 30 000 fois nos besoins. Toute vie sur terre dépend du soleil et on rêve depuis longtemps de capter et de domestiquer cette source primordiale, sans toujours d'ailleurs y parvenir. De tout temps, l'homme a usé de son génie créateur,

LA MER NE FAIT PAS RECETTE

En 1929, le gouvernement français construisit, au large de Cuba, une centrale utilisant l'énergie thermique de la mer. Elle se révéla, comme d'autres du même type, peu rentable.

soit pour obtenir du sel et de l'eau douce par évaporation de l'eau de mer, soit pour construire des fours et des moteurs solaires. Mais, aussi efficaces qu'elles aient été, les méthodes employées n'ont jamais pu égaler, du point de vue de la fiabilité, du rendement et du prix, celles qui consistent à brûler des combustibles, et n'ont jamais permis d'obtenir directement de l'électricité. Depuis quelque dix ans, les efforts faits pour favoriser cette technologie sont plus en adéquation avec les perspectives offertes, et cette tendance ne peut manquer d'aller en s'accentuant.

En 1954, à Murray Hill, dans le New Jersey (États-Unis), un phénomène bizarre fut constaté dans les laboratoires de la compagnie de téléphone Bell : la quantité d'électricité fournie par les nouveaux rectificateurs à silicone (composé non métallique), utilisés pour convertir le courant alternatif en cou-rant continu, semblait augmenter lorsque ces appareils étaient exposés aux rayons du soleil. Morton Prince, directeur de l'établissement, comprit pourquoi : la silicone avait la propriété de convertir la lumière du soleil en électricité.

VOL SOLAIRE L'avion solaire Solar Challenger traversa la Manche en juillet 1981. Il était propulsé par deux minuscules piles alimentées par des cellules placées sur les ailes et la queue.

Ce n'était pas la première fois qu'une telle constatation était faite. En 1839, le physicien français Antoine Becquerel avait remarqué qu'en dirigeant un rayon de lumière sur une pile, on en augmentait le rendement. Plus tard, certains métaux comme le cuivre et le sélénium s'étaient révélés photosensibles. Dès 1861, le Français Augustin Mouchet décrivait le moteur solaire : un miroir concentrant les rayons solaires sur une petite chaudière qui alimentait un moteur à vapeur. Puis, en 1893, le premier appareil capable de produire de l'électricité à partir de la lumière du soleil – une pile photovoltaïque – avait été fabriqué.

Prince chercha à tirer partie des observations qu'il avait faites pour résoudre un problème qui se posait à la compagnie Bell: les lignes téléphoniques rurales n'ayant pas encore été électrifiées, il fallait utiliser des piles. Or, elles s'usaient vite, et il fallait les changer très souvent, ce qui était coûteux. La silicone ne pouvait-elle pas servir à fabriquer des piles solaires ?

On tenta l'expérience en utilisant de fines lamelles de silicone auxquelles on associait d'infimes quantités d'arsenic et de bore. Le résultat fut impressionnant : l'efficacité des piles fut multipliée par dix. Elles coûtaient malheureusement très cher à fabriquer et comme elles dépendaient exclusivement de la lumière du soleil, elles n'étaient guère utilisables en continu. Le projet dut donc être abandonné.

CENTRALE SOLAIRE À Solar One, en Californie, 1 818 miroirs captent l'énergie solaire, qui est transformée en électricité.

L'espace, un milieu adéquat

Ce fut dans des circonstances très différentes qu'il fut repris. Le 17 mars 1958, le second satellite lancé dans le cadre du programme spatial américain était équipé d'un panneau solaire en silicone comportant 108 cellules, qui avait pour rôle de recharger les piles. À la surprise générale, il se comporta très bien; si bien même qu'il continua à en-voyer des signaux pendant cinq ans : comme on pensait qu'il ne durerait pas, on n'avait pas prévu de commande per-mettant de l'arrêter. Par la suite, tous les satellites furent équipés de photopiles, qui, dans le cas d'explorations lointaines, comportaient jusqu'à 40 000 cellules.

Si, dans l'espace, les cellules fonctionnent bien car il n'y a pas pas d'obstacle entre elles et le rayonnement solaire, il n'en va pas de même sur la Terre, en raison de l'alternance des jours et des nuits ainsi que de celle des saisons. En 1970, la production de 1 watt coûtait 200 dollars avec l'énergie solaire, dont l'avenir ne semblait guère brillant. Les choses changèrent cependant en 1973 lorsque, sur décision des pays arabes, le prix du pétrole se trouva multiplié par quatre. Pour faire face à cette situation, le gouvernement américain, à la tête duquel était alors Richard Nixon, décida de financer un très important programme de recherche.

Une nouvelle génération

Les résultats ne se firent pas attendre. L'utilisation de matériaux nouveaux conduisit à l'amélioration de certains éléments de base et à une augmentation de 20% de l'efficacité. Par exemple, le support caout-

AUTO SOLAIRE En 1987, Sunraycer remporta la première course d'automobiles solaires, organisée en Australie, en parcourant plus de 3 000 km à la vitesse moyenne de 67 km/h.

chouteux dans lequel les cellules étaient encastrées se désintégrait au bout d'un mois. En effet, les termites y construisaient leur nid. Son remplacement par du verre permet désormais aux panneaux solaires de résister pendant plusieurs dizaines d'années, y compris dans les forêts tropicales de l'Amazonie.

Les photopiles sont depuis quelques années largement utilisées, même dans les régions tempérées, et elles servent aussi bien pour les calculettes électroniques que dans l'industrie du bâtiment. Un avion solaire traversa la Manche en 1981 et une course de voitures solaires fut organisée en Australie en 1987. C'est dans ce pays, ce qui semble naturel, que l'on fait le plus grand usage de l'énergie solaire : elle fournit chauffage et eau chaude à plus de 80% des foyers dans les territoires du Nord.

Du point de vue de l'efficacité de l'énergie solaire, peu d'améliorations sont à prévoir, mais la diminution régulière des coûts pourrait laisser présager une révolution.

LA MAISON ÉCOLOGIQUE L'énergie solaire est utilisable dans les climats septentrionaux ; témoin cette maison solaire de Fribourg, en Allemagne.

LA PUISSANCE CONTRAIGNANTE DU RAYONNEMENT

Une légende veut qu'en 212 av. J.-C., durant le siège de Syracuse, les Grecs aient mis le feu à la flotte romaine à l'aide d'un mur tapissé de miroirs, disposés de façon que les rayons du soleil qu'ils réfléchissaient frappaient les bateaux qui s'en approchaient. Les fours solaires, tel celui des Pyrénées (ci-dessous), ou l'énorme Solar 1, au Mexique, utilisent le même principe. Ces installations présentent des inconvénients : devant recevoir la lumière directe du soleil de nombreuses heures durant, c'est dans les régions désertiques qu'il vaut mieux les implanter. Or, leurs délicats miroirs en verre poli se couvrent facilement de poussière, ce qui oblige à les laver souvent. Comme leurs dimensions sont importantes, leur entretien exige beaucoup de main-d'œuvre et de grandes quantités d'eau – denrée rare dans les pays chauds et secs.

1950 — 2000

1954 La capacité de la silicone à convertir la lumière du soleil en électricité est constatée dans les laboratoires de la compagnie de téléphone Bell

1958 Lancement d'un satellite américain équipé de panneaux solaires

1974 Le président Richard Nixon décide le financement d'un programme de recherche dans le domaine de l'énergie solaire

1987 Organisation d'une course pour automobiles solaires, en Australie

VENTS ET MARÉES

LE VENT ET L'EAU NOUS OFFRENT UNE ÉNERGIE PROPRE, SANS DANGER ET INÉPUISABLE

Les énergies naturelles que représentent le vent et l'eau sont exploitées depuis des siècles un peu partout dans le monde. La roue à eau, premier exemple de moteur hydraulique, servait déjà au Ier siècle av. J.-C. à faire tourner les meules des moulins. Aujourd'hui, la crainte de voir s'épuiser des ressources naturelles, comme le charbon et le pétrole, et l'inquiétude que nous inspirent les combustibles nucléaires nous portent à nous tourner de nouveau vers ces sources élémentaires d'énergie. Elles sont propres, sans danger et, tout au moins en ce qui concerne le vent, disponibles presque partout dans le monde.

UN ÉQUILIBRE DÉLICAT Des aérogénérateurs expérimentaux à axe vertical, situés dans le pays de Galles, à Burry Port. Il n'est pas facile d'équilibrer coût et rendement.

À TOUS LES VENTS Ces deux types d'éoliennes, l'un à axe vertical (ci-dessus), l'autre à pales-aérogénérateur (ci-dessous), ont été installés en 1985 sur le col venté d'Altamont, en Californie.

Les ailes du vent

L'idée de se servir de moulins à vent pour produire de l'électricité s'est imposée d'elle-même. Elle fut mise en œuvre pour la première fois au Danemark, en 1890. Les petites éoliennes se multiplièrent dans les années 40, mais ce ne fut que vers 1970 qu'on commença à étudier sérieusement la possibilité de

UN FLEUVE GÉNÉREUX Le Zambèze alimente en énergie une grande partie de l'Afrique centrale grâce à deux barrages, celui de Kariba et celui de Cabora Bassa (ci-dessus), au Mozambique.

faire du vent une source d'énergie à plus grande échelle. Deux approches semblaient possibles : l'une consistant à utiliser un nombre réduit de machines de grande taille, l'autre envisageant d'en grouper une multitude de petites.

Les perspectives offertes par l'énergie éolienne n'ont jamais été mises en doute. Selon une étude récente, si l'on équipait tous les sites disponibles, l'Europe disposerait de 400 000 éoliennes, qui fourniraient une quantité d'électricité égale au triple de ses besoins. Jusqu'à une époque récente, un fossé séparait cependant la théorie de la pratique, tandis que des expériences se poursuivaient pour réconcilier des exigences contradictoires. On s'interrogeait surtout sur les dimensions à donner aux machines, les moulins traditionnels n'étant de toute évidence pas assez résistants pour supporter la vitesse nécessaire à la production d'électricité. L'énergie produite étant proportionnelle à la taille des pales, il sembla au premier abord que plus les machines étaient grandes, mieux cela valait.

C'est ce que pensèrent les premiers spécialistes de l'énergie éolienne parmi lesquels l'Américain Palmer Putnam, qui, en 1941, établit avec son équipe les plans d'un aérogénérateur pour la société S. Morgan Smith. Ses efforts aboutirent à la construction d'un monstre à deux pales de 53 m de large chacune, qui, avec ses 30 m de haut, dominait la région des Green Mountains, dans le Vermont, aux États-Unis. Mais, en 1945, la machine perdit une de ses pales et fut démantelée.

On prit modèle de cette turbine éolienne pour fabriquer d'autres aérogénérateurs, dont un américain, à Hawaii, le MOD 5-B, et un anglais, à Burger Hill, dans les îles Orcades. Ce dernier, muni de deux pales de 30 m de long, avait coûté 17 millions de dollars dès la mise en route des travaux. Il était sur le point de pourvoir aux besoins en électricité de 2 000 personnes lorsque des fêlures apparurent dans le moyeu de l'hélice. Sans l'interven-

1900 — 1950

1941 Installation de l'éolienne gigantesque de Palmer Putnam, à Green Mountains, dans le Vermont (aux États-Unis) tion d'investisseurs privés, il aurait été démoli en 1993 sur ordre du gouvernement.

L'autre solution évoquée plus haut consistait à construire des aérogénérateurs de petite taille, sur le modèle de ceux qui servaient déjà aux fermiers du Midwest américain et aux habitants des régions désertiques de l'Australie. Encouragée par le gouvernement américain, cette approche donna lieu, dans les années 80, à une floraison de 17000 aérogénérateurs en Californie. Ils produisent aujourd'hui la moitié de l'énergie éolienne mondiale.

L'efficacité de cette forme d'énergie se confirmant, les deux manières de concevoir les machines qui la produisent ont commencé à se rapprocher. Leur taille a été augmentée : elles ont maintenant jusqu'à 24 m de diamètre et sont fabriquées en série. Si elles ne sont pas polluantes, elles présentent cependant l'inconvénient d'être bruyantes et de devoir, par définition, être érigées sur des emplacements dégagés. L'énergie éolienne répond aujourd'hui aux besoins de 1,25 million de personnes et, en 1993, elle a rapporté plus de 5 milliards de francs. Son efficacité s'est accrue de 50% de 1985 à 1990, tandis que les coûts de production ont presque diminué de moitié.

Les marées et les vagues

En même temps qu'on essayait de domestiquer le vent, on entreprenait d'utiliser la puissance de l'eau en faisant appel à une technologie qui est loin d'être nouvelle : l'énergie hydroélectrique est en effet plus que centenaire, et toutes les inventions qui ont rendu son utilisation possible datent du XIXe siècle. En 1990, les perspectives de développement étaient cependant limitées, en grande partie parce qu'il ne restait plus beaucoup de sites à exploiter dans les pays industrialisés, et que le coût des nouvelles installations était considérable.

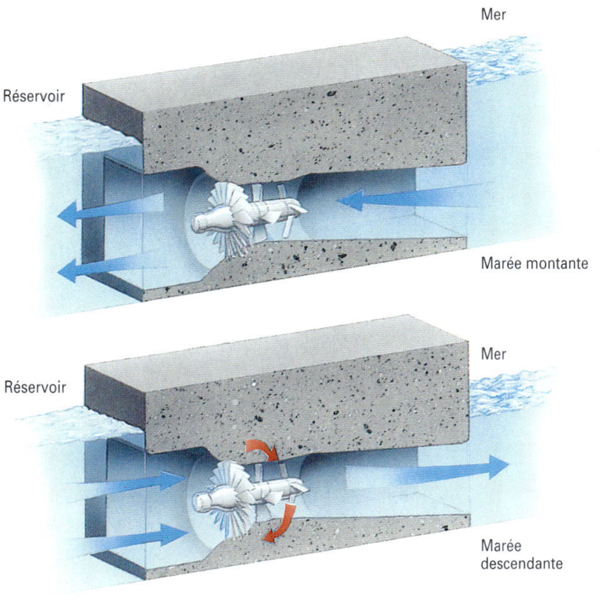

FLUX ET REFLUX **À l'usine marémotrice de Nova Scotia, au Canada, l'eau apportée par la marée montante est retenue dans un réservoir à écluses et libérée au moment du reflux. C'est à ce stade que l'électricité est produite.**

Ce furent des préoccupations écologiques qui conduisirent, là aussi, à penser que l'énergie des marées présentait une solution intéressante, car non polluante. En théorie, elle représentait un potentiel énorme pour les pays entourés par la mer. En 1967, la France montra la voie en construisant l'usine marémotrice de la Rance, en Bretagne, mais, comme ce fut le cas pour les centrales hydro-électriques, les investissements initiaux furent énormes, et les répercussions sur l'environnement, considérables. L'exemple français fut peu suivi et la seule autre installation à vocation commerciale de ce type se trouve au Canada.

Il pourrait bien y avoir une autre source d'énergie bon marché et renouvelable, celle des vagues. Des engins ont été inventés en Grande-Bretagne. Encore au stade expérimental, ils peuvent être installés au large du littoral ou sur les côtes rocheuses. Le premier, constitué d'un seul élément, fonctionne en Écosse et fournit une quantité d'électricité suffisante pour parer aux besoins d'une petite ville. En groupant plusieurs de ces machines, on augmenterait leur rendement. Un tel équipement serait particulièrement bénéfique pour les habitants des îles éparpillées dans le monde entier.

DE L'EXPLOITATION FAMILIALE À LA MOTOCULTURE

À L'ANCIEN FLÉAU DE LA FAMINE A SUCCÉDÉ LE PROBLÈME MODERNE DE LA SURPRODUCTION

Au début de ce siècle, l'agriculture portait encore la marque de ses lointaines origines : elle offrait des tâches variées, employait une main-d'œuvre abondante et utilisait la force des bêtes de trait. Une évolution se dessinait cependant dans les vastes étendues des prairies américaines. Grâce aux premiers tracteurs, aux moissonneuses-batteuses et autres machines agricoles, des hommes de moins en moins nombreux purent cultiver des champs de plus en plus étendus. À partir de 1945, les progrès de la technique permirent d'améliorer constamment l'efficacité des machines et d'engendrer ainsi d'extraordinaires bouleversements – dans le monde occidental tout au moins. En 1860, il fallait cinquante heures de travail à un homme pour cultiver un demi-hectare de blé. En 1960, trois suffisaient. Un problème moderne, la surproduction, remplaça un fléau ancien, la famine.

Ce changement est attribuable à deux causes, qui sont à première vue sans rapport l'une avec l'autre : la Première Guerre mondiale d'une part et le développement de l'agriculture d'autre part. Elles présentaient cependant une exigence commune: celle de transporter de lourdes charges sur des terrains boueux. Pour y parvenir efficacement, il fallait que le poids des véhicules – d'encombrants engins à vapeur qui s'embourbaient facilement – soit réparti sur une surface aussi grande que possible. Ce fut l'agriculture qui fournit la pre-mière une solution, sous la forme d'une garniture en forme de chenille fixée aux roues des véhicules, déjà en usage en Angleterre dès 1825.

En 1904, l'idée fut reprise, en Californie, par Benjamin Holt, qui l'adapta d'abord à un véhicule à vapeur, puis, deux ans plus tard, à un autre fonctionnant avec de l'essence. Mais, au lieu de prendre la place des chevaux dans les champs, ces engins furent adoptés par l'amirauté britannique et, après diverses modifications, utilisés sur les champs de bataille occidentaux, tout comme d'autres engins tels que le Bullock Creeping Grip et le Killen-Strait, inventés eux aussi en Amérique.

La production de tanks pour les besoins de la guerre conduisit au perfectionnement des tracteurs. En association avec Best, un autre fabricant, Benjamin Holt fonda, en 1925, une société qu'il appela Caterpillar (chenille en français), nom qui devait s'attacher à ce type de véhicule.

LES MIRACLES DE LA TECHNIQUE

« Pendant la Seconde Guerre mondiale, un accord passé entre les États-Unis et la Grande-Bretagne donna aux agriculteurs anglais la possibilité d'acheter du matériel américain. L'un d'entre eux, Tony Harman, a évoqué cette époque dans un livre intitulé Soixante-Dix Étés : « Comme beaucoup d'autres, je pris tout ce que mes moyens me permettaient d'acheter : un tracteur à chenilles américain et une charrue de fabrication britannique pour aller avec, une moissonneuse-batteuse et un séchoir avec une ramasseuse-presse et, plus tard, un tracteur américain à roues qui était beaucoup plus rapide et perfectionné que tous ceux que j'avais vus jusque-là. Le tracteur à chenilles, un Caterpillar diesel, coûtait exactement 784 livres [...] Je me rappelle avoir pensé que c'était très cher [...] On abattait un travail énorme avec cette machine. Contrairement aux chevaux, elle ne se fatiguait jamais, si bien que deux personnes se relayaient pour la conduire et qu'on labourait une superficie trois ou quatre fois plus grande qu'avant.

La moissonneuse-batteuse arriva d'Amérique dans deux ou trois énormes caisses. C'était un nouveau modèle [...] Des explications concernant son fonctionnement l'accompagnaient et deux représentants envoyés par les fabricants, International Harvester Company, devaient venir la monter le lendemain. Je jetai un coup d'œil à la notice avec Will Barnett sans rien y comprendre. Le lendemain, Will Barnett travailla avec les deux monteurs et à la fin de la journée, le chef me dit : "Cette machine fonctionnera parfaitement, elle ne vous causera aucun problème, contrairement à ce qui se passe quelquefois." Quand je lui demandai pourquoi il en était si sûr, il répondit : "Votre ouvrier doit avoir lu la brochure de A à Z, la machine lui est aussi familière qu'à nous. – C'est bizarre, ai-je remarqué, il ne sait pas lire". » »

LE TRACTEUR MODERNE **Le modèle U était disponible avec des roues en fer ou équipées de pneus.**

1900 — 1950

1902 Premier tracteur léger conçu à Beds (Grande-Bretagne)

1922 Aux États-Unis, fabrication du modèle U muni de pneus, premier tracteur de ce type

1937 Moissonneuse-batteuse testée par Massey-Haris, aux États-Unis

AUX PETITS SOINS Depuis 1990, des brumisateurs géants traitent les arbres fruitiers en France.

Vitesse, confort et silence

À partir de l'année 1920, tous les tracteurs, chenillés ou non, étaient répandus en Amérique et n'étaient plus rares en Europe. C'est à Henry Ford que l'on doit en partie cette évolution. À la suite du succès remporté par sa voiture de modèle T, il fabriqua un tracteur non chenillé, aussi solide, simple, fiable et bon marché. Il créa pour le développer la société Henry Ford and Son ; l'engouement qu'il rencontra fut tel que le gouvernement bolchevique, depuis peu au pouvoir en Russie, lui en commanda 25 000.

Jugés d'après nos critères modernes, ces « Fordsons » étaient primitifs : n'étant pas chenillés, leurs roues en fer étaient garnies de crampons pour assurer leur adhérence sur sols meubles ; ils étaient munis de sièges en métal mais n'avaient pas de cabine. Ils labouraient bien par temps sec mais glissaient sur les sols humides et défonçaient les routes. Les véhicules à pneus en caoutchouc, idéals pour se déplacer sur routes, ne pouvaient quant à eux pas servir aux travaux des champs.

Les efforts faits pour résoudre ces problèmes furent à l'origine d'une autre évolution : en 1929, un tracteur muni de pneus géants en caoutchouc fut conçu par Allis-Chalmers, une société américaine. Nommé modèle U, il fut accueilli avec méfiance par les agriculteurs, qui craignaient les crevaisons. Une astucieuse stratégie de marketing fut alors adoptée : on engagea un pilote de voitures de course pour conduire un modèle spécial à 55 km/h à la foire de Milwaukee, aux États-Unis, et un autre conducteur, Ab Jenkins, atteignit 110 km/h sur les terrains marécageux de l'Utah, établissant un record inégalé.

Cette campagne de publicité porta ses fruits. Vus par des millions d'acheteurs potentiels et décrits dans de nombreux articles de journaux, les tracteurs se vendirent bien. Les autres fabricants emboîtèrent le pas à Allis-Chalmers et, vers 1937, les pneus en caoutchouc ne faisant plus peur équipaient presque la moitié des tracteurs américains.

Récolte miraculeuse

On se servait déjà de moissonneuses tirées par des chevaux au début du XIXe siècle, et les machines remorquées par des tracteurs étaient assez répandues au début du XXe siècle. En Australie, en 1938, l'une d'elles récolta mille tonnes de blé en un seul jour, record qui ne fut battu que trente-trois ans plus tard.

Alors que l'Amérique sortait de la dépression, il devint évident que le besoin d'une moissonneuse-batteuse autopropulsée allait se faire sentir, pas seulement aux États-Unis, mais en Australie, en Argentine et en Europe. Conscient de l'existence de ces énormes marchés, un fabricant de machines agricoles, Massey-Harris, testa, à la fin de l'année 1937, un prototype de 5 m de large appelé moissonneuse combinée ou combine. La fabrication d'un modèle plus petit et plus léger commença en 1941.

Les circonstances assurèrent son succès. En raison de la guerre, la fabrication de nouvelles machines agricoles était interdite, l'acier servant à faire des bateaux. Une immense demande pour les aliments issus des cultures américaines se faisait parallèlement sentir. La quantité de céréales récoltées en Amérique du Nord en 1942 battit tous les records, celle de blé dépassant 75 millions de tonnes. Cet état de fait incita Joe Tucker, vice-président de Massey-Harris, à demander au gouvernement l'autorisation de fabriquer 500 moissonneuses-batteuses. Chacune récolterait un million de tonnes de plus de céréales, et libéreraient 1 000 tracteurs, qui pourraient servir à d'autres usages et constitueraient la contribution à l'effort de guerre de sa société.

La requête de Tucker acceptée, le contingent de machines – baptisé Brigade de la moisson – fut prêt pour la récolte de 1944. Les moissonneuses-batteuses se déployèrent dans les plaines avec une précision toute militaire, se déplaçant vers le nord à mesure que le grain mûrissait. Quand, en septembre, elles atteignirent la frontière du Canada, elles avaient couvert 400 000 ha et récolté 750 000 tonnes de céréales. Elles permirent aussi d'économiser 300 000 heures de travail et 2 500 000 litres d'essence. Elles avaient démontré leur efficacité et devaient encore la prouver en Europe, après la guerre.

CORTÈGE DE MOISSONNEUSES Aux États-Unis, on est habitué à voir les moissonneuses-batteuses travailler dans les champs depuis 50 ans.

1950 — 2000

1955 Le nombre des tracteurs dépasse celui des chevaux et des mules dans les fermes américaines.

UNE ALLIÉE CONTRE LES INSECTES NUISIBLES : LA CHIMIE

LA LUTTE INCESSANTE CONTRE LES INSECTES RAVAGEURS DE RÉCOLTES

Si les machines, qui ont rendu l'agriculture plus efficace, et les engrais chimiques, qui ont considérablement augmenté le rendement, ont été des facteurs importants de développement, le fait d'avoir réussi à éliminer les insectes qui détruisent les récoltes a été, lui aussi, capital. Les résultats obtenus sont dus à une série de découvertes en chimie. Malheureusement, les insectes finissent toujours par s'adapter et la guerre qu'il faut leur livrer est sans cesse à recommencer.

Déjà mentionnées dans la Bible, les sauterelles continuent de nos jours à dévaster une grande partie de l'Afrique. Un vol de sauterelles couvre en se posant un territoire dont la superficie peut dépasser 1 000 km^2 ; elles dévorent par jour un poids de végétation égal au leur, c'est-à-dire 50 000 tonnes.

À DOUBLE TRANCHANT Un usage intensif a été fait des pesticides au cours du siècle ; les effets commencent aujourd'hui à se faire sentir.

C'est pourquoi lorsque, en 1939, Paul Muller, un chimiste suisse, mit au point un puissant insecticide qui avait l'avantage d'être stable et de ne pas porter préjudice aux autres animaux, la nouvelle fut accueillie avec enthousiasme. À partir de 1945, un usage extrêmement large fut fait de ce produit, le DDT (dichlorodiphényltrichloréthane).

Il sembla pendant un temps que la guerre contre les insectes destructeurs et porteurs de maladies était gagnée, et que des millions de vies allaient être sauvées. Mais, en 1947, une variété d'insectes que le DDT n'affectait pas fit son apparition, phénomène, qui devait se reproduire très souvent par la suite.

La guerre s'est alors transformée en une course effrénée contre l'évolution, les nouveaux poisons suscitant de nouvelles immunités qui conduisent à leur tour à une augmentation des doses et à l'invention de produits plus efficaces. Les répercussions sur l'environnement se sont révélées plus graves à chaque étape, provoquant l'inquiétude chez les consommateurs et chez les écologistes.

Le DDT perd son pouvoir magique

Le DDT était certes durable. Mais cet avantage apparut douteux lorsque, vers 1960, la biologiste Rachel Carson dit à quel point la chaîne alimentaire était contaminée. Devant la réaction indignée du public, l'usage de ce produit fut interdit dans les pays industrialisés, ou tout au moins sévèrement limité. Mais le DDT a néanmoins permis d'éradiquer des foyers entiers de maladies infectieuses, notamment la malaria, le choléra et le typhus.

De nouveaux pesticides encore plus ciblés et prétendus moins nocifs pour l'environnement ont pris sa place. Aux États-Unis, autour de 1970, 8 000 produits furent vendus, ce qui n'empêcha pas la demande de continuer à croître de 10 à 15 % par an. Les chlorures d'hydrocarbones se multipliaient mais se révélaient toujours nocifs. En Écosse, la dieldrine tua de nombreux animaux, parmi lesquels les aigles dorés situés au sommet de la chaîne alimentaire. Les sauterelles offrent un exemple particulièrement frappant des difficultés rencontrées. Les territoires que ces insectes dévastent n'ont souvent, au regard des décideurs économiques, qu'une impor-tance négligeable et ne valent pas selon eux l'effort immense déployé pour les protéger. Quoi qu'il en soit, les experts s'accordent pour penser qu'une guerre totale menée contre ces insectes ne pour-raient pas réussir: les chances de détruire plus de 10 % de leur population sont nulles. Des efforts spécifiques ont tendance depuis peu à remplacer les campagnes générales et les produits chimiques sont délaissés au profit d'autres moyens « naturels » – champignons, bactéries, virus… Malgré les bons résultats obtenus ici ou là, les experts doutent qu'on trouve un jour le remède miracle. Les insectes nuisibles – et particulièrement les sauterelles – ne disparaîtront jamais totalement.

UN LEURRE SEXUEL POUR SAUVER LE COTON

Chaque année, dans le monde entier, l'anthonome rose fait des ravages dans les champs de coton, où il détruit parfois jusqu'à 90 % des récoltes. Les pesticides ne peuvent rien contre lui car ses larves se logent à l'intérieur des boules de coton, où elles trouvent un abri inviolable. Seuls les moyens traditionnels ont été efficaces jusqu'à présent, mais ils sont également fatals aux insectes bienfaisants.

Vers 1970, alors qu'il travaillait à un programme destiné à l'Égypte, pays où les anthonomes sont particulièrement nuisibles, Derek Campion, membre de l'Institut des ressources naturelles, eut une idée : attirer les mâles loin des femelles à la saison des amours et les empêcher ainsi de se reproduire. Il suffit d'oindre les cotonniers avec une phéromone femelle artificielle. Trompés, les mâles finissent par mourir sans s'être accouplés. Simple et sans danger, la méthode s'est montrée efficace. On a noté une amélioration de la récolte, une diminution des effets négatifs sur l'environnement et une baisse du prix du coton. À El Manzala, un village où l'on fabriquait un excellent miel, les abeilles avaient succombé aux pesticides utilisés contre les anthonomes. Avec les phéromones, elles reviennent, et avec elles, le miel : pas moins de 11 tonnes la première année.

1900 — 2000

1939 Le chimiste suisse Paul Muller invente le DDT

1947 La résistance au DDT est détectée en Italie chez les mouches

1967 La valeur des récoltes détruites par les insectes nuisibles est évaluée à 50 milliards de francs à l'échelle mondiale.

6

PLUS VITE, PLUS LOIN

INVENTÉ AU MILIEU DU XIXe SIÈCLE, LE MOTEUR À COMBUSTION INTERNE FUT L'UN DES FACTEURS DE L'ACCÉLÉRATION DU RYTHME DE VIE : SUR QUATRE ROUES, IL SE FIT AUTOMOBILE ; AVEC UNE HÉLICE, IL DEVINT AVION. LE MOTEUR À RÉACTION RÉDUISIT ENCORE LES DISTANCES. PUIS LA FUSÉE À CARBURANT LIQUIDE PERMIT ENFIN À L'HOMME D'ÉCHAPPER À L'ATTRACTION TERRESTRE ET, SOIXANTE-DIX ANS PLUS TARD, DE METTRE LE PIED SUR LE SOL LUNAIRE.

L'AUTOMOBILE : DE LA VOITURE À CHEVAL À LA MACHINE DE RÊVE

AU XXe SIÈCLE, L'INDUSTRIE AUTOMOBILE A ÉTÉ UN PUISSANT AGENT DE DÉVELOPPEMENT

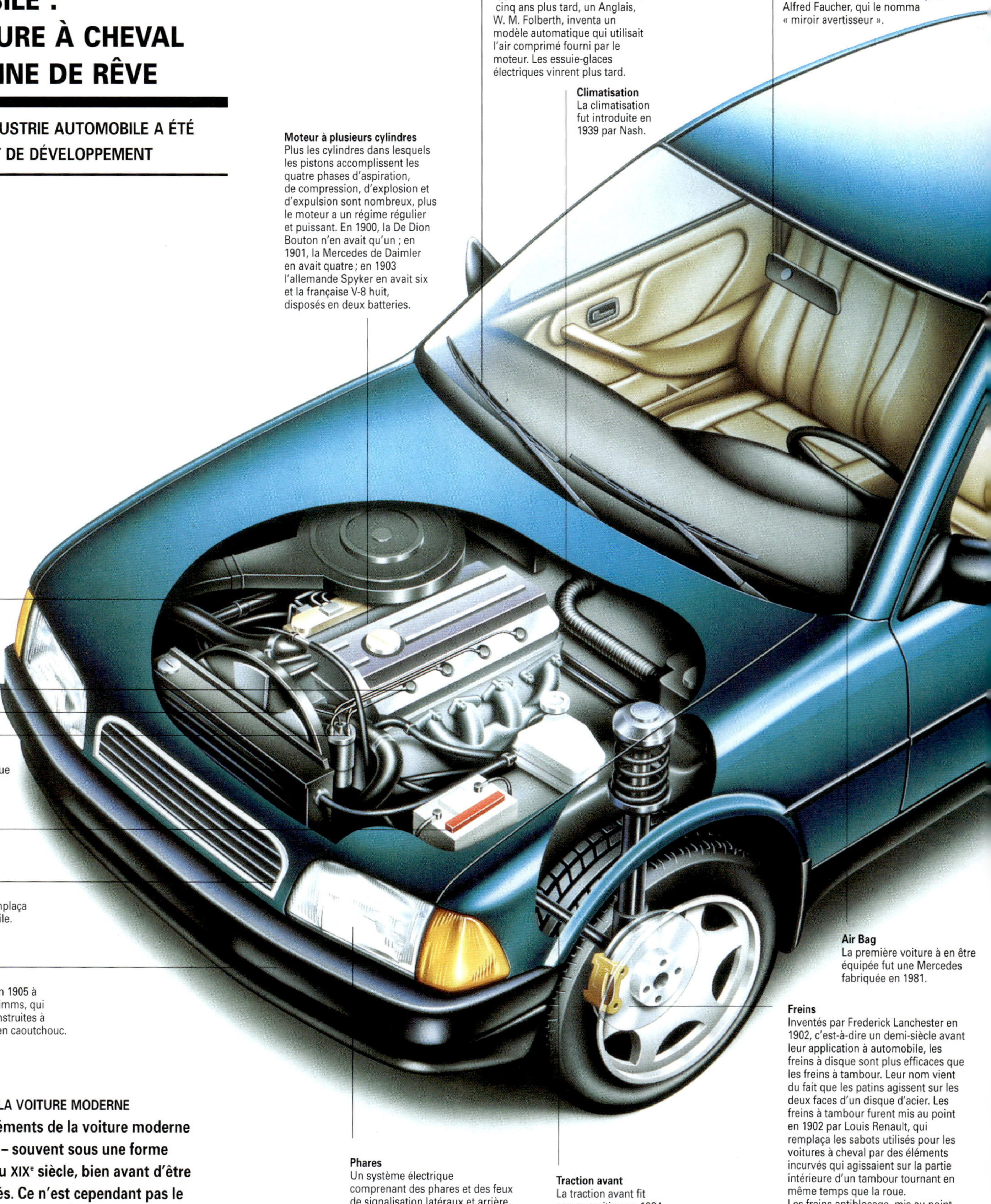

Essuie-glace
Un essuie-glace mécanique apparut aux États-Unis en 1916 ; cinq ans plus tard, un Anglais, W. M. Folberth, inventa un modèle automatique qui utilisait l'air comprimé fourni par le moteur. Les essuie-glaces électriques vinrent plus tard.

Rétroviseur
L'invention du rétroviseur date de 1906. Elle est due à un Français, Alfred Faucher, qui le nomma « miroir avertisseur ».

Climatisation
La climatisation fut introduite en 1939 par Nash.

Moteur à plusieurs cylindres
Plus les cylindres dans lesquels les pistons accomplissent les quatre phases d'aspiration, de compression, d'explosion et d'expulsion sont nombreux, plus le moteur a un régime régulier et puissant. En 1900, la De Dion Bouton n'en avait qu'un ; en 1901, la Mercedes de Daimler en avait quatre ; en 1903 l'allemande Spyker en avait six et la française V-8 huit, disposés en deux batteries.

Injection du carburant
En 1906, un système de pulvérisation du carburant dans les cylindres fut mis au point en Angleterre.

Bougie

Ventilateur

Distributeur
L'invention, en 1908, d'un dispositif électrique assurant l'allumage des bougies est due à Edward Deeds et Charles Kettering.

Batterie

Chrome
En 1925, le chrome remplaça le nickel sur l'Oldsmobile. C'était un progrès.

Pare-chocs
Le brevet fut déposé en 1905 à Londres par la firme Simms, qui équipa les voitures construites à Kiburn de pare-chocs en caoutchouc.

Air Bag
La première voiture à en être équipée fut une Mercedes fabriquée en 1981.

Freins
Inventés par Frederick Lanchester en 1902, c'est-à-dire un demi-siècle avant leur application à automobile, les freins à disque sont plus efficaces que les freins à tambour. Leur nom vient du fait que les patins agissent sur les deux faces d'un disque d'acier. Les freins à tambour furent mis au point en 1902 par Louis Renault, qui remplaça les sabots utilisés pour les voitures à cheval par des éléments incurvés qui agissaient sur la partie intérieure d'un tambour tournant en même temps que la roue.
Les freins antiblocage, mis au point en Allemagne par Bosch, en 1972, ont fait partie de l'équipement des voitures de série à partir de 1978.

Phares
Un système électrique comprenant des phares et des feux de signalisation latéraux et arrière, qui était alimenté par un accumulateur de 8 V, fut mis au point à Birmingham en 1908.

Traction avant
La traction avant fit son apparition en 1934 avec la Citroën 7.

ASSEMBLAGE DE LA VOITURE MODERNE

De nombreux éléments de la voiture moderne ont été inventés – souvent sous une forme rudimentaire – au XIXe siècle, bien avant d'être adaptés et utilisés. Ce n'est cependant pas le cas de la plupart de ceux présentés ici, qui ont été élaborés au cours du XXe siècle.

1900 – 1950

- 1901 La Mercedes de Daimler
- 1904 Le pneu à reliefs de Michelin
- 1908 Mise sur le marché de la Ford modèle T
- 1912 Le démarreur électrique facilite la mise en marche
- 1913 Introduction de la chaîne de montage aux usines Ford
- 1922 Austin 7 « Baby »
- 1934 Lancement de la Volkswagen
- 1948 La 2 CV Citroën

Pare-brise feuilleté
Le verre de sécurité anti-éclats fut inventé en 1909 par le peintre et chimiste français Edouard Bénédictus, qui eut l'idée de placer une feuille de Celluloïd en sandwich entre deux lames de verre. À partir de 1920, quand du plastique non jaunissant remplaça le Celluloïd, Il fut vendu sous le nom de Triplex.

Pot d'échappement

Pot catalytique
Le premier pot catalytique moderne fut mis au point en 1974 par General Motors.

Pneu
Des bandes de fer ou de caoutchouc plein servirent d'abord de pneus. Lorsque Michelin mit au point, en 1904, un pneu à bande de roulement en relief antidérapante, la supériorité des pneus gonflables s'imposa. Le pneu increvable sans chambre apparut en 1947 et le pneu radial en 1953.

Ceinture de sécurité
Bien que le brevet ait été déposé en 1903, c'est la firme Volvo qui, en 1963, équipa pour la première fois ses voitures de ceintures de sécurité.

Changement de vitesse
En 1929, les Cadillac, construites par General Motors, étaient équipées de boîtes de vitesses synchrones, faciles à manipuler ; en 1934, Chrysler introduisit une cinquième vitesse qui, s'enclenchant automatiquement quand la voiture roulait à grande vitesse, augmentait l'efficacité et diminuait la consommation d'essence.

Compteur de vitesse
Il fut introduit en 1902 par la firme britannique Thorpe & Salter.

Démarreur
Le premier démarreur électrique date de 1912. Il est dû à l'Américain Charles Ketterring, vivement encouragé par Henry Leland, de la firme Cadillac, qui avait été blessé par un retour de manivelle.

Bien avant l'apparition de l'automobile, un ingénieux homme de loi américain, George Selden, déposait un brevet pour une « locomotive de route » à traction non animale. Cette initiative datant de 1879 était prémonitoire. Les divers éléments de ce qui devait devenir l'automobile – combustion, mécanisme de transmission, freins – allaient faire l'objet de brevets séparés, mais c'est à Selden que la conception globale était due. Aussi, dès qu'apparurent les premiers véhicules à moteur, il toucha de confortables royalties sur tous les modèles fabriqués aux États-Unis – jusqu'à ce que Henry Ford décrète son brevet sans valeur et gagne le long procès qui s'ensuivit.

En 1883, les Français Édouard Delamare-Deboutteville et Léon Malandin font rouler pour la première fois un véhicule mû par un moteur à explosion quatre-temps (d'abord à gaz, puis à pétrole). Six ans plus tard, les Allemands Gottlieb Daimler et Wilhelm Maybach construisent un tricycle à moteur à essence. En 1890, les Français René Panhard et Émile Levassor rachètent le brevet Daimler et produisent en série, pour la première fois au monde, un quatre-roues. Ils céderont par la suite leurs droits à Armand Peugeot.

UNE VOITURE TRÈS POPULAIRE Sortie des usines Renault en 1946, la 4 CV, symbole de la petite voiture abordable, fut un vrai succès.

En 1900, l'automobile était en plein essor, et des centaines de modèles expérimentaux voyaient le jour, l'intuition française complétant le savoir-faire allemand. Avec son associé Bouton, le marquis de Dion breveta ainsi plus de 50 modèles de moteurs à essence à un cylindre qui développaient une puissance de 4,5 ch en tournant à 1 500 tours par minute.

La première automobile pouvant être considérée comme moderne, bien que ne comportant aucun élément nouveau, fut construite par deux Allemands, Wilhelm Maybach et Paul

1950 — 2000

1953 Suspension hydropneumatique de Citroën

1974 Pot d'échappement catalytique

1981 Quelques Mercedes équipées de coussins gonflables (Air Bag)

1984 Première carrosserie entièrement en plastique (Espace de Renault)

Daimler, pour le financier Emil Jellinek, qui la baptisa du nom de sa fille, Mercedes. Elle avait un superbe châssis en acier embouti et un long capot équipé, pour refroidir le moteur, d'un radiateur en forme de ruche. Les merveilles que recelait ce capot étaient non moins dignes d'admiration : un moteur de 36 ch à quatre cylindres et un levier commandé par un dispositif breveté permettant pour la première fois de changer de vitesse.

Alors qu'en France on organisait la première course automobile et que les frères Michelin équipaient les autos de pneus, l'enthousiasme était moindre outre-Manche, où les groupes de pression hostiles à l'automobile (au nom des intérêts du chemin de fer) faisaient campagne pour que la vitesse soit limitée à 19 km/h. Les Britanniques n'en apportèrent pas moins leur contribution avec un compteur de vitesse conçu en 1902 par la société Thorpe & Salter. Il était gradué de 0 à 35, ce qui était audacieux pour l'époque, car la vitesse maximale autorisée venait tout juste d'être portée à 32 km/h.

En 1901, les lanternes à acétylène remplacèrent les lampes à huile, mais leur lumière était si vive qu'on dut les garnir de lamelles anti-éblouissement. Le premier système complet d'éclairage électrique avec phares et feux latéraux et arrière fut proposé en 1908 par une société britannique.

QUELQUES GRANDS NOMS DE L'AUTOMOBILE

Henry Ford, pionnier de la construction en série, avait 40 ans quand lui vint l'idée qui devait le rendre milliardaire. « Pour réussir en construisant des automobiles, il faut faire en sorte qu'elles se ressemblent toutes, exactement comme des allumettes », déclara-t-il en 1903. Sa plus glorieuse réalisation, le modèle T, date de 1908, et celui qu'on surnomma « le roi du travail accéléré » n'en interrompit la production qu'en 1927, après en avoir construit 15 millions.

En France, les grands noms de l'automobile sont Renault, Peugeot et Citroën. En 1898, Louis Renault construisit chez ses parents, à Billancourt, sa première voiture, une quatre-roues à moteur De Dion-Bouton, avec une boîte à trois vitesses à prise directe qu'il fera breveter : c'est la fameuse Voiturette, qui gagnera de nombreuses courses et qui sera le point de départ de la société Renault Frères. Esprit inventif, il innova dans de nombreux domaines, et étendit ses activités aux chars, aux camions et au matériel agricole. En 1945, il fut accusé d'avoir travaillé pour l'occupant, et son entreprise fut nationalisée. La régie Renault lancera en 1946 la 4 CV, première voiture française vendue à plus d'un million d'unités. La 4L (1961) sera aussi un succès populaire, comme la R5 (1972) et la Supercinq (1984). La régie a été privatisée en 1994.

En 1889, le Franc-Comtois Armand Peugeot, séduit par le moteur Daimler, se lance dans l'automobile. Sa première voiture porte la marque du lion, référence au blason de sa province. En 1896, Robert Peugeot fonde la Société anonyme des automobiles Peugeot. À partir de 1928, tous les modèles portent un numéro à trois chiffres avec un zéro au milieu, allusion au trou de la manivelle. Peugeot absorbe Citroën en 1976, puis, en 1978, prend le contrôle de Chrysler en France, en Grande-Bretagne et en Espagne (ces groupes prennent alors le nom de Talbot). En 1994, Peugeot, grand promoteur du moteur Diesel pour automobile, a produit dans le monde près de deux millions de véhicules de tous types.

Fondée en 1919, la firme Citroën a toujours eu une réputation d'avant-garde. André Citroën pensait, comme Henry Ford, que l'automobile du futur devait être populaire et familiale. Il adopte le travail à la chaîne et fabrique la première voiture européenne construite en grande série, la 10 HP type A. En 1921, il crée une 5 CV bon marché qui, dans sa version trois places en quinconce, eut du succès. Son idée d'une petite voiture économique rejoint celle de Michelin, qui lance, en 1922, la première grande enquête de marché en Europe sur ce thème. Mais c'est André Citroën qui produit la célèbre Traction. Un modèle « pouvant transporter quatre personnes et 50 kg de pommes de terre, à la vitesse de 60 km/h, pour une consommation de 3 litres aux cent » fut conçu en 1938. Présentée au Salon de l'automobile de 1948, la 2 CV stupéfie la presse et le public par sa ligne insolite. Passé l'effet de surprise, elle séduira tout le monde et deviendra un mythe vivant. Citroën sera racheté par Peugeot en 1976.

UN VISIONNAIRE Henry Ford en 1896, assis dans sa première voiture. « Beaucoup de choses vont changer », prédit-il. C'est ce qui arriva.

LA CONDUITE À LA PORTÉE DE TOUS Cette publicité publiée par le magazine *Vogue* en 1932 vante les mérites du démarreur électrique (inventé en 1912), qui facilite la mise en route des voitures.

Au début du siècle, il fallait du courage pour monter dans une automobile. Il n'y avait souvent pas de pare-brise et, quand il y en avait un, il risquait de vous trancher la gorge. En 1909, le chimiste français Edouard Bénédictus eut l'idée de placer une feuille de Celluloïd en sandwich entre deux lames de verre. Il inventa ainsi le verre de sécurité.

Aux États-Unis, l'industrie automobile avait pris quelque retard, handicapée d'ailleurs par les lourds droits de douane. Le public snob du premier Salon de l'automobile, organisé à New York en 1900, rappelait celui des courses de chevaux. Les véhicules exposés fonctionnaient pour la plupart à la vapeur ou à l'électricité, mais un petit modèle à essence à un cylindre et levier de vitesse à main attira l'attention : c'était l'Oldsmobile, conçue par Charles Old. En 1904, il en construisait cent. La révolution de la production en série était en marche.

La voiture de série

Tournant le dos aux méthodes artisanales européennes, Cadillac mit sur le marché, dès 1903, des voitures aux pièces interchangeables. En 1908, un nouveau pas fut franchi avec la Ford modèle T, véhicule fonctionnel et facile à assembler. En 1913, Henry Ford accrut sa productivité en installant une chaîne de montage roulante. La version économique baptisée « Tin Lizzie » (« Lizzie-la-ferraille ») allait ouvrir à l'automobile un marché nouveau : elle ne coûtait que 290 dollars, était assez robuste pour résister aux chemins cahoteux, et suffisamment simple pour pouvoir être réparée par un fermier illettré. Ce génie de l'organisation ne fit pas seulement la fortune de Ford, il profita aussi à ses ouvriers. En 1914, le fabuleux succès de la Ford modèle T l'amena ainsi à instaurer dans ses usines la journée de huit heures payée 5 dollars l'heure, un salaire très élevé pour l'époque.

1900 — 1950

- 1901 La Mercedes de Daimler
- 1904 Le pneu à reliefs de Michelin
- 1908 Mise sur le marché de la Ford modèle T
- 1912 Le démarreur électrique facilite la mise en marche
- 1913 Introduction du montage à la chaîne chez Ford
- 1922 Austin 7 « Baby »
- 1934 Sortie de la Volkswagen Coccinelle
- 1948 Lancement de la 2 CV Citroën

Mais en 1923, la production en grande série arrivait à son terme. Pour stimuler les ventes, les gros constructeurs américains se mirent en effet à proposer chaque année de nouveaux modèles. Le concept d'obsolescence était né.

Le confort de la conduite et l'élégance des lignes devenaient prioritaires. Phares réglables, antigel pour radiateur, chauffage et compteur à essence étaient inventés en 1920. L'arrivée en 1924 d'une peinture laquée pulvérisable amena une autre révolution, celle des couleurs.

UN HOMME EN PNEUS Le Bibendum, qui sert d'emblème à Michelin, fit beaucoup pour la popularité de la dynamique firme française.

En 1926, le Français Georges Latil conçut un véhicule à quatre roues motrices, et en 1934 l'ingénieur André Lefebvre mit au point chez Citroën la traction avant, adoptée aujourd'hui pour presque tous les véhicules.

L'après-guerre

Après 1945, les nouveautés se multiplièrent. La climatisation, introduite en 1939 dans une Nash, se répandit très vite aux États-Unis, ainsi que la direction assistée et la boîte de vitesses automatique. Parallèlement, les progrès de l'industrie pétrolière aboutirent en 1949 à la production de carburants à haute teneur en octane, et l'apparition d'alliages d'aluminium, dans les années 50, accrut la légèreté et la durabilité des moteurs.

En 1953, Citroën se signala par une audacieuse innovation : la suspension hydropneumatique. Ce procédé alliant un gaz et un liquide à base d'huile, qui absorbait les principaux chocs et compensait la mauvaise répartition des charges, équipa certains modèles dès 1955, de même qu'un système de freins, de transmission et de direction assistés ; mais le coût élevé de ces équipements en limita l'usage. En 1955 apparut la DS 19, dont le profil aérodynamique révolutionnait le design automobile.

AUTOMATISATION Une comparaison entre les chaînes roulantes d'Henry Ford (en haut) et les chaînes automatiques (ci-dessus des robots assemblant les voitures chez Peugeot) donne une idée des progrès accomplis en quatre-vingts ans.

L'écologie commençait à préoccuper les industriels, et General Motors fut le premier à mettre au point un pot catalytique réalisant le retraitement chimique des émissions de gaz les plus nocives. Au Japon, Toyota conçut un moteur sans pot catalytique mais néanmoins respectueux des normes sévères établies en matière de pollution. Puis un produit qu'il suffisait d'ajouter au carburant pour obtenir le même résultat vit le jour en Grande-Bretagne.

1950 — 2000

1953 Suspension hydropneumatique de Citroën

1974 Pot d'échappement catalytique

1981 Quelques Mercedes équipées de coussins d'air gonflable (airbag)

1984 Première carrosserie entièrement en plastique (Espace de Renault)

AUTO ET ENVIRONNEMENT

Pour gagner le combat contre la pollution, le moteur thermique à essence ou diesel semble condamné, même s'il a fait d'énormes progrès. Depuis les années 1980, les constructeurs recherchent des solutions alternatives : moteurs électriques à batteries, hybrides, à hydrogène, à turbine... Les voitures électriques présentent divers inconvénients : faible autonomie, poids, coût et durée de vie des batteries. Une solution mixte, dite hybride, consiste à associer un moteur électrique, pour le cycle urbain, et un moteur thermique, pour les longs parcours. Cette formule est au point, malgré sa complexité et son coût. Le moteur à hydrogène, développé notamment par Chrysler, aurait, pour certains, un riche avenir. Les véhicules ainsi équipés se propulsent grâce à des moteurs électriques situés dans les roues. L'énergie nécessaire est produite par une pile à combustible à partir d'une réaction chimique inverse de l'électrolyse. Un obstacle de taille demeure : où stocker l'hydrogène ? Les moteurs à turbine, enfin, à gaz ou à essence, fonctionnent comme les réacteurs d'avion par la combustion d'un mélange de carburant et d'air comprimé ; ils sont exclusivement destinés à alimenter les moteurs électriques placés dans les roues et à recharger les accumulateurs.

La ceinture de sécurité – introduite par Volvo en 1963 – devint obligatoire vers 1980. Un Air Bag fut installé sur certaines Mercedes dès 1981. Les systèmes de protection active datent des années 70, époque où fut conçue une colonne de direction à absorption d'énergie, qui se généralisera à partir de 1990 ; Audi a équipé ses modèles d'un dispositif maintenant la nuque en cas de collision, et d'autres constructeurs ont mis au point le volant escamotable qui ne risque pas de défoncer la poitrine du conducteur.

Grâce aux spectaculaires progrès de l'électronique dans les années 80, l'automobile bénéficie désormais d'une technologie à peine moins sophistiquée que celle qui avait permis d'envoyer un homme dans la Lune. Le prototype Nissan CUE-X à double turbo de 1985 en est un parfait exemple, avec son ordinateur de bord digne du poste de pilotage d'un avion : un laser évalue à tout instant la distance et la vitesse du véhicule qui précède, et déclenche en cas de danger un dispositif de freinage ; à l'arrière, un déflecteur se relève automatiquement à plein régime ; enfin, le tableau de bord comporte un écran où s'affichent l'itinéraire et toutes les informations qui peuvent être utiles au conducteur. Ce modèle était également équipé de quatre roues motrices, facteur de confort et de sécurité, qui sont aujourd'hui proposées en option sur la plupart des voitures de série.

L'association de palpeurs et d'équipements électroniques de pointe permit d'inventer un essuie-glace dont la vitesse varie en fonction de l'intensité de la pluie, une suspension qui s'adapte automatiquement à l'état des routes et au style de conduite, et un rétroviseur anti-éblouissement. Volkswagen a mis au point le guidage au laser pour garer les voitures et Audi envisage la construction d'un double moteur. Enfin, de nouveaux alliages, empruntés à l'aéronautique, améliorent encore les performances.

VOITURE NON POLLUANTE **Ce petit véhicule est l'ancêtre de la voiture électrique, qui redevient d'actualité du fait de la pollution.**

Au seuil de l'an 2000, le problème de la pollution a suscité un regain d'intérêt pour la voiture électrique, une idée qui paraissait prometteuse en 1895, quand le Français Jeantaud courut le Paris-Bordeaux avec des batteries changées tous les 200 km. La faible durée des batteries et le boom pétrolier ont longtemps freiné l'essor de cette technologie, mais aujourd'hui la France est l'un des pays les plus avancés dans cette voie.

UN CERTAIN MONSIEUR HERTZ

En 1918, à Chicago, un marchand de voitures âgé de 22 ans pensait qu'il serait plus commode de louer une automobile que de se déplacer en taxi. Il commença avec 12 Ford modèle T. En 1923, il vendit son affaire à un certain Hertz...

UN MYTHE **La Ferrari F 355 concilie performances et confort. L'aérodynamisme est à l'étude dès les années 30 pour les voitures de sport.**

L'ASCENSION DES DEUX-ROUES

DES PREMIÈRES MACHINES INCOMMODES AUX LIGNES AÉRODYNAMIQUES, SYMBOLE DE PUISSANCE

En 1897, l'apparition de la motocyclette coïncida avec celle de l'automobile. Un premier brevet pour un « vélocipède à moteur » avait été pris en 1868 par le Français Perreaux et, en 1895, Félix Millet présenta sa « bicyclette automobile » avec moteur rotatif à cinq cylindres sur la roue arrière. Les Allemands Wolfmüller et Hildebrand construisaient vers la même époque la première moto de série, et le tricycle français du marquis de Dion, mû par un moteur Daimler, connut un succès mondial jusqu'en 1902. L'engouement pour la « motocyclette » (1901) due à deux autres Français, Eugène et Michel Werner, fut tel que ce nom désigna bientôt tous les cycles motorisés. Complété par un side-car en 1910, cet engin était équipé d'un moteur fixé sur le cadre et que l'on mettait en marche au moyen d'une poignée. En 1916 apparut un modèle américain à cadre articulé qui permettait prendre des virages serrés en se penchant. La motocyclette concurrença en fait l'automobile jusque vers 1920, époque où la production en série fit considérablement baisser le prix des voitures.

DE LA BICYCLETTE À LA MOTOCYCLETTE Le nom donné par les frères Werner à leur création de 1901 devint bientôt un terme générique.

Les Japonais remplacèrent les premiers le démarrage au pied par un système électronique et, depuis 1980, ils sont à l'origine de bien des innovations : Honda lança en 1981 le premier modèle de série à turbocompresseur ; Yamaha monta en 1988 sur un modèle de course un cadre fait d'un alliage très résistant. La même année, Honda dota une six-cylindres d'une marche arrière, et en 1995, sa NR-750, pouvant rouler à 250 km/h, fut équipée d'un nouveau moteur : son carénage en fibre de carbone, ses pièces en titane et sa ligne profilée en font la moto la plus chère du monde.

FOUS DE CONDUITE De conception classique, la Norton anglaise (en haut) et la Harley Davidson américaine (en bas) font l'objet d'un véritable culte de la part des passionnés de motocyclette.

La « machine à pédales »

Après des débuts discrets, la bicyclette, héritière du vélocipède, finit par bénéficier des progrès de la technologie. Le mérite en revient d'abord aux Français Pierre et Ernest Michaux qui, en 1861, montèrent un pédalier sur la roue avant. En 1869 leur compatriote André Guilmet créa la bicyclette moderne en inventant le pédalier central et la transmission par chaîne. La « petite reine » fut ensuite perfectionnée en 1885 par les Anglais Harry Lawson et John Starley, dont la Rover Safety avait des roues d'égal diamètre. Un progrès décisif fut accompli en 1891 quand les frères Michelin appliquèrent le pneu aux cycles. Peu après, en 1903, le Français Louis Rustin inventait la rustine. Les apports du XXe siècle concernèrent surtout la transmission. Après le dérailleur arrière, qui avait vu le jour en Angleterre en 1889, le Français Raymond conçut le dérailleur avant en 1925, et la manette de changement de vitesses apparut en 1938.

C'est en Californie que naquit en 1981 le *mountain bike* (vélo de montagne) à cadre renforcé, pédalier surbaissé et pneus épais. Fabriqué à l'origine uniquement sur commande, il fut ensuite produit en série. Né en France en 1983, le VTT (vélo tout terrain) représente aujourd'hui la moitié de la production mondiale. Le titane et les nouveaux alliages ont donné naissance à des machines légères et robustes, mais coûteuses. Les résultats obtenus en course ont conduit les fabricants à adopter une tubulure à section ovale et le guidon dit « de triathlète ». Pour améliorer encore la pénétration dans l'air, on a introduit à partir de 1984 les roues lenticulaires en fibre de carbone, plus performantes que les roues classiques à rayons pour la vitesse pure.

COURSE DE VITESSE L'Anglais Chris Boardman sur la piste aux Jeux olympiques de Barcelone (1992), avec une roue arrière lenticulaire.

1900 — 2000

1901 La Motocyclette des frères Werner
1903 Invention de la rustine
Premier Tour de France

1946 Les Vespa et le Vélosolex deviennent populaires en Europe
1952 Sortie de la Mobylette, de Motobécane

1981 Premier vélo tout terrain (VTT)

1991 Premier vélo entièrement en matériau composite
1995 Vélo à pédalage assisté électriquement

RÉGLER LA CIRCULATION

DES PREMIERS EMBARRAS DE VOITURES AU CONTRÔLE DU TRAFIC PAR ORDINATEUR

Au début du siècle, les rues des villes étaient bruyantes et sales, jonchées de crottin. En outre, les ruades des chevaux menaçaient à tout instant les passants. Le premier Klaxon, inventé par Michael Hutchinson, à qui l'on doit aussi le premier audiophone, retentit pour la première fois en 1901.

Les voitures et les camions se multipliant, le macadam se révéla trop peu résistant et l'on commença vers 1905 à revêtir les chaussées de goudron. Et comme le blanc ressortait bien sur cette surface noire, une ligne de sécurité centrale fit son apparition aux États-Unis dès 1911. Les premiers catadioptres furent imaginés en 1934, par une nuit de brouillard, en Angleterre : la voiture de l'entrepreneur Percy Shaw aurait quitté la route si les yeux d'un chat n'avaient réfléchi la lumière de ses phares. Cet incident lui donna l'idée de monter une paire de prismes de verre sur un réflecteur en aluminium et d'encastrer le tout dans un bloc de caoutchouc. Il fit bientôt fortune grâce à son ingénieuse invention.

LES EMBARRAS DE PARIS **Embouteillages et pollution devinrent vite le fléau des grandes villes, comme ici à Paris, en 1923.**

SIGNAUX À AIGUILLE **À Berlin, en 1931, les feux de signalisation comportaient trois bandes de couleur et une aiguille qui se déplaçait de l'une à l'autre pour réguler le trafic automobile.**

Autoroutes et poids lourds

Conçue en 1921 par l'Allemand Karl Fritsch, la première des routes à grande vitesse servait aussi de circuit pour les courses automobiles. Mais la première véritable autoroute, à deux voies, fut inaugurée en 1924 près de Milan. Dès 1930, un réseau d'autoroutes sillonnait toute l'Allemagne. L'idée fut reprise aux États-Unis, où des voies ne comportant pas de croisements mais seulement des bretelles d'accès et de sortie, furent aménagées à la périphérie des villes. La première, celle du Bronx, fut inaugurée à New York en 1923.

En 1930, l'Anglais Cedric Bernard Dicksee adaptait à l'automobile le moteur Diesel (conçu par l'Allemand Rudolf Diesel en 1893), innovation qui, avec l'apparition du camion à huit roues en 1934, allait favoriser l'essor des transports routiers au détriment du chemin de fer.

L'ARROSEUR ARROSÉ

Sir Robert Watson-Watt, le père du radar, fut une des premières victimes de son invention. En 1954, ce physicien écossais se rendait au Canada pour prendre part à une conférence qui avait justement trait au radar lorsqu'il fut arrêté pour excès de vitesse par des policiers qui l'avaient pris en chasse. S'étant nommé, il sollicita leur indulgence mais n'en fut pas moins condamné à payer une amende sur-le-champ.

Le réseau routier fut très long à se développer en Grande-Bretagne où la première portion d'autoroute, reliant Londres à Birmingham, ne fut ouverte au trafic qu'en 1959, soit près de quarante ans après que le projet en eut été approuvé ! En France, le premier tronçon d'autoroute date de 1946. Cinquante ans plus tard, le réseau français atteignait les 7 250 km.

Malgré l'extension et l'amélioration du réseau routier, le volume du trafic restait préoccupant, surtout dans les villes. C'est à un Américain de Cleveland, Alfred A. Benesch, que revient le

1900 — 1950

1900 Premiers panneaux routiers en France
1901 Premier Klaxon
1914 Premiers feux de signalisation aux États-Unis
1921 Première autoroute en Allemagne
1934 Invention du catadioptre
1938 Invention de l'alcootest par un médecin américain, N. Harger
1946 Première autoroute en France

mérite d'avoir inventé, en août 1914, le premier feu de signalisation, avec sonnerie indiquant les changements de couleur. Le passage direct du vert au rouge s'étant révélé trop dangereux pour les rues à angles droits de New York, le système tricolore fut adopté en 1918. Il faudra attendre 1923 pour que les premiers feux rouges fassent leur apparition à Paris, assortis de passages cloutés pour piétons.

Les premiers parcmètres

En France, la priorité à droite, instaurée dès 1910 à Paris par le préfet Lépine, fut inscrite dans le code de la route en 1925. Le permis de conduire (obligatoire dans la capitale à partir de 1893) vit le jour sous sa forme actuelle en 1922.

Quant au problème du stationnement, qui paraissait déjà préoccupant à l'époque, il fut en partie résolu grâce à un garagiste du Massachusetts qui, en 1928, eut l'idée d'un parking « gain de place » à plusieurs niveaux. C'est enfin au directeur d'un journal de l'Oklahoma, Carton Magee, que l'on doit le premier parcmètre. Expérimentée pour la première fois en 1935, son invention se révéla si riche de promesses qu'il créa une société pour commercialiser son appareil.

ROUTES CONDUCTRICES

Imaginez que vous vous trouviez coincé dans un bouchon lors d'un retour de vacances. Vous abandonnez votre volant et vous vous mettez à lire ou à bavarder avec le conducteur du véhicule voisin. Cette scène a bel et bien eu lieu. Elle se déroula en septembre 1994, sur une route de Californie : quatre voitures roulant à plus de 80 km/h avaient ainsi testé le premier système de routes « intelligentes », sur lesquelles les véhicules seraient guidés par radar et marqueurs magnétiques. Des ordinateurs placés au bord de la chaussée contrôleraient les voitures groupées en « pelotons » et pilotées par des appareils embarqués à leur bord, les deux systèmes étant totalement interactifs. De nombreux problèmes restent néanmoins à résoudre, notamment la création d'un logiciel capable de compenser les déformations constatées sur les ponts métalliques. L'ordinateur embarqué fonctionnerait avec une puce et il y aurait assez de place dans sa mémoire pour stocker en outre les adresses de restaurants et d'hôtels situés le long de la route, et pour sélectionner les plus proches à l'intention des conducteurs. La construction de tels systèmes soulève cependant un important problème juridique, celui de la responsabilité légale en cas d'accident provoqué par une panne du système automatique.

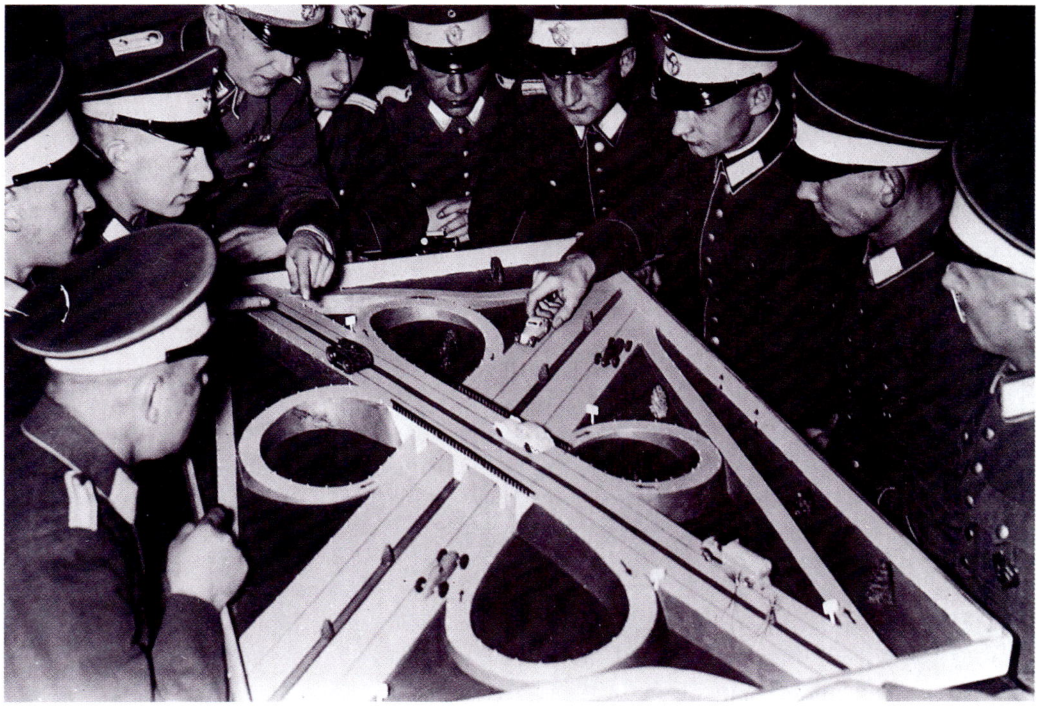

BRETELLES ET ÉCHANGEURS En Allemagne, des agents de la circulation examinent, en 1936, le plan d'un échangeur permettant à plusieurs voies de se croiser sans que les automobilistes aient à s'arrêter.

Les véhicules devenant de plus en plus rapides, il fallut aussi limiter la vitesse et mettre au point des moyens de contrôle efficaces. Le radar sert à détecter les infractions depuis les années 50. Depuis 1978, en association avec un ordinateur, il est également utilisé en Allemagne pour avertir les chauffeurs de l'approche en sens inverse d'autres véhicules. En France, un limitateur de vitesse est obligatoire sur les poids lourds depuis 1985, et l'Union européenne a adopté cette mesure depuis janvier 1994.

Automatisation

Pour répondre à la phénoménale augmentation du trafic, on se mit à construire fébrilement des routes. Toutefois, à partir des années 60, on s'attacha davantage à imaginer des moyens de contrôler la circulation. Le premier système automatique date de 1965 et fut mis en place à Chicago, où une route très encombrée fut équipée sur une dizaine de kilomètres de capteurs ultrasoniques reliés à un ordinateur central commandant des signaux lumineux situés sur les voies d'accès. À Londres, des recherches menées durant les années 60 dans un aéroport désaffecté permirent de mettre au point un système où les feux sont déclenchés par des capteurs répartis tout au long du trajet.

En 1986, un consortium européen mit en chantier le programme Prometheus, qui avait pour objectif de créer un système de conduite assistée par ordinateur permettant de contrôler la circulation et d'améliorer la sécurité des conducteurs. Les recherches menées en parallèle aux États-Unis s'orientaient vers des voies automatisées jalonnées de marqueurs magnétiques qui dirigeraient les véhicules par l'intermédiaire d'un ordinateur de bord.

C'est dans cet esprit que vit le jour, en 1992, le projet IVHS (Intelligent Vehicle Highway System ou « système de route intelligente ») : associant l'électronique à la transmission radio, ce système permettrait aux conducteurs de régler les péages (par carte bancaire) sans s'arrêter, de se faire dépanner, d'être renseignés en permanence sur la densité du trafic et les meilleurs itinéraires, ou encore de communiquer entre eux. En 1995, ce concept révolutionnaire a reçu un début de concrétisation avec la construction en Virginie d'un tronçon expérimental équipé de câbles en fibre optique, de sondes et de capteurs.

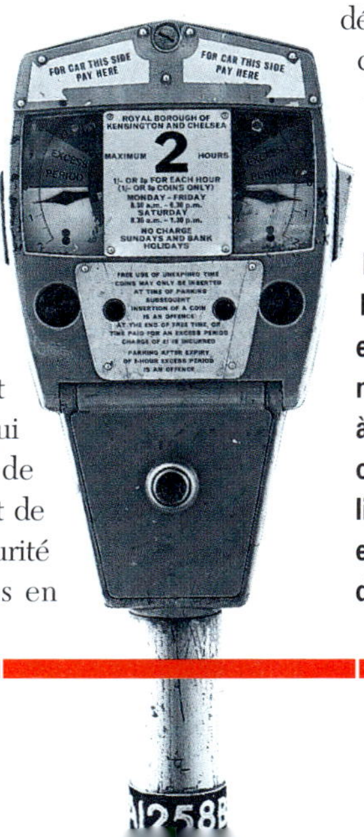

L'ANCÊTRE DE L'HORODATEUR Inventé aux États-Unis en 1935, le parcmètre ne fut adopté qu'en 1971 à Londres et à Paris, où le stationnement limité avait été établi en 1957 avec la création de la « zone bleue ».

1950 — 2000

1965 Invention d'un système de trafic automatique à Chicago

1992 Mise en chantier de l'IVHS
Permis à points en France

TROUVER SON CHEMIN

DE LA NAVIGATION À VUE AU GUIDAGE PAR SATELLITE

Au début du siècle, les navigateurs se servaient encore d'une boussole pour se diriger et les premiers aviateurs ne disposaient que de leur intuition et de points de repère terrestres. En 1898, le Français Eugène Ducrelet réalise la première liaison sans fil entre la tour Eiffel et le Panthéon. En 1901, l'Italien Marconi et l'Anglais Fleming établissent la communication entre la Cornouailles et Terre-Neuve (3 400 km). La même année, la marine américaine crée une modeste chaîne d'émetteurs-récepteurs radio le long des côtes. En 1903, une cinquantaine de navires marchands sont équipés d'appareils de télégraphie sans fil qui leur permettent de recevoir des bulletins météorologiques ou des informations sur la position d'autres bâtiments. Inventé en Allemagne en 1908, le gyrocompas contribuera aussi à rendre la navigation moins hasardeuse : cet instrument semblable à une toupie conserve toujours une direction fixe ; il n'est pas aimanté et indique donc le pôle Nord géographique et non le pôle magnétique.

Après le tragique naufrage du *Titanic* (1912), on chercha le moyen de détecter icebergs et sous-marins. En 1915, le Français Paul Langevin eut l'idée d'utiliser des cristaux de quartz pour émettre des ondes sonores courtes renvoyées par tout corps se trouvant sur leur trajectoire. Le Sonar (Sound Navigation Ranging), technique d'investigation sous-marine par ultrason inventée en 1920, découle du même principe. À la même époque, l'ingénieur américano-suisse Frederick Kolster expérimentait un radiocompas avec émetteur permettant aux navigateurs de déterminer leur position en relevant celle de deux signaux voisins. En 1928, les États-Unis s'étaient dotés d'un réseau de radiobornes qui guidait les pilotes de proche en proche.

L'arrivée du radar

L'invention du radar se fit par étapes. En 1904, l'Allemand Hülsemeyer prit un brevet pour un « détecteur d'obstacles à ondes radio continues ». En 1928, John Logie Baird, précurseur dans le domaine de la télévision, déposa un autre brevet concernant « un procédé permettant de détecter un corps en le balayant d'ondes électromagnétiques courtes ». Il crut, non sans quelque raison, avoir conçu le radar... Mais l'histoire a conservé une autre version : vers 1930, des ingénieurs de la Poste britannique avaient remarqué que le passage d'un avion brouillait les émissions radio sur ondes courtes. Le rapport qu'ils établirent fut versé au dossier d'un programme de recherche ultra-secret, dirigée par Robert Watson-Watt, qui devait aboutir à la mise au point du radar (abréviation de Radio Detection and Ranging, détection et repérage par radio).

Le but était de repérer les avions ennemis avant qu'ils soient visibles – et de les localiser en fonction du laps de temps séparant l'envoi d'une impulsion par un antenne émettrice et la réception de son écho ; les objets ainsi détectés apparaissaient sous forme de signaux sur l'écran d'un oscilloscope cathodique. Le succès de ces recherches doit également beaucoup aux travaux des Français Maurice Ponte et Henri Gutton, à qui on doit le magnétron, générateur d'ondes très courtes qui est la pièce maîtresse du radar.

Le radar se révéla d'un intérêt vital en 1940 pendant la bataille d'Angleterre, car les avions allemands ne purent s'approcher à moins de 100 km des côtes sans être détectés par les batteries de radars couvrant tout le sud-est du pays ; en 1941, les avions britanniques furent eux aussi équipés de radars. Après la guerre, la mise en place du système de protection Marconi à l'aéroport d'Heathrow, vers 1950, se fit selon le même système.

LE RAYON SAUVEUR

C'était un rayon capable de tuer que les membres du Comité de défense antiaérienne attendaient de Robert Watson-Watt, chargé par eux d'examiner l'intérêt des ondes électromagnétiques du point de vue militaire. Le physicien se déclara incapable de les satisfaire mais leur proposa à la place un procédé de repérage à distance des avions : c'était le radar. Watson-Watt se mit au travail avec son équipe sans perdre de temps, car des recherches analogues avaient déjà été entreprises du côté allemand. Le 26 février 1936, il accrocha son dispositif à une antenne érigée à Daventry, en Angleterre, et dessina la trajectoire d'un bombardier Heyford sur un écran cathodique à l'aide d'une tache verte mobile. Voici comment les choses se déroulèrent :

« Le 25 février 1935, tard dans l'après-midi, une Morris remorquant une caravane couleur sable marquée du monogramme royal fit son entrée dans Dutton Park, où les vaches et les chercheurs vivaient en bonne entente. Dyer était au volant, et son seul passager était A. F. Wilkins, le chef de l'expédition. Ils remontèrent Bath Road en direction d'Iver et d'Uxbridge, traversèrent Feny Stratford et Towcester jusqu'à ce que le mât de Daventry soit en vue. Là, après avoir jeté un coup d'œil discret aux alentours, ils prirent à l'ouest et arrivèrent dans un pré proche de Weedon. Ils érigèrent une antenne rudimentaire, vérifièrent le récepteur, puis s'apprêtèrent à jouir d'un sommeil paisible bien que bref. Toute l'opération devait être supervisée par A. P. Row, qui était ici l'œil du ministère de l'Air. Aux premières heures de la matinée du 26, j'allai le chercher à Londres et l'amenai sur place dans ma chère vieille Daimler… Tout fonctionna parfaitement, et nous pûmes montrer à Row, sur l'écran, la ligne verticale correspondant au faisceau émis depuis Daventry… On entendit soudain un bruit de moteur, qui s'intensifia, puis nous aperçûmes le Heyford qui volait vers Daventry à une altitude d'environ 1 800 m. Son pilote avait reçu l'ordre d'effectuer plusieurs allers et retours sur une trentaine de kilomètres en se maintenant sur une ligne parallèle au faisceau. Il n'y réussit qu'imparfaitement, et à aucun de ses passages il ne se trouva exactement au-dessus de nos têtes, encore qu'il n'en ait pas été loin à trois reprises. Sur l'écran, la petite tache se mit alors à grandir progressivement jusqu'à atteindre 2,5 cm de longueur, ensuite elle décrut irrégulièrement jusqu'à ne plus mesurer que quelques millimètres ; pendant quelques instants, elle revint à sa taille maximale, puis recommença à diminuer, toujours de manière irrégulière, tandis que le bruit du moteur allait décroissant. Un rapide calcul nous permit de constater que, alors même que l'avion, déjà distant de 12 km, était depuis longtemps invisible, l'écran réagissait encore à l'énergie réfléchie par sa carlingue et révélait donc sa présence. Sans rien laisser transparaître de notre excitation, Row et moi avons pris congé des opérateurs ; nous sommes montés dans la Daimler et nous avons repris la route de Londres. »

» La conclusion de Row a été notée ; je vous la soumets avec l'aimable autorisation du ministère que nous allions servir ensemble jusqu'à la victoire : "il a été démontré sans l'ombre d'un doute que l'énergie électromagnétique est reflétée par les parties métalliques d'un avion, dont la présence peut ainsi être détectée." »

LE PÈRE DU RADAR
Robert Watson-Watt fut anobli en 1942.

1900 — 1950

- 1904 Invention d'une jauge de profondeur magnétique
- 1908 Invention du gyrocompas.
- 1935 Mise au point du radar par Watson-Watt

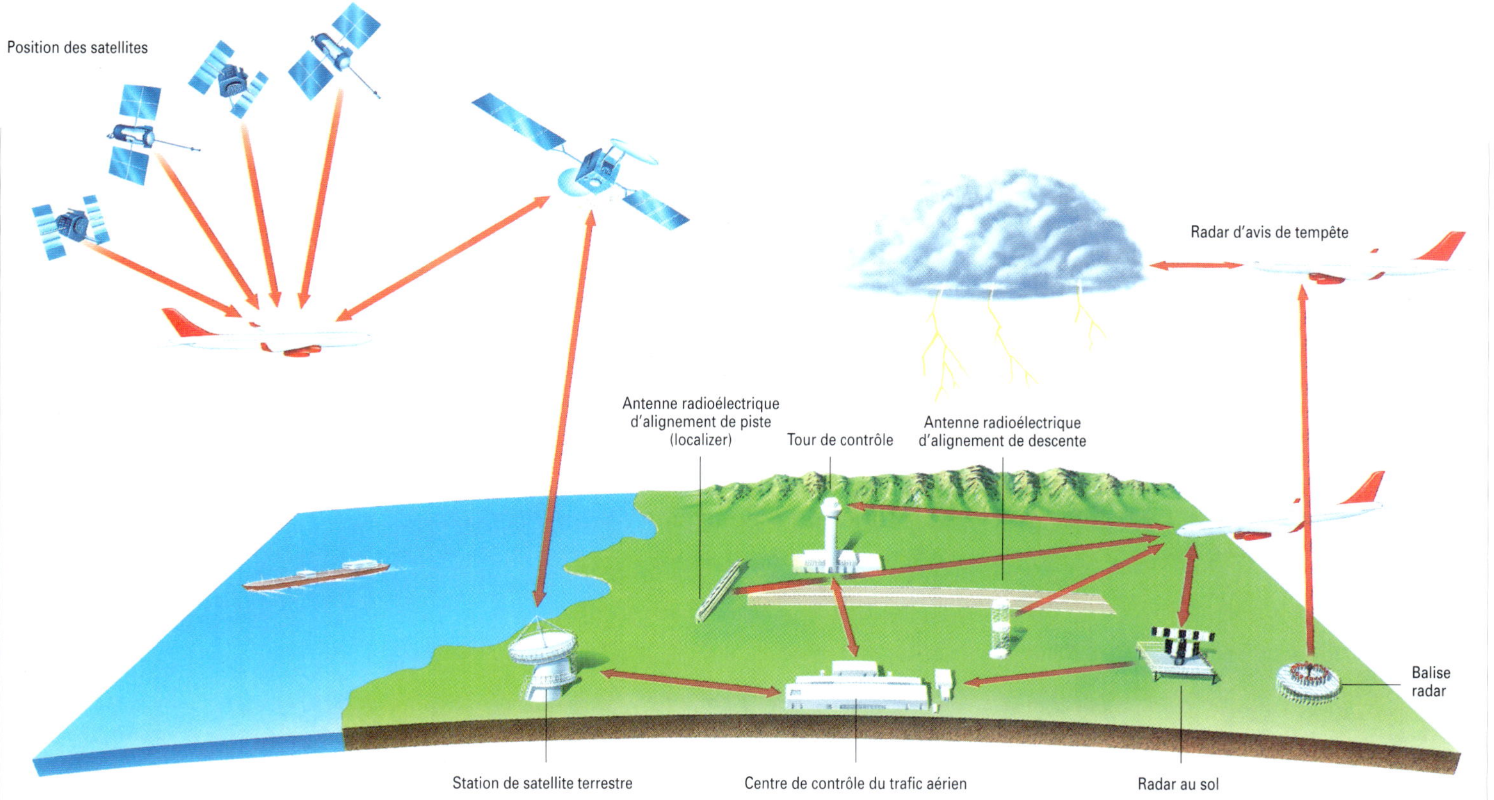

En 1967, l'aviation civile utilisa pour la première fois le système d'atterrissage aveugle, basé sur deux impulsions radio, l'une horizontale et l'autre verticale. En s'alignant sur leur intersection, l'avion se trouve alors dans l'axe de la piste.

FAISCEAUX RADIO 1941, une station de radiorepérage communique à une batterie antiaérienne la position d'avions ennemis.

Pour assurer la sécurité de leur flotte de sous-marins nucléaires, les Américains mirent au point un système de navigation par inertie si précis qu'en 1958 le *Nautilus* put effectuer sous la calotte glaciaire du pôle Nord une traversée de près de 3 000 km qui dura quatre-vingt-seize heures. Puis ils lancèrent en 1960 Transit I, le premier satellite de navigation. La mise en place du GPS (Global Positioning System, système de positionnement global) débuta dix ans plus tard. Grâce aux multiples signaux envoyés par vingt et un satellites répartis autour du globe, la marge d'erreur dans le relevé de la position d'un point a été réduite à 23 m. L'équivalent soviétique du GPS fut le programme Glonass, lancé en 1982.

Le monde de demain

Le trafic aérien devenant de plus en plus dense, on se servit d'ordinateurs pour le contrôler. En 1948, on commença à mesurer la vitesse du vent et celle de l'air déplacé par les avions grâce à Sodar (Sound Detection and Ranging, détection et repérage par onde sonore), sorte de radar installé à l'aérodrome de Francfort. Pour améliorer encore la sécurité aérienne, la société française Bertin a mis au point en 1979 le Sodar Doppler, dont la seconde génération a été opérationnelle en 1982. En 1990, un système électronique d'alerte et de prévention des collisions chargé de surveiller tous les mouvements dans les environs des aéroports a été mis à l'étude.

L'adaptation du GPS à l'aviation civile permit l'apparition d'une série d'instruments destinés aux pilotes d'avions privés et aux plaisanciers, auxquels des modèles portables à pile, tel le Scout, éviteront désormais de se perdre.

Depuis 1995, nombre de tâches sont confiées aux satellites GPS, entre autres celle de guider les pétroliers géants jusqu'à leur poste de mouillage. Le Navmate japonais, à l'étude, consiste en un ordinateur qui, guidé par satellite, pourrait relayer le conducteur, lui indiquer la direction à suivre et corriger ses éventuelles erreurs. En 1995, des concepteurs ont même travaillé, aux États-Unis et au Japon, à un récepteur de la taille d'une montre.

VOL ASSISTÉ Les pilotes connaissent leur position avec précision et suivent une trajectoire programmée pour un atterrissage sans danger.

TABLEAU DE BORD Le système de navigation par ordinateur Carminat, lancé en 1995 par Renault dans le cadre du programme Eurêka, comporte un écran où l'itinéraire à suivre est indiqué en détail.

1950 — 2000

- 1960 Lancement de Transit I, le premier satellite d'aide à la navigation
- 1970 Mise en chantier du GPS (vol assisté)
- 1981 Installation de Sodar à l'aéroport de Francfort
- 1995 Projet européen Carminat

L'ÈRE DES TRAINS À GRANDE VITESSE

LES TRAINS ABANDONNENT LA VAPEUR ET GAGNENT EN RAPIDITÉ

Après avoir failli, au XXe siècle, rester en marge du progrès, le chemin de fer redevint un acteur important du transport grâce aux innovations réalisées dans le domaine des voies ferrées et de la traction. Le Transsibérien reliant Moscou à Vladivostok, sur la côte russe du Pacifique, compléta en 1904 le réseau de voies qui encercle la Terre. Cette merveille du XIXe siècle atteste la hardiesse des ingénieurs et l'audace des entrepreneurs. Puis la découverte, par l'Allemand Schmidt, de la surchauffe permit à la locomotive à vapeur d'atteindre son apogée. Introduit en 1902, ce procédé améliore le rendement des machines en élevant la température de la vapeur et en réduisant l'humidité.

Vapeur, électricité et diesel

Bien qu'à l'époque la vapeur régnât, l'électricité se révélait déjà prometteuse et le diesel était à l'étude. Le caractère non polluant de l'électricité conduisit, en 1890, à l'adoption de cette énergie pour le métro de Londres et en 1900 pour celui de Paris. Elle permettait d'accélérer et de rouler vite (200 km/h en Allemagne en 1902) mais avait l'inconvénient d'exiger une exploitation intensive pour compenser le coût élevé des installations. En 1893, l'Allemand Rudolf Diesel créa le moteur à combustion interne, où le combustible est injecté directement dans la chambre. Mais ce moteur ne fournissait pas assez d'énergie pour supplanter la vapeur, jusqu'à l'apparition du moteur Diesel à haute compression. La première locomotive à en être équipée fut construite en Suisse en 1912 par la firme Diesel-Klose-Sulzer. Puis le mariage diesel-électricité hâta la fin du règne de la vapeur, en donnant naissance, en 1913, en Suède, à un engin où un moteur Diesel engendrait un courant utilisé pour la transmission.

Les deux technologies continuèrent à progresser parallèlement. En 1915, le Hongrois Kalman Kando construisit la première locomotive électrique fonctionnant avec le courant à haute tension du secteur public, le courant alternatif étant converti en courant continu par un transformateur et un redresseur. Neuf ans plus tard, la première locomotive Diesel électrique était mise en service aux États-Unis et une machine de ce type fut testée en Grande-Bretagne en 1928.

La rapidité accrue des trains caractérisa les années 30, en réponse aux exigences des usagers, que la vitesse fascinait. En pratiquant le carénage, pour diminuer la résistance à l'air, on put rouler à 200 km/h, vitesse atteinte par un train anglais en juillet 1938. Aux États-Unis, la longueur des trains et les sections montagneuses

TOUJOURS PLUS VITE Les locomotives BB 9004, en 1955 (en haut à gauche), et CC 40100, en 1973 (en bas à gauche), et le TGV (ci-dessous) marquent trois étapes décisives des prouesses françaises.

L'HEURE DE GLOIRE DU TRAIN À VAPEUR

En tournant le film *la Bête humaine*, en 1938, Jean Renoir a rendu le plus bel hommage qui soit à la locomotive à vapeur, dont il pressentait la fin : dans les dernières séquences, la « loco » croise un autorail. Elle avait pourtant rendu bien des services. Au cours de la Première Guerre mondiale (« une guerre de chemins de fer », disait le maréchal Joffre), 6 000 locomotives furent mobilisées pour acheminer 70 divisions en Picardie et en Flandre, dans l'incroyable course à la mer qui opposa les trains français aux trains allemands pour le contrôle des ports de la Manche et de la mer du Nord.

À partir de 1925, on construisit des locomotives de plus en plus puissantes. En 1937, la 150 pouvait tirer des convois de minerais et de charbon d'environ 2 200 tonnes à 75 km/h.

En France, le dernier train à vapeur circula en 1972 pour les voyageurs et en 1974 pour les marchandises. Le parc de locomotives fut peu à peu réformé. En 1980, il ne subsistait plus qu'une seule machine à vapeur en état de marche, conservée à Noisy-le-Sec pour des excursions ou des tournages de films.

À TOUTE VAPEUR Une locomotive 141 P de la SNCF, organisme fondé en 1938 et issu de la fusion des cinq anciennes compagnies de chemin de fer.

1900 — 1950

1902 Invention de la surchauffe
1904 Achèvement du Transsibérien
1912 Première locomotive Diesel
1931 La Micheline, premier train sur pneus
1938 Un train à vapeur roule à 200 km/h

entraînèrent le gigantisme des machines à vapeur, la plus grosse étant la Big Boy, de la compagnie Union Pacific, à laquelle son châssis articulé assurait une grande souplesse dans les courbes.

En janvier 1931, André Michelin présenta le premier véhicule ferroviaire sur pneus, la Micheline. C'était une carlingue d'avion montée sur un châssis d'automobile muni de six roues, pouvant transporter douze passagers. Le pneu ayant une meilleure adhérence que la roue ferrée, il permettait des démarrages et des arrêts plus rapides et amortissait bruit et vibrations. En 1932, la Micheline entama un tour du monde.

PANACHE DE FUMÉE **Les trains ont inspiré cette vision de la puissance de la vapeur à un artiste américain.**

UN DIRECT TRÈS LENT

Un train de banlieue « en continu » fut testé à Londres en 1925. Il roulait sans jamais s'arrêter à la vitesse modeste de 26 km/h et ralentissait considérablement en passant devant les stations. L'expérience ne fut jamais renouvelée.

Triomphe de l'électricité

L'électrification avait été précoce en France et au Japon. En 1938, la ligne Paris-Bordeaux était la première grande ligne française entièrement électrifiée. Le 28 mars 1955, dans les Landes, les ingénieurs français démontraient la fiabilité des trains électriques en réalisant le record mondial de vitesse sur voie ferrée (331 km/h).

Une recherche intensive et des investissements lourds ont porté leurs fruits avec l'apparition en 1978 du TGV (train à grande vitesse) électrique. En 1981, le premier fut mis en service entre Paris et Lyon, sur une voie aux courbes élargies – un usage ingénieux des pentes permet de tirer parti de l'énergie cinétique. La vitesse commerciale des TGV est passée de 270 km/h en 1983 à 300 km/h aujourd'hui, mais une vitesse expérimentale de 515,3 km/h a été atteinte le 18 mai 1990. Eurostar, en service depuis le 14 novembre 1994, relie Paris à Londres en trois heures en passant par le tunnel sous la Manche. Inauguré le 6 mai 1994, c'est l'un des plus grands chantiers du siècle : 50,5 km de long, 40 m en moyenne sous le fond du détroit. Plusieurs pays sont séduits par cette technologie nouvelle. Le TGV allemand (ICE) a été mis en service en juin 1991. Thalys, véritable TGV européen, fait depuis 1997 Paris-Bruxelles-Cologne et Paris-Bruxelles-Amsterdam. Enfin, un consortium franco-anglo-canadien est en passe d'achever un TGV pendulaire entre Washington et New York. Le Japon a également construit un train à grande vitesse pour désembouteiller le trafic aérien : le Shinkansen, qui relie depuis 1964 Tokyo à Osaka. En 1992, le Super Hikari, train à très grande vitesse, a été mis en service.

Les trains de demain

Dans les années 80, des expériences faites en Amérique avec du charbon ne dégageant que peu de fumée et d'autres, en Afrique du Sud, avec des locomotives à vapeur contrôlées électroniquement ont éveillé chez les nostalgiques de la vapeur des espoirs vite déçus. D'autre part, on a pensé également faire appel à un système magnétique : les trains seraient suspendus à quelques centimètres au-dessus de la voie et entraînés par une série d'impulsions magnétiques émanant d'un moteur linéaire à induction. Malgré son coût élevé, un train de ce type dessert en Grande-Bretagne l'aéroport de Birmingham depuis 1984 et des prototypes expérimentaux sont testés au Japon, en Allemagne, aux États-Unis et en Australie.

VITESSE VERTIGINEUSE **Avec le TGV français (en haut) et le Shinkansen japonais (ci-dessus), le frottement subi par les roues est minimal. L'avenir appartient plutôt à un système magnétique, déjà utilisé en Australie (ci-dessous).**

1950 — 2000

- 1955 En France, record mondial de vitesse sur rail : 331 km/h
- 1964 Premier Shinkansen
- 1979 Mise en service du train anglais «125»
- 1981 Mise en service du TGV entre Paris et Lyon
- 1984 Mise en service à Birmingham du petit train magnétique
- 1994 Inauguration du tunnel sous la Manche
- 1997 Thalys, TGV européen

EN PLEIN VOL

MOINS DE CENT ANS SÉPARENT LE PREMIER VOL TIMIDE DE 1903 DES VOYAGES SUPERSONIQUES

Le 17 décembre 1903, le premier vol propulsé effectué par deux marchands de cycles américains, Wilbur et Orville Wright, passa quasiment inaperçu. Leur aéroplane, le *Flyer,* était mû par un moteur à essence relié à une paire d'hélices par une chaîne de bicyclette. À quatre

FRAGILE AÉROPLANE Sur la seule photographie que l'on ait du premier vol propulsé de 1903, Orville Wright est aux commandes et Wilbur debout à droite.

reprises, il se souleva au-dessus de la plage de Kitty Hawk, en Caroline du Nord, et parcourut enfin 260 m avant d'être abattu et dépecé par le vent.

L'avenir semblait appartenir plutôt à des ballons comme le dirigeable à structure rigide construit par le comte allemand Ferdinand von Zeppelin, dont un prototype, le LZI, avait survolé le lac de Constance en juillet 1900. Lorsqu'il eut amélioré ce prototype de 128 m dont les moteurs manquaient de puissance, la première ligne commerciale desservant cinq villes allemandes put entrer en service, en 1909. En octobre 1910, le dirigeable français *Clément-Bayard II* traversa la Manche.

Entre-temps, les frères Wright, de retour dans leur ville natale de Dayton (Ohio), avaient construit un biplan, *Flyer III,* qui se maintint en l'air plus d'une demi-heure. Le pilote pouvait faire voler l'appareil en ligne droite, ou le faire tourner en tirant sur des câbles métalliques qui, fixés à l'extrémité des ailes, en modifiaient la forme. Le premier modèle vraiment viable fut inauguré le 23 juin 1905, mais le goût des Wright pour le secret les empêcha de contribuer significativement à l'essor de l'aviation, qui eut surtout la France pour théâtre. C'est dans la première usine d'aviation, ouverte à Billancourt vers la fin de 1905, qu'eurent lieu des inventions comme le manche à balai et les ailerons mobiles utilisés dans les virages. Ce fut aussi là que le premier monoplan rudimentaire fut construit par le Roumain Trajan Vuia.

Enfin, le 25 juillet 1909 à 4 h 35 du matin, Louis Blériot décolla à Baraques, près de Calais, à bord du monoplan qu'il avait conçu. Il atterrit à Douvres trente-sept minutes plus tard, non sans causer quelque inquiétude aux Britanniques, dont l'un d'eux fit ce commentaire : « L'Angleterre a cessé d'être une île ! »

QUI A INVENTÉ L'AVIATION ?

La nationalité du premier homme à avoir volé à bord d'un avion est le sujet d'âpres querelles, chaque pays proposant un candidat qu'il défend vigoureusement. Aux yeux des Anglais, sir George Cayley, qui, au XIXe siècle, a conçu le premier appareil capable de voler et a suggéré qu'on l'équipe d'un moteur à combustion interne, a droit au titre de « père de l'aviation ». Les Russes mettent en avant Alexandre Mosjaïski, constructeur d'un avion à vapeur qui s'éleva à 20 m au-dessus du sol en 1884. Les Français soutiennent Félix Du Temple, qui prit un brevet pour un avion à vapeur en 1857 et réussit à le faire décoller à partir d'un plan incliné en 1874. Ils sont également fiers de Clément Ader, qui, en 1900, couvrit une distance de 50 m à bord d'un monoplan à vapeur et qui inventa le mot avion. Le fait que le vol des Wright ait été le premier à durer plus de quelques secondes donne le droit aux deux frères de figurer en bonne place sur la liste. Les Allemands leur opposent Gustave Weisskopf – Whitehead, du nom qu'il adopta après avoir émigré aux États-Unis –, réputé avoir effectué un vol de 10 km au-dessus de Long Island en janvier 1902. Son exploit n'a cependant pas eu de témoins alors qu'une photographie atteste celui des Wright.

Des moteurs conçus pour les avions et des carlingues carénées rendirent les appareils plus rapides et plus fiables. En 1910, un anémomètre, indiquant la vitesse du vent, et un appareil radio complétèrent cet équipement.

Le moteur le plus répandu était à cette époque le Gnome, un engin rotatif léger, refroidi par l'air, qui tournait en même temps que l'hélice et qui

PLUS LÉGER QUE L'AIR Le dirigeable Hindenburg à Lakehurst (New Jersey), peu avant l'incendie qui le détruisit et causa la mort de 35 passagers.

1900 — 1950

- 1903 Les frères Wright effectuent le premier vol mécanique
- 1909 Louis Blériot traverse la Manche
- 1910 Vol du premier hydravion
- 1919 Première traversée de l'Atlantique sans escale
- 1933 Premier voyage du Boeing 247
- 1937 Mise à l'essai du premier moteur à réaction par Frank Whittle
- 1939 Vol du premier avion à réaction (HE 178)
- 1949 Mise en service du premier avion à réaction de ligne (Comet 1)

L'AÉRONAVALE **Arrivée d'un Dornier DO X allemand dans le port de New York en 1931. Les hydravions étaient luxueux, mais trop lents.**

permit à la France de jouer à nouveau le premier rôle : par exemple lors du vol d'Henri Fabre sur l'étang de Berre, le 28 mars 1910, à bord d'un biplan de type Wright (le « Canard ») qu'il avait converti en hydravion en remplaçant les roues par des flotteurs. L'aéronavale faisait ses débuts.

L'ère du fuselage aérodynamique

Les avions commençaient à prendre la forme que nous leur connaissons. En 1912, Louis Poulman construisit un Tubavion pour lequel il espérait des débouchés militaires. Un cylindre effilé en contreplaqué lui servait de coque et, en l'absence d'armature, cette enveloppe de bois supportait tout le poids de l'appareil. Le premier fuselage monocoque était né.

Pendant ce temps, en Russie, Igor Sikorsky, encouragé par le tsar, mettait au point le premier quadrimoteur, le *Bolchoï*. D'une envergure de 28 m, il offrait à ses passagers, lors du vol inaugural en 1913, un canapé, des fauteuils et un service de restauration. Avec la Première Guerre mondiale, l'année suivante, « cet hôtel volant » fut converti en bombardier quadrimoteur, le premier du genre.

La guerre stimula l'imagination des constructeurs allemands. Hugo Junkers créa le premier monoplan tout en métal dont les ailes à suspension en porte-à-faux annonçaient l'avenir. La paix revenue, les bombardiers anglais Vickers-Vimy, sortis trop tard de l'usine pour prendre part au combat, effectuèrent la première traversée de l'Atlantique en 1919. Ils étaient équipés de deux moteurs Rolls-Royce, qu'il fallait réviser toutes les cent heures.

En février 1919, la première ligne internationale relia Paris à Londres à 150 km/h. En mai eut lieu la première traversée de l'Atlantique sans escale, de Terre-Neuve à l'Irlande. La pressurisation, qui permet de voler à grande altitude, fut mise à l'étude en 1920.

Pour rester compétitifs, les dirigeables sacrifièrent le confort des passagers à la vitesse et à au rayon d'action, ce qui permit à un zeppelin de survoler le pôle Nord en 1929. Mais l'hydrogène qui servait à les gonfler étant très inflammable, des tragédies survinrent qui condamnèrent ces géants à disparaître rapidement. Les hydravions, agrandis aux dimensions de « paquebots des airs », offraient à leurs passagers un luxe auquel s'associait le sentiment de sécurité que donnait la possibilité de se poser à volonté dans des lieux isolés, au large d'une côte, sur un fleuve ou un lac. En

RAVITAILLEMENT EN VOL

Le premier ravitaillement en vol fut effectué le 12 novembre 1921 par un Américain, Wesley May. Ayant sauté de l'aile de son avion sur celle d'un autre, il remplit le réservoir du second appareil avec le contenu d'un bidon qu'il portait sur le dos. La même opération exécutée à l'aide d'un tuyau reliant deux appareils eut lieu au-dessus de San Diego en juin 1923. Elle fut répétée 15 fois par un De Havilland DH48 lors d'un test d'endurance qui dura 37 h 15 min.

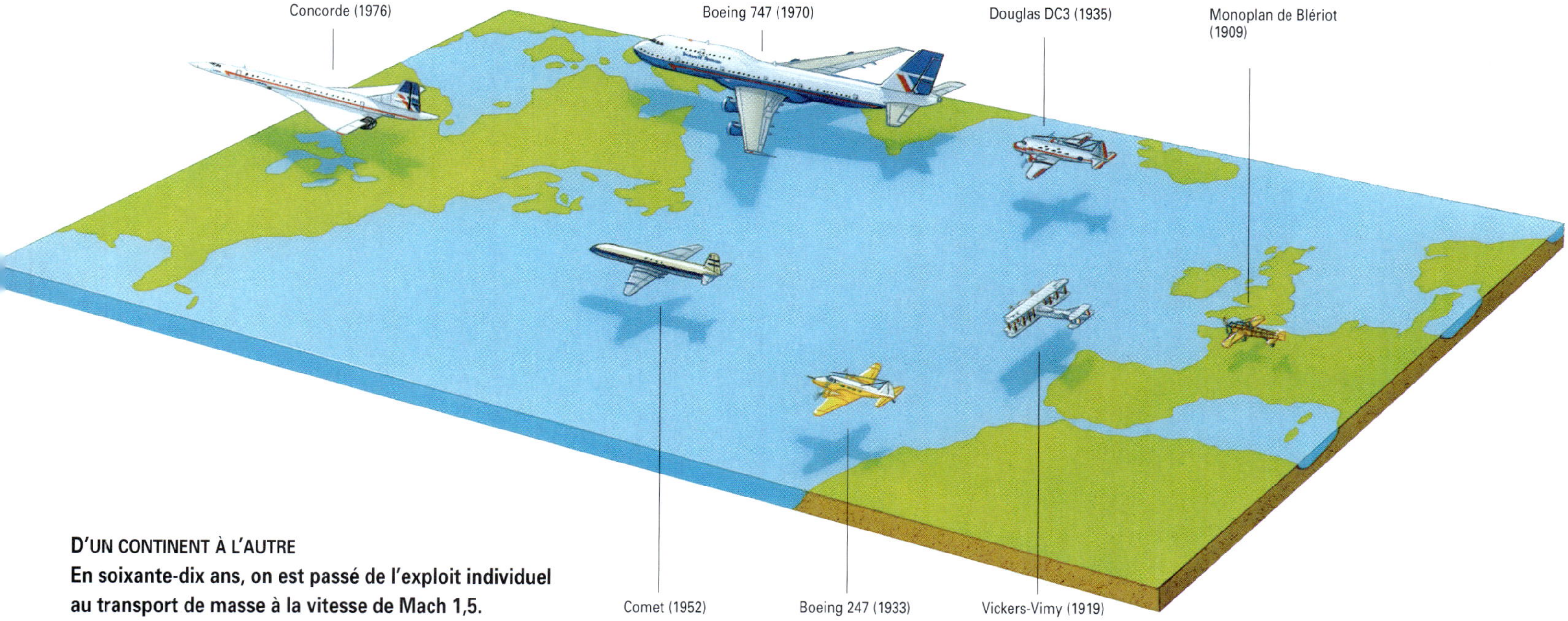

D'UN CONTINENT À L'AUTRE
En soixante-dix ans, on est passé de l'exploit individuel au transport de masse à la vitesse de Mach 1,5.

1950 — **2000**

- 1954 Premier vol du Boeing 707
- 1955 Premier vol de la Caravelle
- 1969 Premier vol du Concorde
- 1970 Le Boeing 747, premier gros-porteur
- 1972 Mise en service des premiers Airbus
- 1988 Premier Airbus A-320 entièrement informatisé

1929, le Dornier DO X, le plus gros engin de l'époque, appartenait à cette catégorie. Ses passagers disposaient d'un bar, d'un fumoir, de salons, de dortoirs, de salles de bains, et il pouvait acccueillir 169 personnes à bord.

SERVICE À BORD

Un café renversé sur un passager en 1930 fut à l'origine de la création du métier d'hôtesse de l'air, la première étant Ellen Church, qui, suivie de beaucoup d'autres, fut engagée par Boeing Air Transport – aujourd'hui United Airlines – sur la ligne Chicago-San Francisco. En 1939, Pan American Airways proposa pour la première fois des repas chauds. Puis un chef de cuisine servit des petits déjeuners de cinq plats et des dîners de six au cours d'un voyage de quarante-deux heures sur un Clipper entre New York, Lisbonne et Marseille.

Le plus grand et le plus moderne hydravion du monde, le *Lieutenant-de-vaisseau-Paris*, construit par la société Latécoère, effectua en décembre 1935 la traversée Dakar-Natal-Fort-de-France et poussa jusqu'en Floride l'année suivante.

LES PREMIERS PAS DU MOTEUR À RÉACTION

L'idée du moteur à réaction vint à l'ingénieur anglais Frank Whittle alors qu'il était étudiant. Il prit un brevet pour son invention en 1930. Voici les termes dans lesquels il décrit la mise à l'essai de cet engin, le 12 avril 1937 :

« Je fis signe d'augmenter la vitesse du démarreur et, quand l'indicateur de vitesse atteignit 2 000 tours par minute, j'ouvris lentement la valve de contrôle principale. Durant une seconde ou deux, la vitesse du moteur augmenta lentement puis, avec un hurlement qui alla croissant, comme celui d'une sirène, elle augmenta rapidement et de grosses taches de chaleur rouges apparurent sur le capot de la chambre de combustion. Le contrôle du moteur m'avait de toute évidence échappé… Cet incident ébranla mes nerfs. Je n'ai jamais eu si peur de ma vie. Je réitérai l'expérience le jour suivant, après avoir apporté des modifications au système de combustion. Les choses allèrent encore plus mal. La folle accélération du moteur commença à partir de 1 500 tours… Je fermai la pompe à combustible, mais la vitesse continua à augmenter. Des langues de feu sortant de la tuyère enflammèrent la vapeur de combustible qui s'échappait par les joints. Des flammes dansaient dans l'air au-dessus du moteur. Averti par ce qui s'était passé la veille, le personnel s'éclipsa. Ce soir-là, Laidlaw (le spécialiste de la chambre de combustion), me fit boire, pour me calmer, de grandes quantités de vin rouge. »

UN PIONNIER DE L'AVIATION Frank Whittle avec son moteur à réaction.

LE PREMIER JET Le Comet 1 De Havilland fut mis en service en mai 1952 (en haut) ; un ingénieur inspecte un de ses moteurs (ci-dessus).

Le premier avion de ligne fut le Boeing 247, dont le vol inaugural eut lieu en février 1933. Ce monoplan bimoteur à aile basse, train d'atterrissage rentrant, système de dégivrage des ailes et pilote automatique volait à 300 km/h et pouvait prendre de l'altitude propulsé par un seul moteur. Un mois après son premier vol, il était exploité par la United Airlines ; avec dix passagers à bord, il ne mettait que vingt heures pour traverser les États-Unis. Il fut cependant supplanté par le légendaire Douglas DC-3 (toujours en service). Les vingt et un DC-3 affectés au transport de passagers, connus sous les noms de Gooney Bird et Dakota, furent les premiers avions de ce type à survoler l'Himalaya.

L'avion à moteur à piston conçu selon le même principe que le moteur à combustion interne Diesel des automobiles ne pouvant plus être amélioré, une solution très différente fut alors imaginée : le moteur à réaction allait se révéler beaucoup plus efficace que son prédécesseur.

Le moteur à réaction

L'avion à réaction tire son origine du réacteur inventé en 1911 par le Français René Lorin, et perfectionné par un autre Français, René Leduc, en 1936. En 1930, Frank Whittle, élève officier à la Royal Air Force, déposa un brevet pour un moteur à réaction. Cette invention n'ayant rencontré qu'indifférence en Grande-Bretagne, ce fut de Rostock, en Allemagne, que le premier avion équipé d'un moteur de ce type s'envola le 27 août 1939. Il était pourvu d'un bloc-moteur puissant conçu par Hans von Ohain, et le terrible hurlement qu'il fit entendre en s'envolant réjouit le cœur du constructeur Ernst Heinkel.

Le concept de cet avion était trop nouveau quand la Seconde Guerre mondiale éclata pour qu'il puisse jouer un grand rôle mais, à la fin des hostilités, la Grande-Bretagne s'attacha à le développer. L'idée qu'eut A. A. Griffith de se servir du flux d'échappement pour faire tourner les hélices fut reprise pour construire le Vickers Viscount, dont le premier vol eut lieu en juillet 1948. Un an plus tard, on assista à la mise en service du premier avion civil à réaction, le Comet I De Havilland, qui pouvait transporter

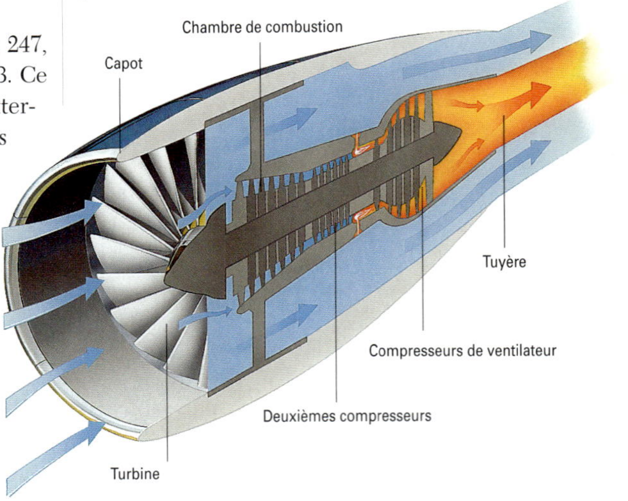

TURBORÉACTEUR Une turbine à gaz ou moteur à réaction aspire l'air, qui est comprimé, mélangé à un combustible et enflammé. Les gaz en expansion sont rejetés, et c'est à la poussée qu'ils exercent que la propulsion est due.

36 passagers à 790 km/h. Mais, après une série d'accidents mortels, il fut retiré du service en 1953. En 1957, le constructeur américain Boeing mit en service le Boeing 707 (179 passagers à 912 km/h). Le Boeing 747, premier avion de ligne capable de voler à une vitesse approchant celle du son, avec près de 500 passagers répartis sur deux ponts, effectua son premier vol commercial en 1970.

Le premier avion de transport à réaction français, la Caravelle, s'envola le 27 mai 1955. Construit à Toulouse selon des concepts révolutionnaires, il pouvait effectuer des atterrissages semi-automatiques. Sa vitesse moyenne était de 860 km/h, sa capacité de 64 (puis 140) passagers.

1900 — 1950

- 1903 Les frères Wright effectuent le premier vol propulsé
- 1909 Louis Blériot traverse la Manche
- 1910 Vol du premier hydravion
- 1919 Première traversée de l'Atlantique sans escale
- 1933 Premier voyage du Boeing 247
- 1937 Mise à l'essai du premier moteur à réaction par Frank Whittle
- 1939 Vol du premier avion à réaction, le HE-178
- 1949 Mise en service du premier avion à réaction de ligne, le Comet 1

La première collaboration franco-britannique aboutit à la construction du Concorde, premier avion civil supersonique, qui vola pour la première fois le 2 mars 1969, à la vitesse de Mach 1,5 (1 500 km/h). Il résultait des travaux menés dès 1962 par l'Aérospatiale (France) et British Aircraft (Grande-Bretagne) pour l'avion lui-même, ainsi que la Snecma (France) et Rolls-Royce (Grande-Bretagne) pour l'ensemble propulsif. L'élégant appareil aux ailes delta et à la coque en alliage d'aluminium pouvait transporter cent passagers à Mach 2 et traverser l'Atlantique en deux fois moins de temps que les autres avions. Sa forte consommation et le bruit accompagnant le passage du mur du son contrebalançaient néanmoins ces avantages. Quatorze appareils seulement ont été mis en service depuis 1976, et ils n'eurent le droit de passer le mur du son qu'au-dessus de l'océan.

Par la suite, les constructeurs se préoccupèrent surtout d'améliorer les performances des moteurs à réaction : les premiers étaient en effet bruyants et trop gourmands en combustible.

À l'accroissement de la sécurité répondit une meilleure efficacité dans la recherche des causes des rares accidents. L'invention par un chimiste australien, David Warren, de l'« œuf rouge », un enregistreur de données de vol pratiquement indestructible, rebaptisé ensuite boîte noire, y contribua. Réservés aux plus fortunés, les avions d'affaires à réaction, pour la plupart de petits bimoteurs, virent le jour dans les années 70. Le modèle le plus en vogue fut le BD-10, premier avion supersonique privé. Ce biplace à deux moteurs construit par l'américain Jim Bede, qui pesait 113 kg et dont la longueur était de 9 m, pouvait être mis à l'abri dans un garage. Il n'en volait pas moins à deux fois la vitesse du son et montait à 6 000 m en une minute.

DANS LE VENTRE DE L'AVION Des ingénieurs travaillent dans le vaste intérieur de l'Airbus européen, premier avion à commande électrique.

Les avions de l'avenir

Le BD-10 dut son succès à la forme de ses ailes et au composite léger et solide dont il était fait. Les qualités de ce type de matériau avaient été démontrées par le *Voyager*, un engin créé par l'Américain Burt Rutan qui faisait le tour du monde – 39 980 km – d'une traite, sans s'arrêter pour se ravitailler.

L'Amérique avait exercé jusque-là sur l'aviation civile une domination que les firmes européennes réussirent à remettre en question en s'associant.

PAR-DELÀ LE MUR DU SON Malgré sa rapidité et son élégance, le Concorde franco-britannique ne fut pas une réussite commerciale.

La France (Aérospatiale), l'Allemagne (MBB), l'Espagne (Casa), la Grande-Bretagne (British Aerospace), la Belgique (Belairbus) participèrent à la mise au point de l'Airbus, premier moyen-courrier à réaction. L'Airbus A-320, premier avion civil entièrement informatisé, sortit en mars 1988. C'est l'appareil de ligne le plus moderne de sa catégorie, et il est particulièrement économique et sûr. Puis, en 1992-1993, Airbus Industrie a construit des longs-courriers sur le même modèle, l'A-330 et l'A -340.

L'électronique connut de nouvelles applications avec le Boeing 777, un biréacteur dont les huit millions de pièces sont conçues par ordinateur à l'aide de la nouvelle technologie de création de modèles en trois dimensions, et sont fabriquées avec des matériaux composites jamais encore utilisés. Ses moteurs développent une puissance 40 fois supérieure à celle des autres engins sans faire plus de bruit qu'eux.

Des progrès furent aussi faits dans l'hôtellerie de bord. Dans les années 70, des films vinrent s'ajouter aux bandes sonores proposées aux passagers et, vers 1995, la société GEC-Marconi mit au point un système électronique permettant d'équiper les sièges d'une vidéo interactive avec commande individuelle.

Ayant dépensé en vain des milliards de dollars pour rivaliser avec le Concorde, les Américains décidèrent de se lancer dans des recherches à long terme appliquées à des vols effectués à des vitesses très supérieures à celle du son. Au milieu des années 90, ils étudiaient, ainsi que les Européens, des aéronefs de l'espace capables, en sortant du champ de l'attraction terrestre et en y rentrant, de réduire considérablement les temps de vol et de couvrir par exemple une distance comme celle séparant New York de Tokyo en trois heures.

1950 — 2000
1954 Premier vol du Boeing 707
1955 Premier vol de la Caravelle
1969 Premier vol du Concorde
1970 Le Boeing 747, premier gros-porteur
1972 Mise en service des premiers Airbus
1988 Premier Airbus A-320 entièrement informatisé

BONDS ET SPIRALES

DE LA TOUPIE VOLANTE À L'HÉLICOPTÈRE

En jouant à la toupie, nos ancêtres avaient déjà, sans le savoir, inventé l'hélicoptère... Le premier vol piloté, réalisé par le Français Paul Cornu, marchand de cycles comme les Wright, ne date pourtant que du 13 novembre 1907 : Cornu réussit à se maintenir en l'air vingt secondes à bord d'une machine rudimentaire propulsée par un gros moteur. Elle se brisa en morceaux en atterrissant.

Concevoir un hélicoptère pose des problèmes si ardus qu'aucun projet n'avait abouti lorsque, vers le milieu des années 20, l'Espagnol Juan de la Cierva inventa l'autogire en fixant un rotor à quatre pales tournant librement sur la carlingue d'un monoplan. Le rotor n'était pas relié au moteur, et c'était l'action de l'air ainsi déplacé qui faisait tourner les pales ; celles-ci créaient une force de sustentation même lorsque le moteur était à l'arrêt, ce qui permettait à l'appareil de descendre à la verticale en toute sécurité. Le rotor est largement dû à l'invention du Français René Dorand sur la « variation cyclique du pas ».

TOUPIE VOLANTE Populaire dans les années 30, l'autogire inventé par Juan de la Cierva en 1919 fut l'objet d'un regain d'intérêt dans les années 90.

Le premier vol effectué par Juan de la Cierva date du 9 janvier 1923. En 1928, il traversa la Manche avec un passager à bord d'un modèle amélioré dans lequel le rotor remplaçait totalement les ailes. Des centaines d'autogires furent construits dans les années 30 mais, Juan de la Cierva étant mort dans un accident en 1936, l'intérêt soulevé par son invention disparut. Le 26 juin 1936, un ingénieur allemand, Heinrich Focke, présenta un nouveau modèle, le Fa-61, dans lequel deux rotors montés sur un axe à pas variable et tournant en sens inverse apportaient une solution au difficile problème du contrôle de la direction.

LE PÈRE DE L'HÉLICOPTÈRE Igor Sikorski mit trente ans à perfectionner l'hélicoptère, appareil qui, une fois équipé (en 1950) d'un moteur à réaction, tint toutes ses promesses.

Hélicoptères modernes et avions à décollage et atterrissage verticaux

L'hélicoptère moderne a été inventé par Igor Sikorsky, un Russe émigré aux États-Unis qui eut l'idée de placer un petit rotor anticouple sur la queue de l'appareil. Le VS-300 très maniable qu'il construisit prit l'air pour la première fois le 14 septembre 1939 et servit de modèle à des centaines d'appareils du même type – minuscules insectes ou effrayantes machines de guerre. Il fut facile, en temps voulu, de les équiper de moteurs à réaction qui leur fournirent la puissance qui leur avait manqué jusque-là. Le premier hélicoptère équipé d'une turbine à gaz décolla de Villacoublay en avril 1951. En 1955, l'Alouette II, sortie de l'Aérospatiale en 1955, établit la réputation de cet appareil.

En Angleterre, les spécialistes réfléchissaient depuis 1941 aux moyens d'utiliser la formidable poussée développée par les moteurs à réaction pour propulser un aéronef à la verticale, et un engin expérimental avait été mis au point entre 1954 et 1957. Des recherches ultérieures aboutirent à la construction du premier ADAV (Avion à décollage et atterrissage verticaux), du Short SCI et du Hawker-Siddeley Harrier. Les énormes besoins en énergie de ce type d'appareil limita son utilisation à des fins militaires, mais les recherches entreprises à son sujet conduisirent à la construction d'un ADAV destiné aux lignes d'appoint desservant les centres urbains à forte population. En 1991, l'Osprey V-22, un prototype mixte conçu par Bell et Boeing, prit l'air. Cet appareil à deux rotors décolla à la façon d'un hélicoptère et, une fois en vol, les moteurs placés en bout d'aile pivotèrent de 45° vers l'avant pour prendre la position qu'ils ont dans un avion traditionnel.

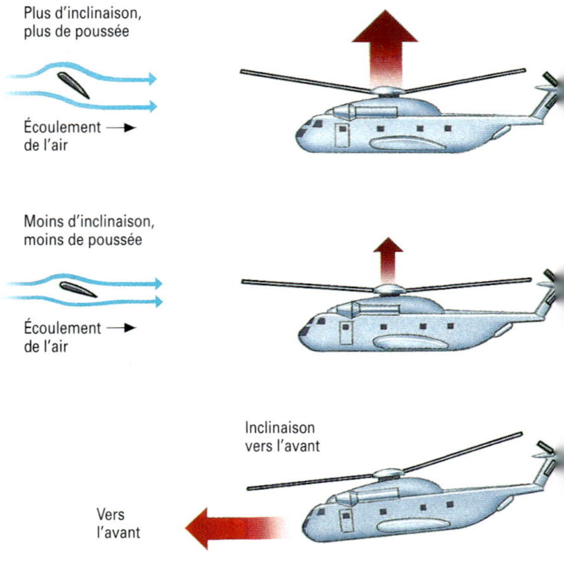

LE VOL DE L'HÉLICOPTÈRE L'ascension et la descente dépendent de l'inclinaison des pales (en haut et au milieu), et la direction de celle du rotor (en bas).

1900 — 2000

1907 Premier vol d'un hélicoptère piloté
1919 Autogire de Cierva
1936 Premier hélicoptère utilisable
1939 VS-300 de Sikorsky
1954 Le Flying Bedstead (Lit-cage volant)

HYDROPTÈRES ET AÉROGLISSEURS

UN BATEAU GLISSANT SUR COUSSIN D'AIR RENCONTRE MOINS DE RÉSISTANCE

Au début du siècle, un aristocrate français et un ingénieur italien réalisèrent un vieux rêve : un bateau qui se déplacerait en effleurant la surface plutôt qu'en fendant l'eau, selon le principe qui avait été défini par l'ingénieur français Joseph Farcot en 1869. Le projet auquel le comte Charles de Lambert travaillait depuis vingt ans se matérialisa en 1906 sous la forme d'un bateau à fond plat, équipé d'un moteur d'avion et d'une hélice aérienne, qui « hydroplana » au-dessus d'un plan d'eau calme à la vitesse, phénoménale pour l'époque, de 60 km/h. Enrico Forlanini fit mieux. En utilisant le principe de la sustentation, force naturelle qui maintient les avions en l'air, il construisit un hydroptère, appareil qui, maintenu au-dessus de l'eau par des ailes portantes submergées, ne rencontre pas de résistance.

Ces premiers hydroptères avaient l'inconvénient de consommer beaucoup de carburant. En 1937, un modèle dessiné par Hans von Schertel n'en fut pas moins affecté au transport de passagers sur le Rhin. Dès les années 50, une fonction spécifique fut assignée aux appareils de ce type, qui servirent de ferry-boats, surtout en Union soviétique, où le Raketa, lancé en 1957, offrait une capacité de cent places. Il effectuait plus de 150 trajets par an et transportait 20 millions de personnes. L'apparition d'hydroptères propulsés par un moteur à réaction fut la conséquence logique de cette évolution. L'un d'entre eux, équipé de deux turbines à gaz, fut utilisé à Hong Kong en 1974.

SURVOLER LES FLOTS **Le principe du coussin d'air a de nombreuses applications. On peut s'en servir pour soulever un gros bateau comme l'aéroglisseur transmanche (ci-dessus) ou une quatre-roues équipée d'un pulvérisateur d'insecticides (ci-contre).**

L'aéroglisseur moderne

Une solution plus hardie fut proposée par un constructeur américain de Norfolk, Christopher Cockerell : appliquant un principe posé au début du XVIIIe siècle par le philosophe suédois Swedenborg, il eut l'idée de faire flotter un bateau sur une couche d'air. Inauguré en 1959, le premier appareil de ce type provoqua un étonnement qui se mua en enthousiasme lorsqu'un SR-N1 traversa la Manche, le 25 juillet, pour le cinquantième anniversaire du vol de Blériot.

Ce bateau massif pesait 7 tonnes. Un moteur placé en son milieu générait un courant d'air descendant suffisamment violent pour le maintenir au-dessus de l'eau et développait assez de puissance pour le propulser dans un nuage d'écume. Par la suite, une « jupe » caoutchoutée enveloppant la coque permit de réduire les effets négatifs de la pression, et l'appareil put naviguer sur des eaux agitées. Mais il fallut attendre neuf ans pour qu'un service régulier soit organisé en Manche avec le SR-N4, beaucoup plus grand. Une version de dimension plus importante encore, pouvant accueillir quatre cents passagers et cinquante-cinq véhicules, fut introduite en 1978, mais l'aéroglisseur, exigeant trop d'entretien et trop de carburant, ne put jamais jouer le rôle de gros transporteur.

Le catamaran pourfendeur de vagues, conçu en Australie en 1980 par Robert Clifford et Philip Hercus, est un énorme deux-coques pouvant naviguer sur des eaux très agitées et transporter quatre cents passagers et quatre-vingts véhicules.

Le « Poisson Volant », aéroglisseur conçu en Allemagne pour glisser comme un grand oiseau marin à la surface de l'eau, est l'exemple le plus parfait du mariage de deux technologies, nautique et aéronautique. Ses ailes trapues qui rabattent l'air lui permettent de se déplacer à 120 km/h hors de l'eau.

Le premier appareil de série, produit en 1995, était un engin à deux places équipé d'un moteur de motocyclette, mais d'éventuels perfectionnements pourraient lui permettre d'effectuer, à l'avenir, le transport de marchandises en moins de temps qu'un bateau et à moindre coût qu'un avion.

LES APPLICATIONS DE L'AÉROGLISSEUR

Bien qu'inventé en Grande-Bretagne, l'aéroglisseur fut accueilli avec indifférence dans ce pays, et c'est ailleurs qu'il fut perfectionné à partir de 1980, surtout aux États-Unis et en URSS, où il donna toute sa mesure en tant que véhicule militaire d'attaque.

Parmi les diverses applications conçues à partir du même principe, il faut citer un lit fluidisé destiné aux grands brûlés, inventé en 1961 par un médecin anglais, John Scales, et la tondeuse Flymo, commercialisée en 1963. Des palettes à coussins d'air aptes à faciliter la manutention d'objets lourds firent aussi leur apparition dans les usines. Certains perfectionnements ont été apportés dans les années 90 par le fabricant français d'un petit aéroglisseur en fibre de verre sous la forme d'un gouvernail profilé, d'une jupe comportant des « doigts » pouvant être remplacés séparément et d'une unité motrice scellée, et donc à l'abri de l'action corrosive de l'eau de mer.

1900 — 2000

1906 L'hydroglisseur de Charles de Lambert

1959 Premier aéroglisseur

1974 Mise en service à Hong Kong d'un aéroglisseur à réaction

MUTATIONS DANS LA MARINE

QUAND LES VOYAGISTES S'EN MÊLENT, LES TRAVERSÉES PERDENT DE LEUR CHARME

C'était la vapeur, et parfois même encore les voiles qui propulsaient les navires à l'aube de notre siècle. En 1911, le point culminant de cette histoire ancienne fut atteint avec le lancement du cinq-mâts *France II*, le plus grand voilier de tous les temps (126 m).

L'adoption de la turbine à vapeur révolutionna la marine. Son apparition date des fêtes du soixantième anniversaire du couronnement de la reine Victoria, en 1897 : lors d'une revue navale organisée à cette occasion, un minuscule bateau baptisé *Turbinia* évolua à la vitesse fabuleuse de 34,50 nœuds à l'heure (64 km), ses cheminées crachant des flammes. En 1901, le *King Edward*, premier navire de commerce équipé de turbines, fut mis à flot dans l'estuaire de la Clyde, en Écosse. Les turbines sont mues par de la vapeur qui, chauffée et mise sous pression dans des chaudières, fait tourner une série de pales et d'ailettes accouplées à un arbre dont elles assurent la rotation. Les vaisseaux de guerre et les navires marchands adoptèrent bientôt ce mode de propulsion.

Le moteur Diesel pour bateau suivit de peu la turbine à vapeur. Testé d'abord en 1902 sur une péniche française, le *Petit-Pierre*, il fut installé deux ans plus tard sur le *Vandal*, un pétrolier russe construit à Saint-Pétersbourg pour être mis en service sur la Caspienne. Le caractère économique du moteur Diesel constituait son principal attrait. Plus légers et moins volumineux que les turbines, les engins de ce type laissaient en outre plus de place aux marchandises et, à partir des années 30, la plupart des cargos en étaient équipés ainsi que tous les navires de ligne, sauf les plus grands.

LA REINE DE L'ATLANTIQUE Le *Queen Mary* avant son lancement sur la Clyde, en Écosse, en 1934. Ce paquebot traversait l'Atlantique en trois ou quatre jours avec 2 000 passagers à son bord.

Brise-glace nucléaires

Des perfectionnements apportés aux chaudières ayant accru l'énergie générée par les turbines, les coques subirent à leur tour des modifications. En 1908, sir John Isherwood fit breveter un système de cloisons que l'on renforça, pour plus de solidité, par une charpente. Cette précaution n'empêcha pourtant pas l'« insubmersible » *Titanic*, le plus grand navire de l'époque, d'être éventré par un iceberg, le 15 avril 1912, faisant 1 490 morts.

LE GÉNIE AMOUREUX

Une envie de glace par une chaude journée d'été est à l'origine de l'invention du hors-bord en 1906. Ole Evinrude avait 29 ans quand il traversa à la rame le lac Okauchee, dans le Wisconsin, pour porter des crèmes glacées à Bess, sa fiancée. La glace, bien sûr, fondit, mais l'expérience donna une idée à l'immigrant norvégien : après des heures de bricolage, Ole parvint à assembler un moteur à combustion interne, une boîte de vitesses et un arbre d'hélice, puis à fixer le tout à l'arrière du canot.

La soudure électrique se substitua peu à peu au rivetage, dès que la supériorité de cette technique, du point de vue du délai de construction et des performances du bâtiment, fut démontrée en 1920, lors du lancement du *Fullagar*. On modifia la forme de la proue des navires pour qu'elles puissent fendre plus efficacement les vagues. Testé pour la première fois en 1962, l'avant en forme de

LE LUXE À LA FRANÇAISE SUR L'EAU...

Qu'ils s'appellent *Paris, Normandie, Île-de-France* ou *France,* ces paquebots ont symbolisé l'Hexagone sur les mers et, en particulier, sur la mythique ligne transatlantique, entre Le Havre et New York. Mêlant raffinement extrême et performance, ils furent les ambassadeurs flottants du luxe et de la technologie françaises. Rien n'était trop beau pour les passagers privilégiés, et la « Transat », plus qu'un mode de transport, fut d'abord un style de vie.

Mis en service en 1921, le *Paris* mesurait 234 m, comptait onze étages de ponts et emportait 3 246 passagers à la vitesse de 22 nœuds. L'*île-de-France*, qui lui succéda en 1927, long de 241 m, offrait aux plus fortunés de ses 1 500 voyageurs de vastes cabines pourvues de salles de bains. La crise économique de 1929 freina lourdement sa carrière.

Véritable palace flottant de 30 500 tonnes , le *Normandie*, premier navire de plus de 300 m, fut lancé en 1935. Il effectua 139 traversées transatlantiques avant de couler dans le port de New York en 1942, à la suite d'un incendie. Surnommé « le vaisseau de lumière », il marqua un apogée, avec son aménagement d'un luxe inouï, sa salle à manger plus longue que la Galerie des Glaces du château de Versailles et ses perspectives grandioses.

BATEAUX DE LUXE Le *Normandie* (à gauche, son grand salon) et le *France* (ci-dessus) ont témoigné, sur l'Atlantique, de la permanence du luxe et du raffinement français.

1900 — 1950

- 1901 Premier navire marchand équipé de turbines à vapeur
- 1904 Premier pétrolier équipé d'un moteur Diesel
- 1907 Lancement du paquebot *Mauritania*
- 1911 Lancement du voilier *France II*, long de 126 m
- 1931 Le *Conte di Savoia* italien est équipé de stabilisateurs
- 1935 Lancement du *Normandie*
- 1938 Lancement du *Queen Elizabeth*

DES COLOSSES SUR LA MER Cette photo de l'*Esso Northumbria* prise en 1975 rend bien l'impression de force brute créée par les pétroliers géants.

bulbe de conception japonaise qui permet de faire des économies d'énergie résultait de recherches menées en 1929, époque où le *Bremen*, un navire de ligne, avait été doté, au niveau de la ligne de flottaison, d'une courbure dirigée vers l'avant.

L'énergie nucléaire ouvrit de nouvelles perspectives grâce à l'uranium, combustible durable et de faible volume qui permettait d'augmenter le rayon d'action des bâtiments. Les Russes montrèrent la voie avec le *Lénine*, brise-glace expérimental sorti des chantiers navals en 1959. Exigeant mille hommes d'équipage, il était capable de se frayer un passage dans une croûte de glace de 2,50 m d'épaisseur. Avec leur enceinte de protection, ses trois réacteurs nucléaires pesaient 3 000 tonnes. Les Américains furent les premiers à étendre cette technologie à la marine marchande. Le cargo nucléaire *Savannah* fut mis en service en 1963 et désarmé en 1967. Entre-temps, le Japon avait lancé le *Matsu* et l'Allemagne de l'Ouest le *Otto Hahn* sans plus de succès. Le coût d'exploitation élevé et les craintes du public concernant les radiations limitèrent le développement de ce type de bâtiments.

Après la guerre, l'*Île-de-France*, entièrement rénové, reprit du service en juin 1949, avant d'être désarmé trois ans plus tard.

Le *France*, merveille de raffinement et de technique, fut lancé le 11 mai 1960 ; il effectua sa première traversée l'année suivante. Son aventure dura treize ans, au cours desquels il assura 377 traversées et 93 croisières. Pour des raisons sociales, économiques et politiques, il fut désarmé et resta cinq ans à quai, abandonné, avant d'être vendu. Rebaptisé *Norway*, et largement modifié en navire de croisière, il continue de sillonner les mers.

La construction en série pratiquée pendant la Seconde Guerre mondiale conduisit, dans les années 60, à l'adoption de méthodes entièrement nouvelles. Les coques furent fabriquées par modules, transportés par des véhicules géants

PÉTROLIERS À VOILE Un ordinateur contrôle la direction des voiles rigides de ce pétrolier, dont la marche se trouve ainsi accélérée ; l'augmentation du prix du pétrole est à l'origine de cette innovation japonaise.

jusqu'au chantier naval, où ils étaient assemblés et soudés. Pour subvenir aux besoins croissants du commerce mondial, les ingénieurs travaillaient à de nouveaux types de bâtiments. Le transport de gaz liquéfiés dans des citernes à haute pression fut inauguré par Methane Pioneer, qui assura en 1959 celui d'un chargement de gaz naturel entre la Louisiane et un terminal situé sur l'île de Canvey, près de Londres. À partir de 1964, des porte-conteneurs spécialement conçus, avec soutes cellulaires et ponts aménagés, furent construits pour remplacer les cargos.

Pétroliers géants

Les premiers pétroliers géants (pouvant transporter plus de 75 000 tonnes) apparurent en 1968 et le premier navire-citerne d'une contenance de 500 000 tonnes, le *Globtik Tokyo*, fut lancé en 1972. Ce monstre flottant de près de 400 m de long était équipé de turbines à vapeur accouplées à un seul arbre de transmission. Il était tellement automatisé que seule la présence de deux ingénieurs était requise dans la salle de contrôle.

L'augmentation récente du prix du pétrole a eu des conséquences surprenantes. Le dernier navire de commerce à voiles avait été désarmé en 1936. Mais, à partir de 1980, des caboteurs japonais furent équipés de mâts portant des voiles rigides dont un moteur électronique modifie la direction en fonction de celle du vent. Des économies de 50 % de combustible sont ainsi réalisées. Les mêmes résultats ont été obtenus en France à un stade expérimental avec des bâtiments comportant des cylindres rotatifs ou turbovoiles fixés au mât.

1950 — 2000

1959 Le *Lénine*, premier navire à propulsion nucléaire

1960 Lancement du *France*

1968 Mise en service du premier pétrolier géant

SONDER LES PROFONDEURS DES OCÉANS

DU SCAPHANDRE AU ROBOT PLONGEUR

Pendant longtemps, les plongeurs vêtus de scaphandres encombrants et de casques ont dû se limiter à des fonds de 20 m, où la pression n'est pas supérieure au double de la pression atmosphérique. S'ils descendaient plus bas, ils risquaient de souffrir d'aéropathie, ou mal des caissons, affection très douloureuse et parfois fatale due aux changements de pression et causée par la formation de bulles dans le sang de celui qui remonte à la surface. En 1928, Robert Davis inventa la chambre de décompression submersible dans laquelle on faisait séjourner le plongeur pour le préparer peu à peu au retour aux conditions atmosphériques. La marine française poursuivit les recherches et en 1936, l'idée du commandant Le Prieur – une bouteille d'air comprimé reliée à un masque étanche – aboutit en 1943 grâce au commandant Jacques-Yves Cousteau, assisté d'un spécialiste des valves, au scaphandre autonome. Pendant la Seconde Guerre mondiale, cet équipement très simple devait permettre aux plongeurs de se transformer en hommes-grenouilles et rendre ainsi possible l'exploration des champs pétroliers sous-marins.

Les bâtiments se déplaçant sous l'eau (submersibles) constituaient un autre moyen d'exploration. Jusqu'en 1930, les sous-marins ne pouvaient guère s'éloigner de la surface à cause des énormes pressions s'exerçant sous l'eau. L'Américain Otis Barton construisit alors une sphère de métal creuse capable de résister à cette poussée. Son bathysphère lui permit de descendre à 417 m de profondeur au bout d'un câble, en compagnie d'un scientifique nommé Beebe. En 1934, il effectua une plongée de 923 m aux Bermudes. Au bathysphère succéda le bathyscaphe, appareil de plongée construit en 1948 par le Suisse Auguste Piccard. La marine américaine ayant repris le projet, le lieutenant Don Walsh et le fils de l'inventeur, Jacques Piccard, descendirent le 23 janvier 1960 avec le *Trieste,* un batyscaphe amélioré, à une profondeur de 10 916 m dans la fosse du Challenge, la plus profonde du monde, dans le Pacifique. Cette exploration révéla l'existence de la vie dans les profondeurs océaniques.

En 1958, le commandant Cousteau construisit des « soucoupes plongeantes », dans lesquelles deux personnes pouvaient descendre à 300 m. Les premières études sur les effets de l'immersion en eau profonde furent conduites dans Sealab, station de recherche sous-marine américaine. En 1960, des chercheurs séjournèrent à plusieurs reprises durant plus de deux semaines dans Sealab III. Les explorations par robot débutèrent en 1970 avec RUM (Remote Underwater Manipulator, manipulateur sous-marin contrôlé à distance). Ce submersible américain, doté de caméras et d'une pince articulée, et relié à un navire par un câble, se déplace sur les fonds océaniques à 3 000 m de profondeur. Le robot Jason fut ainsi le premier à visiter l'épave du *Titanic* tandis qu'*Alvin*, un sous-marin de recherche, attendait non loin.

En 1987, les Français explorèrent à leur tour le *Titanic* avec le *Nautile,* créé par l'Ifremer en 1985. Cette sphère en alliage de titane de 15 cm d'épaisseur, avec caméras et bras télécommandés en fibre de carbone, peut emporter trois personnes jusqu'à – 6 000 m. La même année, les Russes lancèrent les deux sous-marins de recherche les plus rapides au monde – *Mir 1* et *2*. En 1989, le *Shinkai 6500* japonais descendit à – 6 498 m. L'exploration de la du plancher océanique par des engins habités était dès lors envisageable. En 1997, l'Ifremer a lancé un robot d'observation piloté depuis un navire et doté de six caméras vidéo.

SOUS PRESSION

La médecine a tiré parti de la chambre de décompression utilisée pour les plongeurs pour soigner les victimes de certains traumatismes. Une chambre à atmosphère comprimée et de l'oxygène aide leur organisme à reprendre ses fonctions normales.

EXPLORER LE MONDE DU SILENCE

Une valve du type de celles utilisées pour les cuisinières à gaz fut à l'origine du scaphandre autonome dans lequel la respiration du plongeur se fait par l'arrivée de l'air contenu dans une bouteille portée sur le dos.

C'est au Français Jacques-Yves Cousteau que l'on doit la révolution qui transforma la plongée sous-marine. En 1952, il fabriqua une caméra pouvant filmer sous l'eau et mit à la portée du grand public les merveilles du monde sous-marin. Une grue de prise de vue y fut ajoutée en 1954 ainsi que la première caméra 35 mm. Pionnier de l'archéologie sous-marine, Cousteau fut le premier à explorer d'anciennes épaves.

En 1990, l'Américain Al Giddings dota les caméras de boîtiers capables de supporter des pressions 600 fois supérieures à la normale. Associée à la lampe haute intensité à vapeur de mercure utilisée par Robert Ballard lors de sa deuxième visite au Titanic, cet équipement offre des possibilités illimitées d'exploration des fonds sous-marins.

ÉPAVE CÉLÈBRE L'hélice géante du *Titanic* gisant au fond de l'océan apparaît sur cette photo du submersible *Mir* prise en 1991.

1900 — 1950

1928 Invention de la salle de décompression

1930 La bathysphère d'Otis Barton

1936 La bouteille de plongée du commandant Le Prieur

1943 Le scaphandre autonome du commandant Cousteau

1948 Le bathyscaphe d'Auguste Piccard

1949 Première plate-forme pétr

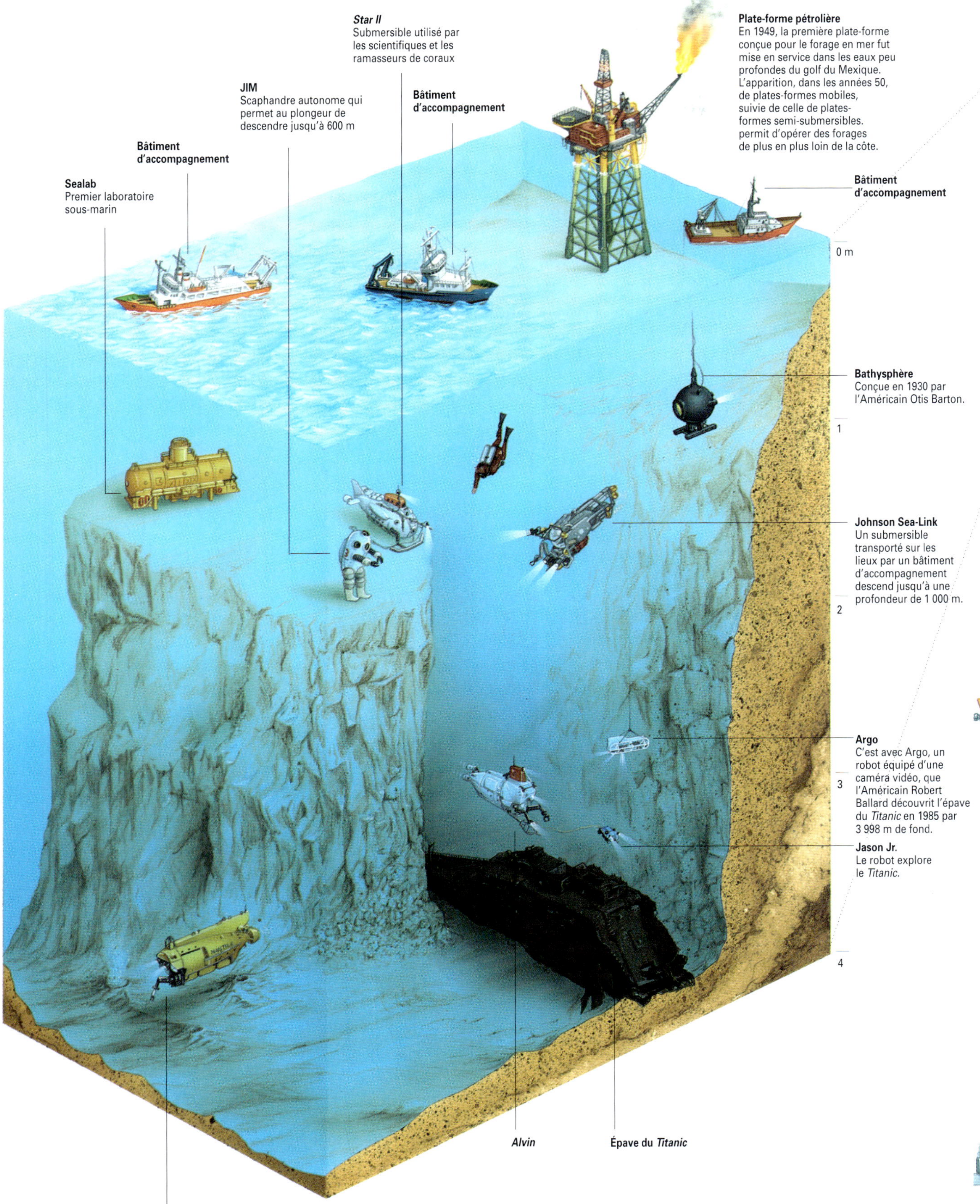

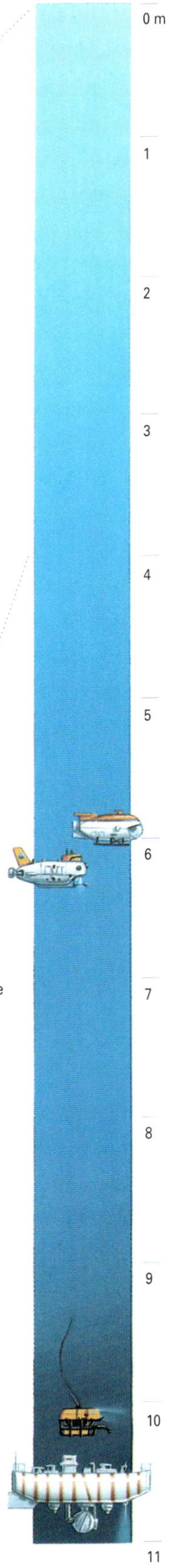

SOUS LES MERS Une série d'inventions permit en soixante ans de descendre au fond des océans et de commencer l'exploration de cet univers jusque-là impénétrable.

1950 — 2000

- 1960 Le *Trieste* (non habité) descend jusqu'à –10 916 m
- 1968 Le *Glomar Challenger*, navire de forage américain
- 1985 Le *Nautile* (habité) doté de bras télécommandés
- 1987 Soucoupes *Mir 1* et *2*
- 1989 Le *Shinkai* (habité) descend jusqu'à – 6 498 m
- 1997 Le ROV 6000, premier robot des grandes profondeurs

ÉCHAPPER À L'ATTRACTION TERRESTRE

DES ARMES STRATÉGIQUES AUX LANCEURS DE SATELLITES ET DE VÉHICULES SPATIAUX

C'est un instituteur russe, Konstantin Tcholkovski, qui conçut le premier le moyen d'aller dans l'espace. En 1898, ayant étudié l'aérodynamique dans une soufflerie, il en conclut qu'un moteur à oxygène liquide développerait assez de puissance pour propulser une fusée à étages. Le résultat de ses recherches fut publié en 1903, l'année du vol des frères Wright.

Par la suite, des scientifiques essayèrent d'appliquer ses théories. De 1909 à 1925, un Américain, professeur de physique, Robert Hutching Goddard, travailla à la mise au point d'un moteur de fusée à essence minérale dont la combustion serait assurée dans l'environnement sans air par de l'oxygène transporté à bord. Les gaz brûlés produiraient une force rétroactive propulsant la fusée en sens contraire. Goddard réussit ainsi à lancer, le 16 mars 1926, la première fusée à propergols liquides, qui effectua un vol de près de 60 m. Le terme d'aéronautique fut introduit en 1927 par le Français Robert Esnault-Pelterie, qui contribua à la mise au point des moteurs-fusées à combustible liquide.

En 1929, Goddard lança la première fusée avec instruments embarqués (un baromètre, un thermomètre et un appareil photo), et en 1935, un engin qui s'éleva à 2 286 m. Alors qu'il travaillait seul, deux Allemands, Hermann Oberth et Walter Hohman, calculaient les orbites sur lesquelles placer les fusées pour leur faire atteindre les autres planètes. Leur assistant, Wernher von Braun, construisit en 1934 les prototypes d'une fusée à longue portée propulsée par un moteur à alcool éthylique et oxygène liquide. Ces travaux colossaux aboutirent en octobre 1942 au lancement de l'A-4. Cette fusée révolutionnaire de 12 tonnes s'éleva à 96 km et parcourut 320 km à une vitesse 5 fois supérieure à celle du son. Chargé d'explosifs et transformé en V-2, ce premier missile stratégique préfigurait toutes les fusées spatiales. En 1945, les Américains récupérèrent des V-2, y embarquèrent des instruments à la place des explosifs et les envoyèrent dans les hautes sphères de l'atmosphère. Après la guerre, les 120 spécialistes allemands, émigrés aux États-Unis, y apportèrent leurs plans pour construire des fusées de 4 étages, et une station spatiale.

Le 4 octobre 1957, un signal radio dont l'émetteur semblait faire le tour de la Terre provoqua l'émoi général. On sut très vite qu'il émanait du premier satellite artificiel baptisé Spoutnik (Compagnon de route), lancé en secret par les Soviétiques. Cette sphère de métal de 60 cm de diamètre avait été mise en orbite par une fusée Korolev, beaucoup plus puissante que celles des États-Unis. Aiguillonnés par ce défi, les Américains voulurent être les premiers à se poser sur la Lune. En novembre 1967, ils lancèrent Saturne 5, monstre à trois étages de 2 900 tonnes (3 400 tonnes de poussée) conçu par une équipe de la NASA dirigée par von Braun. Saturne servit au lancement des engins habités de 1969 à 1973, date à laquelle on entreprit de construire un véhicule spatial capable de rentrer dans le champ de l'attraction terrestre et de se poser comme un avion ordinaire. Le vol inaugural de Columbia, première navette spatiale, eut lieu le 12 avril 1981. Un mélange d'hydrogène et d'oxygène liquide alimentait trois fusées situées dans la queue de l'engin mais la majeure partie de la poussée initiale était fournie par deux fusées de démarrage à carburant solide. De petites fusées assuraient la manœuvre du véhicule dans l'espace et son ralentissement lors du retour, tandis qu'un bouclier thermique en vitrocéramique protégeait les parties exposées aux frottements subis lors de la rentrée dans l'atmosphère.

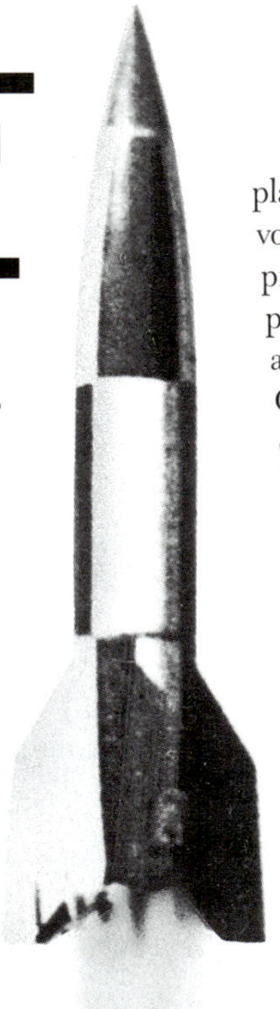

LE PÈRE DES FUSÉES Robert Goddard vécut assez longtemps pour avoir le chagrin d'assister à l'application de ses idées par l'Allemagne nazie, qui fabriqua les fusées V-2 porteuses de mort (en haut, à droite).

LA TERRE VUE DE L'ESPACE

Le plus parfait atlas du monde est le fruit d'une collaboration entre un artiste, Tom Vansant, et une équipe de scientifiques. Il fut élaboré dans les années 90 en Californie, au Laboratoire de propulsion par réaction de Pasadena. Ayant trouvé belles les images de la Terre rapportées par les astronautes de leur voyage jusqu'à la Lune, Tom Vansant choisit 2 000 photos prises par des satellites et les assembla de façon à avoir une vue globale de notre planète. Il modifia les couleurs infrarouges pour les rendre plus naturelles et filma l'ensemble avec une caméra vidéo panoramique.

LA GUERRE DES ÉTOILES Les enjeux de la conquête de l'espace sont phénoménaux, d'un point de vue commercial, stratégique et militaire.

1900 — 2000

- 1926 Première fusée à carburant liquide
- 1942 Lancement de la V-2 allemande
- 1957 Lancement de Spoutnik par l'Union soviétique
- 1965 Lancement de la fusée française Diamant
- 1969 Neil Armstrong, premier homme sur la Lune
- 1979 Lancement de la première fusée Ariane
- 1981 Vol inaugural de Columbia
- 1987 Fusée géante soviétique Energia

LE LANCEUR DE L'EUROPE

SUCCÈS TECHNIQUE ET COMMERCIAL, ARIANE EST LE FRUIT DE LA COOPÉRATION SPATIALE EUROPÉENNE.

ARIANE 503 Le 22 octobre 1998, la fusée décolle de la base de Kourou, en Guyane française, pour effectuer son ultime vol d'essai.

À côté de la conquête de l'espace, prestigieuse mais ruineuse, le lancement de satellites fait moins parler de lui, mais ce secteur peut être financièrement profitable et s'avère techniquement plein d'enseignements. Au début des années 90, cette activité a connu un véritable boom, et il semble que le futur proche soit toujours très prometteur.

Cet « eldorado spatial » – entre 1996 et 2006, le lancement de deux cents satellites est prévu –, qui fait bien sûr l'objet d'une âpre compétition entre les nations, a été largement dominé par le lanceur européen Ariane.

Dans l'histoire de cette fusée, le 24 décembre 1979 est une date à retenir. Ce jour-là, à 14 h 14 min 38 s, Ariane L-01 – première d'une longue série – décolle avec succès de la base de Kourou, en Guyane française, neuf jours après une première tentative arrêtée à la suite d'une anomalie heureusement décelée avant la mise à feu.

Depuis, Ariane a connu un développement continu, avec cinq générations de fusées de plus en plus puissantes et performantes, mais toujours fidèles aux principes de base de ses concepteurs : construire des engins simples – tout est relatif ! – et fiables, privilégier les solutions classiques plutôt que l'innovation technologique à tout prix.

L'EUROPE SPATIALE

Les frontières de l'Europe spatiale ne coïncident pas avec celles de l'Union européenne. L'Agence spatiale compte en effet 13 États membres : la Belgique, le Danemark, l'Espagne, la France, l'Irlande, l'Italie, les Pays-Bas, l'Allemagne, le Royaume-Uni, qui en font partie ; mais aussi l'Autriche, la Norvège, la Suède et la Suisse, qui ne sont pas dans l'Union. D'autre part, la Finlande est associée à l'Agence spatiale.

À l'origine de cette aventure, on trouve le CNES (Centre national d'études spatiales), créé en 1962, et l'Agence spatiale européenne, née en 1973, dont le CNES est, par délégation, le maître d'œuvre.

Le succès de l'Agence spatiale européenne est essentiellement dû au fait qu'elle a réussi à concilier le développement technologique et le souci de la rentabilité économique.

Le programme Ariane a bien sûr connu des échecs. Mais, en revanche, il a permis à l'Europe de prendre 60 % du marché mondial – très convoité ! – du lancement des satellites commerciaux.

Derrière le CNES, Ariane est le produit d'un étonnant puzzle européen. Les premier et troisième étages sont assemblés en France, ainsi que les moteurs, les réservoirs des premier et troisième étages, la pyrotechnie et la case à équipements. Le deuxième étage vient d'Allemagne, ainsi que les propulseurs d'appoint, les réservoirs et structures, les turbopompes et générateurs de gaz des moteurs Viking. Les coiffes arrivent de Suisse, les servomoteurs de pilotage et les structures, de Belgique, les boîtiers électroniques pour le contrôle de pilotage, du Danemark, les structures de liaison et celles de la case à équipements, d'Espagne, les conteneurs de télémesure, d'Irlande, etc.

À la fin de l'année 1998, une nouvelle génération fait son apparition : Ariane 5, capable de lancer simultanément en orbite géostationnaire deux satellites de 3 tonnes chacun ou un seul de près de 7 tonnes, alors que sa devancière s'arrêtait à 4,7 tonnes. Conçue pour être encore plus fiable que les lanceurs qui l'ont précédée, Ariane 5 compte moins de pièces et deux étages au lieu de trois. Son moteur principal, haut de 30 m – c'est-à-dire plus de la moitié de la fusée – utilise de l'hydrogène et de l'oxygène liquéfiés ; il fournit 115 tonnes de poussée. Pendant la phase ascensionnelle, deux gros propulseurs d'appoint, du type de ceux qui équipent la navette spatiale américaine, lui apportent une aide supplémentaire. Sa partie supérieure a été conçue pour rendre possibles de futurs vols habités. Le 22 octobre 1998, Ariane 5 a effectué le dernier de ses vols d'essai, avant d'entamer sa carrière commerciale. Un lancement parfait, le cent douzième depuis le début de l'histoire de cette série de fusées.

L'HOMME DANS L'ESPACE

MOINS DE DOUZE ANS SE SONT ÉCOULÉS ENTRE LE PREMIER VOL SPATIAL ET L'ALUNISSAGE

Les pionniers de l'espace furent des animaux. La chienne Laïka fut mise en orbite à bord de Spoutnik 2 le 2 novembre 1957, un mois après le lancement du premier satellite. Ce vol permit de recueillir de précieux renseignements sur les effets produits par l'accélération et l'impesanteur sur un être vivant, mais Laïka ne revint pas sur terre car les moyens manquaient pour ramener une capsule envoyée dans l'espace. Le voyage de deux autres chiennes, Belka et Strelka, parties le 19 août 1960, fournit la preuve que les problèmes du contrôle automatique et de la récupération avaient été résolus. Les conditions étaient réunies pour le premier vol humain dans l'espace.

Le 12 avril 1961, le lieutenant Youri Gagarine effectua à bord du Vostock (Est) 1 le premier vol orbital autour de la Terre en cent huit minutes, à une altitude de 327 km. L'engin comportait une capsule sphérique pressurisée de 2,30 m de diamètre, associée à un module transportant un réservoir d'oxygène. Il était équipé d'une rétrofusée et de minuscules impulseurs agissant pour le freiner et pour modifier l'angle de son orbite au moment de sa rentrée dans l'atmosphère. L'atterrissage se fit avec un parachute.

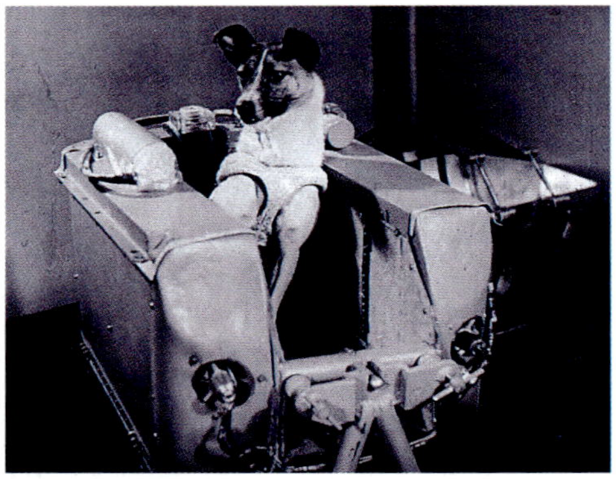

UNE CHIENNE DANS L'ESPACE Sanglée dans un étroit habitacle en forme de valise à bord de Spoutnik 2, Laïka précéda l'homme de quatre ans dans l'espace.

Mercury, programme de vol spatial humain, avait été mis en chantier aux États-Unis en 1959, mais les Américains avaient presque un an de retard sur les Russes. Le 20 février 1962, le lieutenant-colonel John Glenn fit trois révolutions autour de la Terre et se posa sur l'Atlantique à 64 km du point prévu. Seul occupant de la capsule, l'astronaute y était très à l'étroit et, comme son homologue russe, il resta sanglé à sa place pendant toute la durée du vol. On s'attacha par la suite à assurer des conditions plus confortables à l'équipage et à améliorer la manœuvrabilité de l'engin.

Les véhicules suivants, construits dans le cadre du programme Gemini, étaient équipés d'une batterie de moteurs qui permettait de les manœuvrer dans l'espace. Grâce à quoi Virgil Grissom et John Young réalisèrent le premier changement d'orbite en mars 1965 à bord de Gemini 3 et, l'année suivante, l'équipage de Gemini 8 effectua la première jonction dans l'espace.

Équipement de survie

Le 21 juillet 1969, tandis que la télévision diffusait leur image dans le monde entier, Neil Armstrong et Edwin Aldrin se posaient sur la Lune. Cinq autres expéditions furent montées au cours des trois années suivantes. L'aller-retour durait environ huit jours, durant lesquels les astronautes flottaient en état d'impesanteur dans la cabine Apollo, d'un diamètre d'à peine 3 m. Ils se nourrissaient d'aliments qui avaient été déshydratés pour peser moins lourd et prédécoupés en petites bouchées,

JEEP LUNAIRE Lors des dernières missions Apollo, les astronautes disposaient d'un véhicule léger et solide pour explorer la surface de la Lune.

VÉHICULE SPATIAL **L'astronaute James Hoften sort de la navette spatiale avec son module de manœuvre, un propulseur à réaction porté sur le dos.**

et ils buvaient des liquides à l'aide de pailles. Les encombrantes combinaisons qu'ils endossaient pour sortir de la capsule recouvraient des sous-vêtements à régulation thermique qui formaient un système de survie autonome comportant une poche pour recueillir l'urine.

Stations spatiales et navettes

En 1972, le programme d'exploration lunaire une fois arrivé à son terme, les éléments constituant Apollo servirent à la construction de Skylab (Laboratoire du ciel), première station orbitale américaine. Intégré à un étage d'une fusée Saturn 5, il avait un diamètre de 6 m et comportait, sur deux niveaux, un atelier orbital et un lieu d'habitation. Il y avait des toilettes, une douche et un four pour réchauffer les aliments, notamment des entrecôtes. En février 1986, les Soviétiques lancèrent eux aussi une station orbitale, baptisée Mir.

L'HOMME-FUSÉE

D'après les Chinois, le premier homme-fusée était un savant du nom de Wan Hu, qui, il y a 500 ans, fixa 47 pièces d'artifice à sa chaise et y mit le feu. Il périt dans l'explosion. Wendell Moore transforma le rêve en réalité en inventant, en 1961, une ceinture-fusée. Élaborée par Bell Aerosystems, elle consistait en un moteur de fusée attaché au dos de l'usager et contrôlé par l'intermédiaire d'une poignée de direction.

Jusque vers 1980, ces stations présentaient l'inconvénient de n'être utilisables qu'une seule fois. On y remédia en 1981 en construisant la navette Columbia, premier véhicule spatial réutilisable qui se comporte comme une fusée au décollage et comme un avion à l'atterrissage. Depuis 1983, elle a à plusieurs reprises assuré la mise en orbite de Spacelab, un laboratoire de recherche européen.

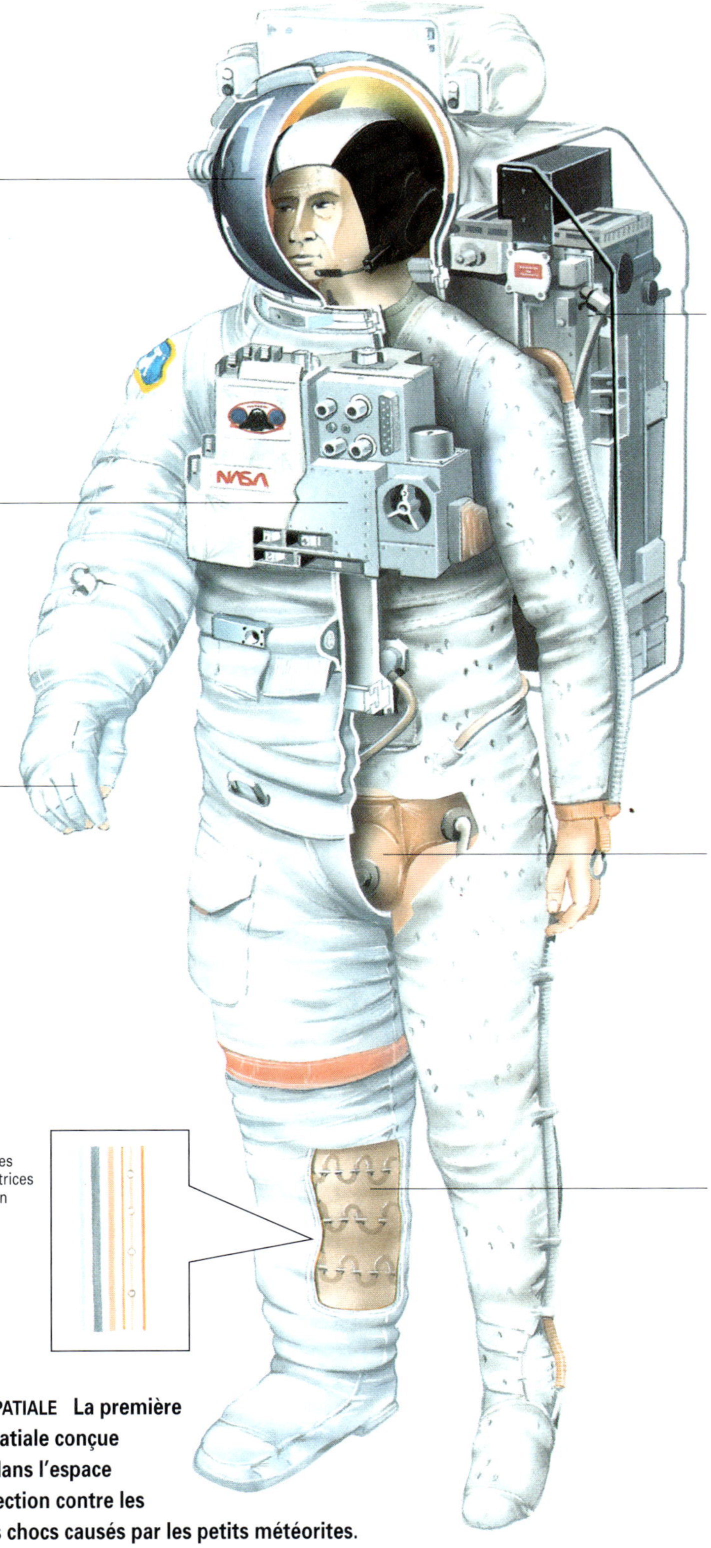

COMBINAISON SPATIALE **La première combinaison spatiale conçue pour travailler dans l'espace offrait une protection contre les radiations et les chocs causés par les petits météorites.**

Quatre navettes étaient opérationnelles lorsque, le 28 janvier 1986, Challenger explosa, soixante-treize secondes après le lancement. Venant s'ajouter aux doutes entretenus depuis quelque temps au sujet du rapport coût/efficacité de ce type de vol, cet accident conduisit à l'abandon du programme.

Il fut repris en 1988 avec pour objectif principal la construction d'une station spatiale permanente devant servir de centre de recherche international. Conçue par les Américains en 1984, appelée Freedom puis rebaptisée Alpha en 1990 quand les Russes s'associèrent au projet, elle comportera plusieurs modules de laboratoires et un module destiné à l'équipage. Enfin, en juillet 1997, les Américains ont fait atterrir sur Mars un robot téléguidé, qui prend des photos du sol en se déplaçant de 40 cm par minute, et qui y a révélé la présence, très ancienne, d'eau et donc d'une forme de vie.

1950 — 2000

- 1957 La chienne Laïka, premier être vivant dans l'espace
- 1961 Youri Gagarine, premier homme dans l'espace
- 1969 Neil Armstrong, premier homme sur la Lune
- 1971 Mise en orbite de Salyut 1, première station spatiale soviétique
- 1972 Mise en orbite de Skylab, première station spatiale américaine
- 1983 Mise à l'essai de Spacelab, satellite européen habité
- 1985 Station orbitale Mir

MISSION PLANÈTE TERRE

DES DÉCOUVERTES SOUVENT BIZARRES, RÉSULTANT DE L'EXPLORATION DE L'ESPACE, PROFITENT AUX HABITANTS DE LA TERRE

Depuis 1961, date du vol du premier cosmonaute, le programme spatial a été à l'origine d'une multitude d'inventions qui, touchant aux domaines les plus improbables, aboutirent à des résultats disparates – véhicules lunaires, toilettes aspirantes ou boissons non alcoolisées. Favorisée par la NASA (National Aeronautics and Space Administration, l'agence spatiale américaine), la recherche d'applications pratiques de la technologie de l'espace conduisit à des réalisations variées : avions ultrasoniques de l'avenir qui volent à la frontière de l'espace, équilibreur de boule de bowling dérivé d'un dispositif utilisé pour la navette Challenger…

Dans le cadre de la « Mission Planète Terre », l'agence spatiale américaine encourage toutes sortes de projets, tel celui qui a abouti à la fabrication de réfrigérateurs acoustiques, du même type que celui utilisé dans la navette Discovery, où le froid était

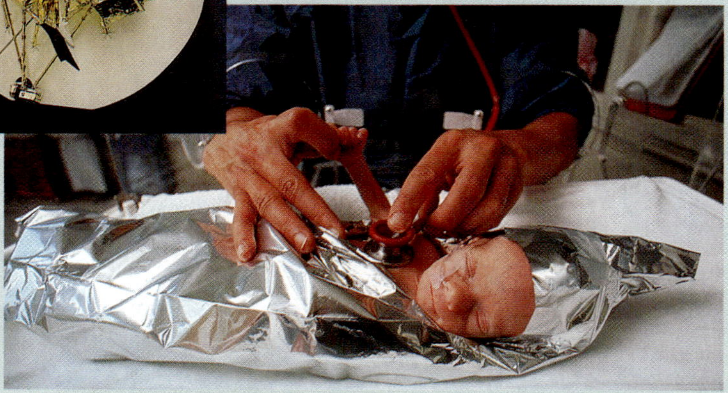

COUVERTURE DE SURVIE POUR ENFANT PRÉMATURÉ Le matériau utilisé pour les couvertures des astronautes réfléchit la chaleur. On s'en sert pour envelopper les bébés prématurés afin d'éviter les déperditions de chaleur.

produit par le passage d'ondes sonores à travers des gaz comprimés. C'est ainsi que l'adaptation des combinaisons spatiales à régulation thermique, objet dès 1971 d'une expérimentation par le pilote de courses de stock-cars Richard Petty, déboucha sur la fabrication de vêtements de protection pour les ouvriers travaillant dans des aciéries ou dans des chantiers industriels dangereux, et d'équipements destinés à des hommes que leur profession expose à des périls graves – dans des usines de produits chimiques ou des centrales nucléaires.

Les recherches menées sur les vêtements évitant aux astronautes de perdre conscience sous l'effet de l'accélération brutale au moment du lancement aboutirent à la fabrication de pantalons militaires antichocs et à des versions civiles utilisées en cas de traumatisme pour stimuler la circulation sanguine et assurer l'irrigation du cœur et du cerveau des victimes. Le besoin de surveiller étroitement l'organisme des astronautes a par ailleurs donné lieu à l'apparition de nouveaux instruments médicaux dont, entre autres, un petit analyseur de sang portable.

Parmi les résultats les plus remarquables du transfert de technologie, citons les lunettes non rayables pour lesquelles un revêtement mis au point pour les visières des casques des astronautes fut utilisé, ou celui d'une machine servant à purifier l'urine qui permet à un être humain de vivre indéfiniment sans apport extérieur de liquide, situation dans laquelle les astronautes se trouvent depuis des années. La céramique utilisée pour les tuiles du bouclier thermique des navettes spatiales déboucha, à partir de 1990, sur la fabrication d'isolants pour moteurs à réaction en même temps qu'à celle d'implants pouvant se substituer aux os chez l'homme.

PHOTO FACILE C'est l'invention de l'aérogel par la NASA qui a rendu possible celle des appareils photo autofocus.

Les problèmes qui se sont posés à la NASA ont souvent déclenché des recherches dont les retombées étaient insoupçonnables. Le besoin par exemple de capturer des particules de poussières de météorites conduisit à la fabrication de l'aérogel, un verre si léger malgré sa dureté qu'on l'a surnommé « fumée gelée ». Il ne servit pas seulement à la fabrication du piège dont la NASA avait besoin mais aussi à celle d'éléments ronds ou cubiques, perméables ou imperméables. Il s'avéra assez dur pour servir de détecteur sonique dans les appareils photo autofocus et, sous une forme spéciale, assez bon conducteur d'électricité pour être utilisé pour des piles extrêmement légères et des circuits d'ordinateur fins et rapides. Ses qualités furent mises à profit pour créer d'autres matériaux dont l'un servit à faire une tasse où le café reste indéfiniment chaud.

L'aérogel est resté le matériau le plus léger jusqu'à ce qu'il soit détrôné par une matière du même type, plus légère que l'air.

Ce « tapis magique » ultramince, qui peut être coloré et est un excellent isolant, se soulève par le simple effet de l'électricité statique. Il est biodégradable et même comestible – mais on ne sait pas encore quoi en faire !

PROTECTION SOLAIRE Les visières antireflets conçues pour les astronautes donnèrent lieu à la fabrication de lunettes de soleil tout aussi efficaces.

7

LE NOUVEAU VISAGE DES BATAILLES

En 1914, les soldats durent prendre le train pour se rendre au front, mais ils allèrent ensuite à pied – comme les légions romaines voici deux mille ans – sur le champ de bataille. Les conflits du xxe siècle ont généré aussi des inventions. De nos jours, les troupes se déplacent en hélicoptère, et les positions ennemies, détectées par radar, sont la cible de missiles à longue portée.

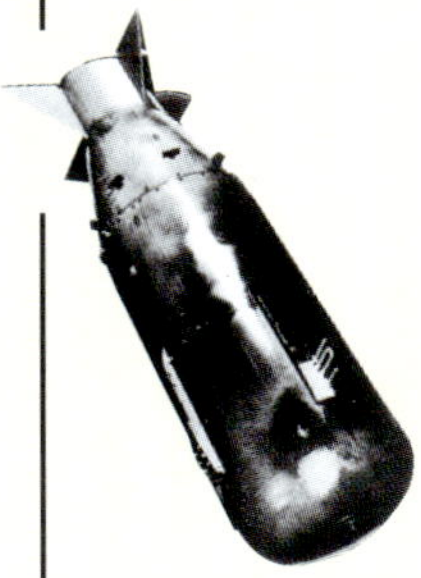

DANS LES TRANCHÉES : LA PREMIÈRE GUERRE MONDIALE

PUISSANTS EXPLOSIFS, FUSILS AUTOMATIQUES ET GAZ FONT DE LA GUERRE UN MASSACRE

Durant les grandes batailles du XIXe siècle, le sort des nations se décidait bien souvent en un seul jour. L'après-midi du 1er septembre 1870, les Allemands écrasèrent la France devant Sedan. Et le 2 décembre 1805, à Austerlitz, il suffit à Napoléon d'une manœuvre audacieuse et foudroyante pour mettre en déroute l'Europe coalisée.

Au début de la Grande Guerre, en août 1914, chacun des deux camps étaient persuadé qu'une prompte victoire ramènerait les soldats dans leurs foyers pour Noël. C'était compter sans les nouvelles technologies. Grâce aux trains, chaque pays pouvait mobiliser des centaines de milliers d'hommes. Pourtant, plus que les effectifs, c'est une arme d'un type nouveau qui fit pencher la balance entre la France et l'Angleterre d'un côté, l'Allemagne de l'autre.

En 1884, l'Américain Hiram Maxim avait inventé un fusil qui utilisait la force de son recul pour recharger automatiquement une nouvelle balle. D'abord baptisée fusil Maxim, cette première mitrailleuse fut le prototype d'armes automatiques fabriquées en Allemagne, en France et en Russie. Toute armée qui s'avançait à découvert se trouvait désormais dangereusement exposée aux tirs automatiques. À la bataille de la Somme, en juillet 1916, 200 000 soldats tombèrent en un seul jour.

Les premières mitrailleuses étaient lourdes et malaisées à transporter. Et les modèles plus légers de 1916 restèrent malgré tout des armes défensives mal adaptées à l'assaut. Sur le front français, des armées entières se trouvèrent bloquées dans les tranchées boueuses qu'elles avaient elles-mêmes creusées.

GUERRE DES TRANCHÉES Les troupes allemandes se préparent à une attaque au gaz et à un assaut désespéré qui sèmeront la dévastation.

DÉCHARGES MORTELLES Conçues pour être des armes défensives, les mitrailleuses ont répandu la mort entre 1914 et 1918.

SOUVENIR D'UN SOLDAT DE L'INFANTERIE

Dans son journal des tranchées, un soldat raconte sa rencontre avec l'un des premiers chars :

« On amena près de la tranchée quelque chose qui était caché sous une toile de camouflage. Nous étions très intrigués. Le capitaine dit : "Ceci est un char." Il a ôté la toile, et nous vîmes notre premier char. Au prochain assaut, le char, nous avait-on dit, nous précéderait, et nous n'aurions plus qu'à nettoyer le terrain...

» En attendant le char sur le talus, on a entendu le bruit, tchak, tchak, tchak, et puis silence ! Le char n'est jamais arrivé... L'assaut fut donné, et nous avons été taillés en pièces parce que le plan avait échoué. Par la suite, le char nous a doublés et les Allemands se replièrent. Le char a continué son chemin, il a abattu des murs de briques, des maisons, comme prévu – mais trop tard ! Nous avions perdu des milliers d'hommes... »

Gaz de combat

À partir de 1915, et malgré l'interdiction faite par les conventions de Genève, les Allemands utilisèrent des gaz de combat, à base de chlore. Par la

DÉFENSE ANTIGAZ Cet ambulancier allemand est harnaché d'un dispositif respiratoire complexe, alimenté par une réserve d'oxygène.

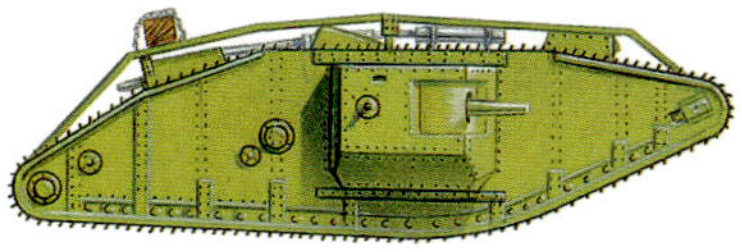

Mark IV anglais

Vickers Medium anglais

T-34 soviétique

1900 — 1950

1914 Début de la Première Guerre mondiale

1915 Recours à la guerre chimique

1918 Fin de la Première Guerre mondiale

1943 6 300 chars participent à la bataille de Koursk

suite, Ils se servirent de produits encore plus dangereux, laissant des lésions irréversibles, comme l'ypérite, ainsi nommé parce qu'il fut testé dans le secteur d'Ypres et également baptisé gaz moutarde. Le masque à gaz était alors le seul moyen de protection du poilu.

L'avènement du char

Les Alliés pensèrent détenir la solution avec le char, ou tank (nom de code qui dissimulait sa véritable fonction). Mais les premiers chars menaient leurs conducteurs à l'asphyxie, ou bien ils

TORPILLAGE Grâce à ses sous-marins, qui coulèrent des millions de tonnes de chargement, l'Allemagne faillit gagner la guerre.

s'enlisaient dans la boue. Ce n'est que dans la dernière phase de la bataille de la Somme, en septembre 1916, que des chars anglais parvinrent à ouvrir une brèche dans les lignes ennemies. Hélas, le lendemain, la plupart succombaient à une défaillance mécanique et la percée ne se transforma pas en offensive.

Le sous-marin fait son apparition

On s'imagina alors qu'il serait possible d'obliger une nation à se rendre en l'affamant, après avoir coulé ses navires chargés de vivres.

Pour la première fois dans l'histoire militaire, le sous-marin put être pleinement utilisé, grâce aux améliorations techniques du XXe siècle. Dès 1914, un submersible atteignit une vitesse de 14 nœuds en plongée. En 1917, au plus fort de l'offensive allemande, un bateau anglais sur quatre fut coulé. La seule manière de limiter les pertes était de naviguer en convoi.

La Grande-Bretagne survécut, et l'Allemagne épuisée dut capituler après une dernière tentative pour faire une trouée, en 1918. Mais le sous-marin avait bien failli gagner la guerre.

OFFENSIVE SUR TERRE : LES PROGRÈS DU CHAR

Fer de lance de l'offensive sur terre et soutien essentiel de l'infanterie, le char est l'une des plus grandes inventions militaires du XXe siècle. Pour une efficacité maximale, il doit être rapide, mobile en terrain accidenté, armé pour l'attaque et solidement blindé. La combinaison de la puissance et de la vitesse n'a pas été facile à mettre au point

En 1916, l'introduction de chenilles inspirées des tracteurs, en 1916, fut essentielle pour améliorer la propulsion de ce qui n'était au début qu'une simple boîte blindée. Les premiers chars, les Mark 4 anglais, étaient maladroits et inefficaces. Il fallait plusieurs hommes pour les manœuvrer, et leur moteur était sujet à la surchauffe dès que le terrain devenait trop inégal pour leur masse pesante. Même dans des conditions optimales, ils ne dépassaient pas 6 km/h, et leur rayon d'action se limitait à 60 km. Constitué simplement de plaques de métal, leur blindage résistait mal aux obus, et ils étaient dépourvus de tourelle : à l'avant, le conducteur ne disposait que d'un champ de vision extrêmement limité.

À partir de 1920, des modèles plus rapides et plus sophistiqués apparurent. Le Vickers Medium anglais de 1925 atteignait une vitesse de 29 km/h, sur une distance maximale de 250 km. Son conducteur repérait mieux les environs grâce à une tourelle centrale mobile. Mais le blindage restait un point faible, et c'est seulement vers 1930 que les chars devinrent plus lourds et mieux armés. Mais plus que les qualité du char lui-même, ce qui compta surtout, ce fut la manière de s'en servir. À cet égard, la stratégie d'offensives groupée employée pendant la dernière guerre par les Panzerdivisionen allemandes se révéla plutôt payante.

DIFFICILE MAÎTRISE La France a conçu des modèles de chars dès 1915, mais la maîtrise du terrain ne vint qu'avec la Seconde Guerre mondiale.

Le meilleur char de la Seconde Guerre mondiale fut sans doute le T-34 soviétique. Extrêmement mobile, même dans la neige – ce qui lui conféra un net avantage sur les chars allemands lors de la campagne de Russie –, il avait en outre l'avantage de consommer peu d'essence. En juillet 1943, Koursk fut le théâtre de la plus grande bataille de chars de l'histoire – qui fut aussi l'une des plus meurtrières et les plus acharnées – avec quelque 6 300 engins engagés. Les Russes arrêtèrent l'assaut des Allemands et imprimèrent un tournant définitif à la guerre sur le front oriental.

Au lendemain de la Seconde Guerre mondiale, les chars augmentèrent leur puissance de tir. Le Centurion anglais, sorti des usines en 1945 et sans cesse amélioré depuis, lançait des projectiles capables de perforer les plus épais blindages. Fiable et robuste, il se prêtait tout particulièrement à la guerre en terrain découvert, et il contribua à la victoire des Israéliens sur les troupes égyptiennes dans le désert du Sinaï pendant la guerre des Six Jours, en 1967. Mais il était ralenti par sa lourde masse (50 tonnes) et ne dépassait pas les 35 km/h. Le char soviétique de 1950, le T-54, le surclassait car il ne pesait que 36 tonnes, pour une vitesse de 50 km/h. Le Chieftain, qui a succédé au Centurion en 1966, possède une puissance de tir équivalente et son blindage présente sensiblement les mêmes caractéristiques, mais sa vitesse est nettement supérieure (40 km/h).

Les chars modernes sont encore mieux armés et plus facilement manœuvrables. L'Abrams M1A1, monstre de 67 tonnes, peut atteindre 90 km/h sur terrain ferme. Il détecte ses cibles à 3 km de distance par leur émanation de chaleur, et sa portée descend rarement en dessous de 1 900 m, tandis qu'il fallait 17 tirs aux chars de la Seconde Guerre mondiale pour faire mouche à 640 m. Ses projectiles injectent du gaz brûlant dans la cible ou tirent une flèche qui, selon un document de l'armée américaine, frappe « avec la force d'une voiture de course heurtant un mur de brique à 320 km/h, cette énergie étant concentrée dans un volume plus petit qu'une balle de golf ». C'est l'Abrams M1A1 qui a conduit l'offensive terrienne lors de la guerre du Golfe.

Centurion anglais

Chieftain anglais

Abrams M1A1 américain

1950 — 2000

1966 Apparition du char britannique Chieftain

1985 Premier char Abrams M1A1 aux États-Unis

Sur terre et dans les airs : la Seconde Guerre mondiale

Chars, bombardiers et missiles sèment la terreur parmi les civils

Les vainqueurs de la Première Guerre mondiale s'imaginaient qu'un système de défense efficace l'emporterait toujours sur l'offensive ennemie. Mais la ligne Maginot, construite entre les deux guerres sur la frontière par les Français pour les protéger des forces allemandes, ne résista pas aux progrès de la technologie. La Seconde Guerre mondiale s'empara de l'espace : l'Allemagne et l'Italie occupèrent presque toute l'Europe, et le Japon étendit ses conquêtes au Sud-Est asiatique et dans le Pacifique. L'Histoire devait-elle se répéter ?

En 1939, les chars de la Première Guerre mondiale étaient devenus des engins beaucoup plus mobiles. De tous les pays, l'Allemagne sut le mieux s'en servir : ses divisions blindées de Panzers n'eurent aucun mal à percer les lignes ennemies. La Blitzkrieg, ou guerre éclair, consacra la suprématie du char d'assaut.

ERREUR DE LECTURE FATALE

L'efficacité du radar dépend des hommes qui prennent les décisions. En 1941, la flotte américaine de Pearl Harbor se trouvait sous la protection d'une station radar antiaérienne. Une heure avant l'offensive japonaise, l'opérateur repéra deux appareils et alerta ses supérieurs. Malgré les tensions existant entre le Japon et les États-Unis, on présuma qu'il s'agissait d'avions américains. Quelques instants plus tard, les Japonais avaient frappé : les États-Unis perdirent 7 de leurs 9 cuirassés, et 2 300 hommes, contre seulement 64 Japonais. Ce fut l'une des défaites navales les plus écrasantes de l'Histoire, et une humiliation pour les Américains.

Guerres aériennes

La Blitzkrieg n'aurait pas obtenu de tels succès sans le soutien de l'aviation. Les avions de la Première Guerre mondiale effectuaient surtout des missions de reconnaissance ; deux décennies plus tard, la vitesse, la capacité de vol et la maniabilité de leurs successeurs étaient incomparables. Les chasseurs bombardiers Stukas accompagnaient les Panzers en piquant sur leur cible avec des sifflements stridents. Puisque la victoire reposait nécessairement sur la maîtrise des airs, les avions de chasse devinrent l'élément clé des combats. Redoutables adversaires pour les bombardiers, plus lents, les monomoteurs comme le chasseur allemand Messerschmitt Me 109 et le Spitfire anglais volaient à 560 km/h et à 9 000 m d'altitude sans oxygène. Si les Allemands ne purent mener à bien leur plan d'invasion de la Grande-Bretagne, c'est parce qu'ils ne réussirent pas à anéantir l'escadron des Spitfire lors de la bataille d'Angleterre, en 1940.

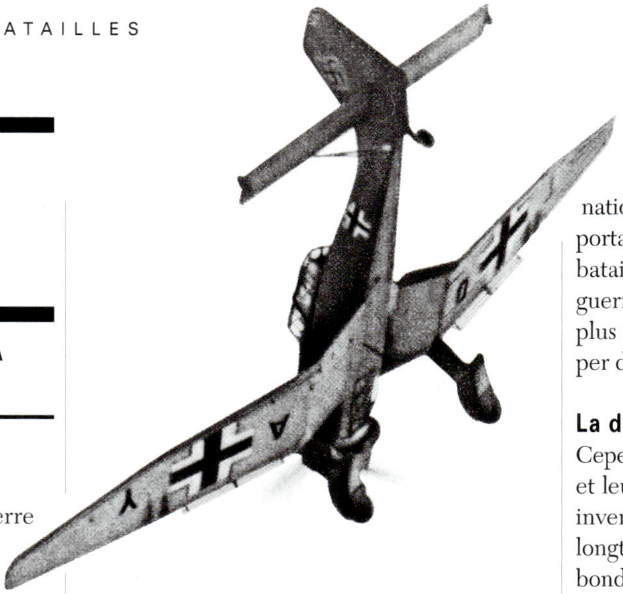

GUERRE ÉCLAIR Les chasseurs bombardiers allemands Stukas ont répandu la terreur parmi la population civile.

Les terrains d'aviation furent donc les premières cibles de la guerre éclair. Le porte-avions, véritable base aérienne flottante, révolutionna la stratégie militaire. Son ancêtre, l'*Argus* britannique, était né en 1918, et toutes les marines nationales ne tardèrent pas à comprendre l'importance de cet outil capital. La traditionnelle bataille navale, dans laquelle les vaisseaux de guerre se répondaient à coups de canon, n'était plus de mise. Un navire pouvait à présent frapper dix fois plus loin, grâce à sa flotte aérienne.

La détection de la cible

Cependant, il était possible de repérer les avions et leur navire porteur au moyen de la nouvelle invention anglaise, le radar. On savait depuis longtemps que les ondes radio pouvaient « rebondir » contre un objet et être renvoyées par écho, mais c'est seulement à partir de 1930 que le savant anglais Robert Watson-Watt conçut un système permettant de lire les messages.

Comme de coutume, le succès de l'invention dépendait de son application pratique. Dès 1939, les Anglais installèrent un cordon de stations radars sur la côte Sud, en relation avec des salles de contrôle. Toute approche d'un avion allemand fut dès lors détectée.

Le radar permit aussi aux avions alliés de mieux atteindre leurs cibles. Bien qu'il passât pour l'arme décisive de la guerre, le bombardier manquait de précision. C'est pourquoi les Anglais, forts de leur bombardier Lancaster depuis 1942, déclenchaient leurs offensives la nuit et au-dessus des villes.

Les Américains préféraient les attaques de jour, plus ciblées, mais leurs bombardiers offraient une proie vulnérable aux avions de chasse. À partir de 1940, grâce aux progrès de la

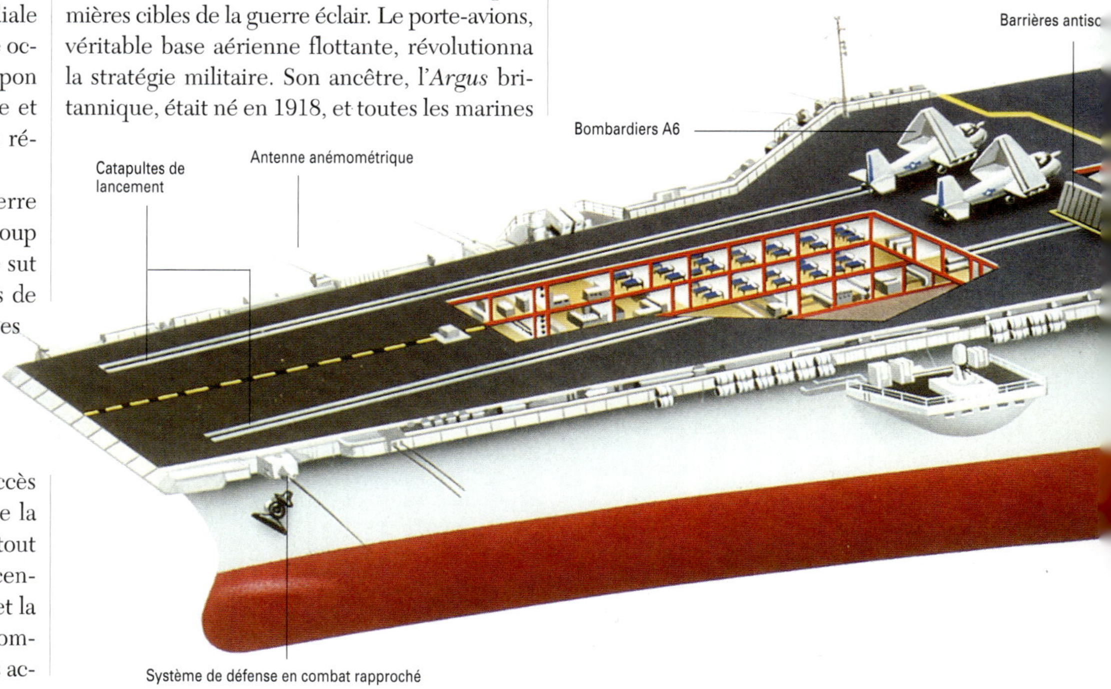

1900 — 1918 L'*Argus*, premier porte-avions — 1939 Début de la Seconde Guerre mondiale — 1940 Bataille d'Angleterre — 1945 Fin de la Seconde Guerre mondiale — 1950

CHAPELETS DE BOMBES Les B-17, forteresses volantes de la 8e Air Force américaine, bombardent l'Allemagne. En 1944, la superforteresse B-29 a succédé au B-17.

technologie et à l'utilisation de radars à ondes magnétiques plus sensibles, les bombardiers et les avions de chasse purent mieux isoler leur cible. Il devint même possible de détecter les sous-marins.

Les fusées attaquent

À la fin de la guerre, les Allemands mirent au point une arme qui aurait pu les sauver. L'Amérique avait lancé à partir de 1926 une fusée à propergols liquides, et d'autres pays progressaient eux aussi dans cette recherche. Mais en 1942, dans l'ancien village de pêcheurs de Peenemünde, sur la Baltique, où furent fabriquées les fusées V-1 et V-2, les essais balistiques que menaient les Allemands étaient sur le point d'aboutir. La construction de ces appareils à long rayon d'action, véritables armes de représailles, impliquait que le IIIe Reich maîtrisât des domaines tels que la propulsion, le guidage et l'aérodynamique.

Peenemünde fut pilonné par l'aviation anglaise lorsqu'on apprit l'existence de cette nouvelle et redoutable arme, mais les savants qui étaient à l'origine de cette invention survécurent. En 1944, le V-2, premier missile balistique, était prêt. Ce monstre de 12 tonnes et de 15 m de long avait une portée de 322 km et son ogive contenait 1 tonne d'explosifs. Après avoir atteint la vitesse du son en trente secondes, il touchait sa cible en cinq minutes, à 3 000 km/h. On ne savait pas comment se protéger contre ces armes, placées de surcroît sur des lance-fusées mobiles, mais on finit par les combattre par des bombardements intensifs des bases. Un millier de V-2 tombèrent sur la Grande-Bretagne, notamment sur Londres –, et sur Anvers, de septembre 1944 à mars 1945. Si ce projet (dont Hitler ne perçut pas l'importance) avait été mis au point plus tôt, la Grande-Bretagne eût peut-être été contrainte à se rendre. De fait, l'arrivée des missiles balistiques devait changer à jamais l'histoire de la guerre.

BOMBES VOLANTES Les fusées allemandes V-1, ou bombes volantes, étaient les précurseurs des missiles balistiques modernes.

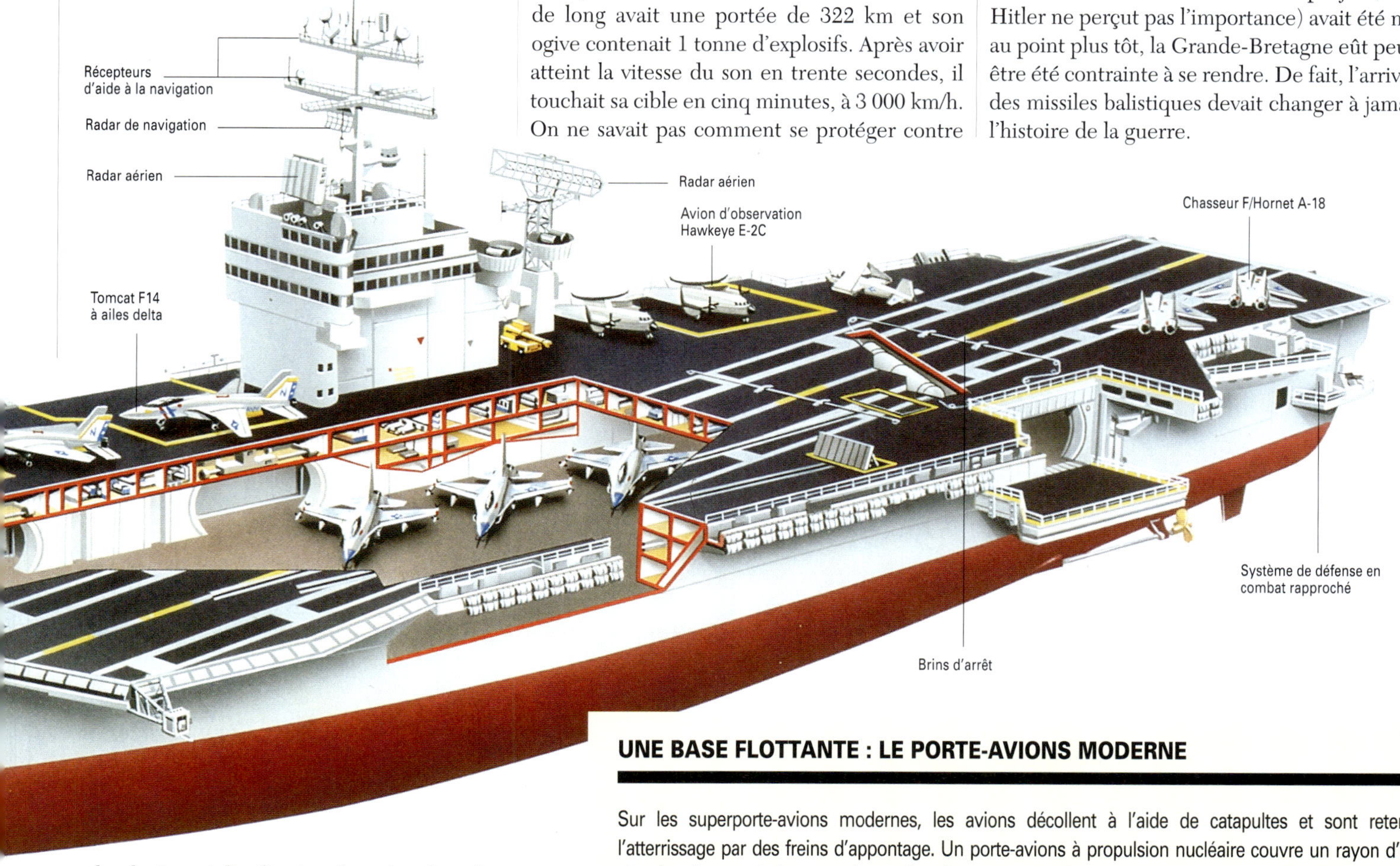

UNE BASE FLOTTANTE : LE PORTE-AVIONS MODERNE

Sur les superporte-avions modernes, les avions décollent à l'aide de catapultes et sont retenus à l'atterrissage par des freins d'appontage. Un porte-avions à propulsion nucléaire couvre un rayon d'action plus étendu et maintient une vitesse de pointe constante. En outre, ses ponts sont dégagés de toute fumée. Les porte-avions lourds de type Nimitz, apparus dès 1970, sont de gigantesques bâtiments, de véritables villes. Ils peuvent abriter plus de 6 000 hommes d'équipage, 89 avions, et stocker 280 000 tonnes de fuel. Mais ils sont extrêmement onéreux et se verront peut-être supplantés par des porte-aéronefs de plus faible tonnage qui conviennent à un décollage à la verticale.

1950 — 2000

1961 Invention du porte-avions nucléaire

1963 Premiers appareils à décollage vertical

1980 Le premier miniporte-avions, l'*Invincible*, est inauguré dans la guerre des Malouines

L'HÉRITAGE DE LA GUERRE

FUSÉES SPATIALES ET LESSIVE EN POUDRE, HÉLICOPTÈRES ET BAS EN NYLON : LA GUERRE A ENTRAÎNÉ DE PROFONDS CHANGEMENTS DANS LA VIE SOCIALE

Par un paradoxe bien connu, la guerre, dans ses effets secondaires et lointains, n'est pas entièrement néfaste à l'homme. Les deux conflits mondiaux ont permis d'immenses progrès, qui furent relayés durant plusieurs décennies par la compétition technologique intense de la guerre froide et sa spectaculaire course pour la conquête de l'espace.

Les inventions nées de la Première Guerre mondiale sont multiples : explosifs, produits dérivés de l'acier, machines-outils et, surtout, nouveau système de production industrielle.

La météorologie a emprunté aux combats acharnés qui dessinaient le front occidental le terme de fronts atmosphériques.

La guerre a aussi laissé certains secteurs d'activité évoluer vers leur pleine maturité. Ainsi l'aviation est-elle entrée, après la Première Guerre mondiale, dans l'ère industrielle. La lessive en poudre vit le jour à cause de la pénurie de graisses naturelles ; le rasoir mécanique, la montre-bracelet (portée par les officiers d'artillerie) et les cosmétiques comptent au nombre des nouveautés de la société de l'après-guerre.

La Seconde Guerre mondiale fut un remarquable terrain d'expérimentation : fusées spatiales, moteurs à réaction, ordinateurs et énergie nucléaire. On lui doit les progrès foudroyants du radar, la révolution des communications et la mécanisation industrielle. Sur le modèle des avions militaires, l'aviation civile a construit une foule de puissants gros-porteurs à partir de 1950. La terrible fusée allemande V-2 et les ordinateurs électromagnétiques utilisés pour décoder les messages secrets de l'ennemi jouèrent un rôle essentiel dans la conquête de l'espace.

La Seconde Guerre mondiale a vu naître l'hélicoptère, les véhicules à quatre roues motrices, le matériel de plongée sous-marine ; dans son sillage furent mis au point des plastiques et des fibres synthétiques telles que le Nylon. Bombes en aérosol, aliments sous vide et stylos à bille sont ainsi nés de découvertes en chaîne.

Par la suite, la guerre froide a associé la course aux armements à la rivalité dans la conquête de l'espace. Les fusées capables de lancer des missiles nucléaires d'un continent à l'autre pouvaient aussi placer des satellites espions sur orbite. En ce sens, la compétition militaire servit le progrès dans le domaine des communications et de l'exploration de l'Univers.

Dès 1960, le gouvernement américain finançait pour moitié la recherche et le développement de l'industrie, dans la perspective de nouvelles armes. L'Union soviétique fournit un effort similaire – un lourd fardeau qui devait, pour une bonne part, entraîner son effondrement. La démission soviétique coïncida avec le programme militaire le plus audacieux de l'histoire américaine, l'Initiative de défense stratégique (plus connu sous

LA TOILETTE AU FRONT **En 1917, se rafraîchir la barbe avec un rasoir traditionnel était un geste périlleux quand la bataille faisait rage. Les rasoirs mécaniques enchantèrent les soldats de la Première Guerre mondiale.**

LE FRONT DU FROID **Les prévisions météorologiques accédèrent au rang de science en 1917, à l'Institut de géophysique de Bergen, en Norvège.**

le nom de guerre des Étoiles). Cette entreprise hautement technologique, initiée par Ronald Reagan en 1983, avait pour but d'installer un écran de satellites protégeant les États-Unis des missiles balistiques intercontinentaux. Une telle tâche s'avéra vite trop ardue, et sans doute impossible au stade où en était la science. La détente est-ouest signa l'abandon du projet ; il n'empêche que le génie inventif avait été sollicité. L'extension civile du programme spatial fit aussi l'objet d'importantes restrictions budgétaires. En 1991, la guerre du Golfe, rapide et décisive, fut un salon d'exposition pour les tout derniers « prodiges » technologiques, mais la question demeure : la science peut-elle continuer à progresser sans l'aiguillon de la paranoïa militaire ?

LA BOMBE À AIR Inventée en 1926 par le Norvégien Erik Rotheim, la bombe aérosol fut commercialisée seulement en 1941.

POUMON ARTIFICIEL En 1942, l'invention du scaphandre autonome par Jacques-Yves Cousteau et Émile Gagnan lança une nouvelle méthode d'attaque sous l'eau et un sport original – la plongée sous-marine.

MOTEURS AU GALOP Le camion supplanta les charrettes tirées par des chevaux après la Première Guerre mondiale. À partir de 1928, les fabricants comme Burton possédaient leur propre escadrille.

À L'OMBRE DE LA MENACE NUCLÉAIRE

« Une immense terreur... nous savions qu'une force terrible avait été libérée »

En 1945, la défaite du Japon ne faisait plus aucun doute. Bombardé sans pitié, incapable de se défendre, le pays ne semblait pourtant pas près de se rendre et l'envahir aurait causé la mort d'un million d'Américains. C'est alors qu'une arme nouvelle fut mise au point : la bombe atomique. La décision de l'utiliser, un des actes les plus controversés de la guerre, fut prise par le président américain Harry Truman.

LE JOUR DE LA BOMBE

Le savant Philip Morrison, qui prit part aux travaux sur la bombe atomique, raconte cette journée de 1945 : « Nous avons appris la nouvelle d'Hiroshima par message codé provenant de l'avion... Puis les gens rapportèrent des photos. En les voyant, j'ai éprouvé une immense terreur. Nous savions qu'une force terrible avait été libérée. Les hommes firent une grande fête ce soir-là, mais nous n'y participâmes pas. Aucun savant ne s'y rendit. Nous venions de tuer 100 000 personnes, il n'y avait nulle raison de se réjouir. La réalité vous confronte à des événements que vous n'auriez jamais imaginés. »

Quelques jours après les bombardements d'Hiroshima et de Nagasaki, le Japon capitulait sans condition.

Bombe A et bombe H

La bombe atomique, ou bombe A, marqua l'aboutissement de plusieurs décennies de recherches sur l'atome. Depuis le début du siècle, on savait déjà que l'atome n'était pas la plus petite unité de la matière, mais qu'il contenait un noyau en partie constitué de minuscules particules, les neutrons. En 1938, l'Allemand Otto Hahn démontra que si on le bombardait de neutrons, l'atome d'uranium se scindait et que cette fission libérait une énergie prodigieuse. Au cours de ce processus, l'émission d'autres neutrons fissurant à leur tour d'autres atomes produisait une réaction en chaîne et le dégagement d'une énergie plus grande encore. Il ne restait plus alors qu'à maîtriser cette énergie dans une bombe, la plus puissante que le monde ait jamais connue. De 1942 à 1945, les deux milliards de dollars du projet Manhattan financèrent les travaux d'éminents savants, et l'on découvrit que l'Uranium U 235 et le plutonium se prêtaient à la fission nucléaire. La première bombe atomique

EXPLOSION THERMONUCLÉAIRE En 1958, lors des essais dans le Pacifique, on ignorait encore le danger des retombées radioactives.

LE CERVEAU DE LA BOMBE En découvrant la fission nucléaire, Otto Hahn inaugura l'ère de la bombe atomique.

1900 — 1950

1938 L'Allemand Otto Hahn découvre le phénomène de la fission nucléaire

1945 Bombardements d'Hiroshima et de Nagasaki

ENGINS DE MORT En tombant sur Hiroshima, ci-dessous, la bombe *Little Boy* tua 80 000 personnes et condamna des milliers de victimes à une mort lente.

explosa en juillet 1945 dans le désert du Nouveau-Mexique, là où les Américains procédaient dans le plus grand secret à leurs recherches, sous le nom de code Projet Manhattan, dans le laboratoire de Los Alamos. Quelques semaines plus tard, Hiroshima et Nagasaki n'étaient plus que des ruines.

La Seconde Guerre mondiale prenant fin avec le découpage du monde établi lors des accords signés en février 1945 à Yalta par Franklin Delano Roosevelt, Joseph Staline et Winston Churchill, un autre conflit, larvé celui-là et par États interposés, survint : la guerre froide, qui opposait les États-Unis et son ancien allié, l'Union soviétique – en possession de sa propre bombe atomique depuis 1949.

Dès 1952, les savants américains avaient considérablement perfectionné la nouvelle arme atomique. Le dégagement d'énergie considérable de la bombe à hydrogène, dite encore bombe H, ou bombe thermonucléaire, est produit grâce à la fusion (et non fission) nucléaire des isotopes de l'hydrogène, de l'hélium et du lithium. Les très hautes températures qui sont nécessaires à cette fusion s'obtiennent par l'explosion d'une petite bombe atomique placée à l'intérieur de la bombe à hydrogène. Le résultat est une arme infiniment plus puissante et plus dévastatrice que ne l'était la bombe A.

Le lancement d'une offensive nucléaire

Outre l'arme nucléaire, les pays de l'Ouest et l'Union soviétique mirent au point dans les années 50 des fusées à propulsion autonome. Ces missiles balistiques intercontinentaux, voyageant à plus de 30 000 km/h, pouvaient frapper leur cible et semer terreur et destruction à l'autre bout de la terre. Afin d'empêcher toute détection, ils furent dissimulés dans des silos de béton armé, à l'intérieur d'avions ou de sous-marins. La force nucléaire devenait indestructible.

À partir de 1960, les missiles se dotèrent de plusieurs ogives (tête contenant la charge explosive). Certains en avaient une dizaine, conçues pour exploser séparément, ce qui augmentait les chances de toucher la cible. Après 1970, à chaque ogive fut attribuée une seule cible. Les deux superpuissances étaient maintenant à armes égales, personne ne doutant que toute offensive nucléaire déclencherait des représailles immédiates.

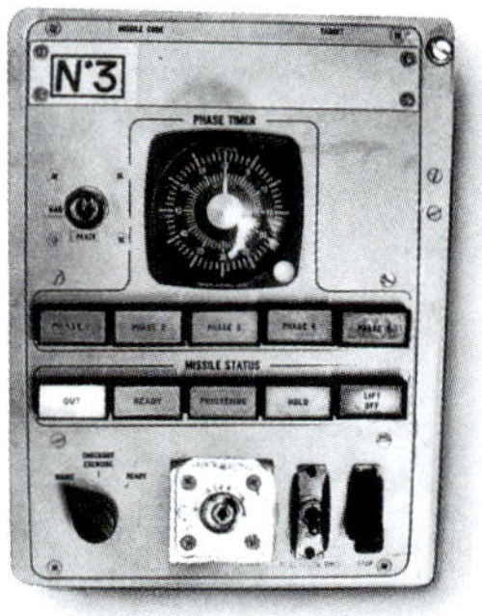

LE DOIGT SUR LE BOUTON Il fallait une clé aux responsables anglais et américain pour déclencher la mise à feu du missile nucléaire Thor, en Angleterre.

En mars 1983, le président américain Ronald Reagan annonça sa décision de rompre l'équilibre en installant un écran de défense antinucléaire pour protéger les États-Unis et tenter d'essouffler le bloc soviétique dans la course technologique. L'Initiative de défense stratégique, ou guerre des Étoiles, dont l'étude coûta 26 milliards de dollars, devait tisser un réseau incroyablement complexe de satellites et de missiles antimissiles. Même avant la fin de la guerre froide, au début des années 90, ce projet impossible avait tout d'un rêve de science-fiction.

LA RÉVOLUTION SOUS-MARINE

Le sous-marin, qui avait déjà prouvé son efficacité pendant les deux guerres mondiales, connut de profondes transformations après 1945. En 1953, grâce à sa forme en goutte d'eau, l'*Albacore* naviguait plus vite en plongée que sur l'eau. En 1955, le premier sous-marin atomique, le *Nautilus*, pouvait parcourir des milliers de kilomètres sans refaire surface. Les premiers missiles sous-marins, de type Polaris, apparurent à partir de 1960. Le missile Trident, opérationnel en 1978, a aujourd'hui une portée de plusieurs milliers de kilomètres.

PUISSANCE IMMERGÉE Un missile balistique Polaris est lancé par le sous-marin *George Washington*.

1950 — 2000

1955 L'URSS fait exploser sa bombe à hydrogène
1957 La Russie soviétique construit le premier missile balistique intercontinental

1977 Les États-Unis produisent la bombe à neutrons

LE RÔLE DE LA TECHNOLOGIE MODERNE DANS LA GUERRE DU GOLFE

LES ARMES SECRÈTES DU CONFLIT DONT LE RÈGLEMENT N'APPORTA AUCUNE RÉPONSE

En août 1990, Saddam Hussein, maître de l'Irak, envahissait et occupait le Koweït, État de petite taille mais riche de par son pétrole. La communauté internationale condamna fermement cette agression, non seulement pour des raisons éthiques, mais aussi par crainte de perdre les ressources pétrolières du Moyen-Orient. Une coalition de nations, rassemblées sous la houlette des États-Unis, lancèrent une contre-offensive depuis l'Arabie saoudite.

Cette guerre apparemment classique entre deux puissances militaires devint un conflit dont les armes n'avaient rien de traditionnel. L'Irak, devenu entre 1985 et 1990 le plus gros importateur mondial de matériel militaire, s'était doté d'armes de pointe par le biais de sociétés-écrans ayant bravé l'interdiction faite aux États signataires du traité de Rome (avril 1987) de faire proliférer les missiles balistiques ; les États-Unis disposaient d'une technologie sophistiquée qu'ils n'avaient encore jamais utilisée...

Sous le commandement du général américain Norman Schwarzkopf, commandant en chef de l'opération Tempête du désert, la stratégie de la coalition consista à détruire le réseau des communications et les infrastructures militaires de l'Irak par voie aérienne. Ainsi, les troupes irakiennes, isolées et démoralisées, ne pourraient résister à une offensive terrienne au Koweït. Le nouveau missile de croisière Tomahawk, lancé par un navire – pour un coût unitaire de deux millions de dollars –, était équipé d'un système d'autoguidage informatique lui permettant de voler à très basse altitude et d'échapper à toute détection sur 800 km. La moitié seulement des missiles atteignirent leur cible, malgré la précision que leur prêtait la Marine.

COMPTE À REBOURS L'offensive de propagande de Saddam Hussein ne pouvait rivaliser avec les antimissiles Patriots (ci-dessous) ni avec les missiles de croisière (à droite).

Les Américains inaugurèrent aussi leur tout dernier modèle d'avion – le chasseur Stealth F 117A, version améliorée du Stealth des années 70. Conçu pour absorber les signaux radars sans les réfléchir, cet instrument de haute précision atteignait sa cible sans pouvoir être repéré. Ses bombes téléguidées par laser, les GBU 27, échappaient aussi au radar et faisaient leur travail de destruction avec une incroyable minutie sur une portée de 10 km.

BOMBARDEMENTS INFORMATISÉS

Les ordinateurs ont révolutionné la pratique militaire, mais il suffit d'une seule panne pour jeter la confusion. Au début de la guerre du Golfe, le système de lancement informatique des missiles Tomahawk, sur le Wisconsin, ne répondait plus à aucune commande. Il fallut une intervention manuelle, et vingt-quatre pages d'instructions, pour le reprogrammer en totalité. Les armes furent lancées avec une demi-heure de retard.

Cependant, en raison des erreurs de pilotage, d'une visibilité pas toujours excellente et de la pression exercée par les tirs ennemis, 25 % des GBU manquèrent leur cible et causèrent de terribles ravages parmi la population civile.

MISSION SPÉCIALE Volant à basse altitude pour détruire les terrains d'aviation irakiens, les Panavia Tornado GR 1 ont subi de lourdes pertes.

L'Irak détenait une arme tout aussi terrifiante : le missile Scud, version modifiée de l'original soviétique. L'idée était d'utiliser les Scuds, engins démodés, que l'on plaçait sur des lance-roquettes mobiles et que l'on pouvait démanteler, déplacer et remonter en vingt-cinq minutes, à l'abri de tout contrôle radar. Les Irakiens en firent usage contre leur ennemi de toujours, Israël. Malgré des dégât peu importants, Israël se prépara à contre-attaquer.

Décidés à empêcher toute escalade dans la guerre, les Américains tentèrent d'abattre les Scuds à l'aide de leurs missiles Patriots. Ceux-ci, d'abord conçus pour abattre des avions, pouvaient maintenant être pointés sur la trajectoire d'un missile. Telle une balle tirée contre une autre balle, les Patriots poursuivaient les Scuds, qui plongeaient à 6 400 km/h et dont un grand nombre se désagrégea en vol. Déroutés dans l'accomplissement de leur mission, les Patriots, ne permirent pas d'obtenir le succès escompté.

Le bombardement de l'Irak débuta le 17 janvier 1991. Mais, malgré la technologie sophistiquée de

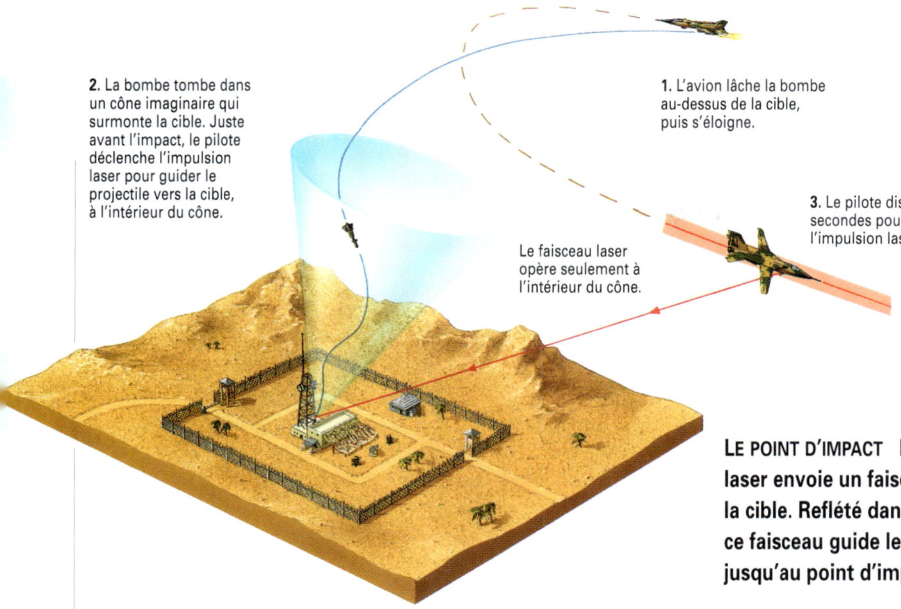

LE POINT D'IMPACT **L'impulsion laser envoie un faisceau codé à la cible. Reflété dans le cône, ce faisceau guide le projectile jusqu'au point d'impact.**

L'ENNEMI DANS LE SANG

Le XXe siècle a vu se démultiplier les capacités dévastatrices de la guerre biologique. Le bacille botulique, utilisé sous forme de gaz, entraîne un arrêt respiratoire en quelques heures et cause des dommages irréparables au système nerveux de la victime avant que soit administré un antitoxique. Une seule ogive de missile contient assez de toxines pour contaminer un territoire de 3 700 km². Redoutant que Saddam Hussein n'y ait recours pendant la guerre du Golfe, les soldats avaient revêtu des tenues de protection.

UN « AVION FURTIF » ATTAQUE **Ci-dessous, le chasseur bombardier F 117A, dont la géométrie est étudiée pour dévier les échos radars, largue des bombes téléguidées par rayon laser.**

la coalition, les plus grands dommages furent infligés par les bombes traditionnelles. La stratégie globale s'avéra néanmoins efficace. L'offensive terrienne débuta le 24 février ; le 28, les forces irakiennes au Koweït capitulaient. Les Irakiens déclarèrent 100 000 morts, et 65 000 prisonniers, tandis que les pertes de la coalition se montaient à 234 morts et 57 portés disparus.

1950 — 2000

1985 Les États-Unis lancent les premiers missiles Patriots

1990 L'Irak envahit le Koweït

PUISSANCE MILITAIRE ET RUSES DE L'HOMME : LA GUÉRILLA

L'ENDURANCE ET LA DÉTERMINATION PORTÉES À LEUR SOMMET

Très répandue depuis 1945, la guérilla – ou « guerre de repli » – oppose de petits groupes armés à la puissance militaire de leurs gouvernements ou d'armées étrangères. La stratégie consiste à saper le moral de l'occupant en multipliant les coups de force.

Armes de poing

Les guérillas sont devenues difficiles à réprimer depuis qu'elles disposent d'armes portables et très puissantes. Au premier Bazooka MI américain – lance-roquettes antichars (LRAC) – ont succédé le Miniman suédois, tiré avec un tube en fibre de verre, et le Swingfire anglais, qui ne pèse que 12 kg. La technologie moderne a produit une nouvelle génération de missiles sol-air portables – et peu onéreux —, capables de détruire des chars et des avions.

Les fusils d'assaut automatiques et les mitraillettes restent des pièces essentielles dans l'arsenal de la guérilla. La Kalachnikov soviétique, inspirée d'un fusil de combat allemand, est légère et se recharge au moyen d'un magasin escamotable. C'est l'arme idéale pour des combattants en perpétuel mouvement.

UN TOURBILLON D'ÉCLAIRS **Une armée d'hélicoptères soutient les forces américaines durant la guerre du Viêt Nam.**

Le rôle des hélicoptères

À partir de 1960, les États-Unis apportèrent un soutien considérable au gouvernement du Viêt Nam du Sud menacé par les guérillas nationalistes, et procommunistes du Viêt-cong, soutenues par le Viêt Nam du Nord. L'armée américaine, forte de son armement ultrasophistiqué, rencontra un ennemi redoutable : le peuple, endurci par des siècles de résistance à l'envahisseur.

L'offensive américaine s'organisa autour de sa pièce maîtresse : l'hélicoptère, avantagé par son vol stationnaire, capable de décoller et d'atterrir dans des espaces réduits. Le Bell Huey Cobra, qui volait à 350 km/h, tirait avec son Minigun 4 000 salves par minute et était équipé d'un canon, de lance-grenades, de fusées et de missiles. Il pouvait transporter quatorze soldats ou six civières, récupérer des hommes touchés en pleine forêt et les déposer quinze minutes plus tard sur une table d'opération moderne, réduisant de moitié le nombre de victimes qui succombaient à leurs blessures.

La guerre du Viêt Nam vit naître des mines antipersonnel pesant à peine 0,5 kg, camouflées sous la forme de pierres ou d'objets quotidiens. Les hélicoptères eurent tôt fait de répandre cette sinistre semence, et de convertir un terrain découvert en champ de mines.

Pris dans une escalade de violence, les Américains eurent recours à des moyens chimiques pour chasser le Viêt-cong de la jungle vietnamienne : le napalm à combustion lente, qui dévaste une plus vaste surface que l'essence pure, et le défoliant Agent orange (ainsi baptisé à cause des rayures de couleur peintes sur les barriques). Plus tard seulement, on fit le compte des victimes auxquelles cette atroce pratique ôta la vie, à la suite de terribles brûlures, de cancers et de maladies de peau. La supériorité technologique et stratégique des Américains s'avéra inutile contre le Viêt-cong, qui demeura jusqu'au bout un ennemi invisible. En effet, malgré des bombardements intensifs, qui provoquèrent la destruction presque complète des villes, localités et complexes industriels situés entre le 17e et le 20e parallèle, la dispersion de la population, sa discipline et sa détermination déjouèrent le plan américain basé sur la terreur.

GUERRE DE REPLI **Les missiles Stinger, tirés à l'épaule, furent fournis par les États-Unis aux combattants islamiques d'Afghanistan.**

LES RAVAGES DU NAPALM

Un journaliste couvrant la guerre du Viêt Nam décrit ce qu'il a vu :
« Dans le service des enfants de l'hôpital de Qui-Nhon, j'ai vu pour la première fois les effets du napalm. Un enfant de 7 ans, pas plus grand qu'un Américain de 4 ans, était couché sur un matelas près de la porte. Son visage, son dos et ses mains, brûlés et enflés, ressemblaient à de la viande sanguinolente. Ses doigts étaient raidis par la brûlure. On l'avait recouvert d'une gaze car tout contact, même celui de l'air, lui était insoutenable. »

1900 — 2000

1960 Les États-Unis soutiennent le Viêt Nam du Sud contre la guérilla du Viêt-cong

1973 Les États-Unis évacuent le Viêt Nam

8

LA SOCIÉTÉ DES LOISIRS

LE CINÉMA, LE SON, LA TÉLÉVISION ET LA VIDÉO SE SONT ASSOCIÉS À DES SPORTS DE PLUS EN PLUS SPECTACULAIRES POUR OFFRIR UN MONDE DE PLAISIRS PASSIFS QUI SONT UNE DES CARACTÉRISTIQUES DE NOTRE SIÈCLE. LES PROGRÈS DE LA TECHNOLOGIE – INSTRUMENTS DE HAUTE PRÉCISION ET MATÉRIEL DE PLUS EN PLUS SOPHISTIQUÉ – ONT OUVERT DES HORIZONS JUSQUE-LÀ INSOUPÇONNÉS À LA PRATIQUE SPORTIVE, AU GOÛT POUR L'AVENTURE ET À L'INGÉNIOSITÉ HUMAINE.

LE MONDE ENTIER ENTRE VOS MAINS

TÉMOIN DE NOTRE VIE QUOTIDIENNE, L'APPAREIL PHOTO A INFLUENCÉ NOTRE COMPORTEMENT ET MODIFIÉ NOTRE PERCEPTION DU MONDE

La photographie a révolutionné l'information, la publicité, l'astronomie, la cartographie, l'espionnage et le diagnostic médical, entre autres. Mais surtout, en entrant dans notre intimité, l'appareil photo a modifié la perception que nous avons de nous-mêmes. « Quel magnifique bébé ! » dit un ami. « Si tu le voyais sur les photos ! » renchérissent les parents avec fierté.

Un appareil photo pour tous

En 1884, l'Américain George Eastman mit au point la pellicule (émulsion au gélatino-bromure sur support souple en papier), qui ouvrait la voie aux photographes-amateurs. Restait à inventer un appareil simple et robuste, qu'il voulait « aussi facile à utiliser que le crayon ». En 1888, il lança, sous la marque Kodak, un appareil léger et très maniable qui était vendu 25 dollars, pellicule de cent poses comprise. « Appuyez sur le bouton, nous ferons le reste ! », proclamait la publicité. L'année suivante, Eastman remplaçait le papier de la pellicule par une bande transparente de nitrate de cellulose, et en 1895 il proposait, pour 5 dollars, le Kodak Pocket que l'on pouvait charger soi-même (jusque-là, il fallait envoyer l'appareil à l'usine, qui le rendait rechargé avec les tirages). En 1900, Kodak révolutionnait à nouveau le marché avec le Brownie à 1 dollar, destiné aux enfants – de quoi communiquer le virus de la photographie à toute la jeune génération, d'autant que la pellicule de six poses ne coûtait que 15 cents ! Aussi, dès 1901, Kodak réalisait plus de 80 % des ventes mondiales de pellicule.

Les quelques essais de photographie en couleurs effectués depuis le milieu du XIXe siècle n'avaient pas dépassé le stade expérimental. Mais, en 1903, les frères Lumière, premiers fabricants européens de matériel photographique, inventent le procédé Autochrome. Il s'agit de plaques portant une couche de microscopiques grains de fécule de pomme de terre teintés aux trois couleurs fondamentales (bleu, rouge et jaune) : on obtient ainsi trois filtres différents qui laissent chacun passer certains rayons de lumière et arrêtent les autres. Vers 1916, la société allemande Agfa mettra au point une plaque du même type où la fécule est remplacée par de la résine. Commercialisées dès 1907, les plaques autochromes restaient toutefois réservées au professionnels. Il faudra attendre 1935 pour que la trichromie soit appliquée à la pellicule avec le procédé Kodachrome. Mais l'image obtenue ne pouvait se regarder que par transparence ou en projection, de même que pour l'Agfacolor, apparu à peu près en même temps. Tout changera en 1942 avec la pellicule Kodacolor, qui permet enfin de tirer des positifs couleur.

LES COULEURS DE LA NATURE Ce portrait en trichromie de miss Lena Ashwell fut réalisé par un studio londonien en 1907.

DANS LE FEU DE L'ACTION C'est avec un Kodak que fut prise à Paris, au début du siècle, cette saisissante photo d'une locomotive en folie.

Le reportage, ou la photo prise sur le vif

La presse allait vite comprendre les fabuleuses perspectives ouvertes par la photographie. Mais, pour saisir l'événement sur le vif, il fallait un matériel approprié. En 1934, les reporters disposèrent d'appareils dans lesquels la pellicule avançait grâce à un mécanisme d'horlogerie.

Pour pénétrer partout, l'appareil photo doit aussi se faire discret : l'Ensignette, mis en vente par le fabricant anglais Houghton dès 1909, fut le premier appareil de très petit format à utiliser une pellicule. La voie était ouverte à la miniaturisation, favorisée par l'apparition de pellicules plus petites et plus sensibles (donc avec un temps de pose réduit), qui donnaient cependant une image nette après agrandissement. Les Allemands furent les pionniers en ce domaine.

UNE PHOTO, TOUT DE SUITE !

Le Polaroid, qui émerveilla ses premiers utilisateurs par son côté « magique », fut inventé à Cambridge (Massachusetts) pour satisfaire un enfant : l'Américain Edwin H. Land venait de prendre en photo sa fille de 3 ans, laquelle exigea de voir l'image sans plus attendre. Le déclic se produisit : « En une heure, j'avais conçu le boîtier, la pellicule et le procédé. Enthousiasmé, je me précipitai chez un ami à qui je décrivis en détail le futur appareil. » Le premier Polaroid fut mis en vente aux États-Unis en 1948 et régna sans partage jusqu'à ce que Kodak sorte un modèle concurrent en 1976. Ce fut le début d'un interminable procès qui s'acheva par la défaite de Kodak, qui dut payer une indemnité d'un milliard de dollars.

Edwin Land

1900 — 1950

- 1900 Mise en vente du Brownie
- 1907 Apparition des plaques autochromes
- 1909 Premier appareil à rouleau de pellicule
- 1925 Lancement du Leica
- 1929 Premier flash
- 1942 Pellicule Kodacolor
- 1947 Invention du Polaroid

En 1913, Oskar Barnack conçut un modèle expérimental utilisant une pellicule de 35 mm de largeur. Ce fut le premier Leica, commercialisé en 1925. Cet appareil compact était un véritable outil professionnel qui réalisait sans trépied des images d'une incomparable précision. Aussi le Leica devint-il bientôt la coqueluche de tous les photographes de presse et des amateurs exigeants qui ne se laissaient pas rebuter par son prix élevé.

À partir de 1930, certains Leica furent équipés d'objectifs interchangeables permettant de passer du plan général au gros plan et inversement. Les sujets perdirent alors de leur raideur et les photos acquirent vie et spontanéité. Grâce aux objectifs Zeiss, les plus réputés du monde, les Leica firent la fortune de Contax en 1932. Trois ans plus tard, les fabricants allemands mettaient en vente des appareils photo dont le diaphragme se fermait au 1/500.

Si Kodak dominait toujours le marché de l'entre-deux-guerres, l'Allemagne confirmait sa supériorité technique.

VICTOIRE EN GROS PLAN Installé au sommet du mont Cervin, en Suisse, ce Nikon F3 géant a fixé pour l'éternité la victoire des alpinistes.

LA PANOPLIE DE L'ESPION Combien de secrets d'État ont été divulgués grâce aux appareils photo miniaturisés et aux microfilms...

Le règne des Japonais

La production japonaise, encore modeste en 1930 (avec moins de 37 000 appareils vendus), connut un spectaculaire essor pendant la guerre de Corée, lorsque les photographes occidentaux adoptèrent le Nikon. En 1955, les ventes dépassaient le million et, en 1965, le Japon devint le premier fabricant mondial avec 2,9 millions d'appareils par an, supplantant l'Allemagne.

En 1963, Kodak releva le défi en lançant l'Instamatic, appareil de poche à chargement automatique. Mais les Nippons conservèrent leur suprématie : soutenus par une industrie électronique de pointe, ils ripostèrent en inondant le marché d'appareils automatiques autofocus.

COMMENT NAÎT UN NOM ?

La plus célèbre firme japonaise s'appela d'abord Kwanon, en hommage à la déesse bouddhiste de la miséricorde. Mais beaucoup se déclarèrent choqués par cette profanation. Le fabricant dut donc s'incliner, et Kwanon devint Canon.

En 1990, le Japon et ses filiales à l'étranger avaient multiplié par dix la production de 1962. Un seul marché restait acquis aux États-Unis : le Polaroid, dont les premiers modèles virent le jour en 1947. La qualité des tirages ne cessa de s'améliorer et, dès 1963, les clichés Polaroid en couleurs à usage privé ou professionnel circulaient entre toutes les mains.

LE VRAI VISAGE DE LA GUERRE Le Leica 35 mm acquit beaucoup de son prestige entre les mains du photographe de guerre Robert Capa (à gauche), ici avec son confrère George Rodger en 1943.

LES SONS DU SIÈCLE

DU PHONOGRAPHE À CYLINDRES AU SON NUMÉRIQUE

Au XIXe siècle, quand l'inventeur et homme d'affaires américain Thomas Alva Edison reprit l'idée d'appareils à enregistrer le son, il ne pensait pas seulement à la musique. Dictaphones pour les bureaux, livres sonores pour les aveugles, horloges parlantes, appareils d'orthophonie, préservation des langues en voie de disparition, enseignement à distance, enregistrement pour la postérité de voix d'hommes célèbres : toutes ses intuitions ou presque se sont réalisées. Edison avait néanmoins sous-estimé le potentiel de la musique, qui devait donner naissance à une très lucrative industrie, mais ce manque de perspicacité s'explique aisément : l'illustre inventeur était sourd !

L'ASPIRATION DU SON Avant l'apparition du microphone en 1925, les enregistrements étaient effectués au moyen d'un cornet acoustique de grandes dimensions.

Des premiers cylindres aux disques

En 1900, il existait déjà des horloges et des poupées parlantes, des répétiteurs de langues et des juke-boxes à pièces. Pour la plupart, ces appareils utilisaient des enregistrements sur cylindre ne dépassant pas les deux minutes. Par la suite, les disques (en ébonite puis en gomme-laque) détrônèrent les cylindres. Plus faciles à utiliser et plus résistants, ils offraient aussi une qualité de son supérieure. Mais le principe restait identique : une aiguille, qui reçoit le son par l'intermédiaire d'un cornet amplificateur, vibre et creuse un tracé sur le cylindre ou le disque enregistreur. La profondeur du sillon (cylindre) ou ses ondulations (disque) varient selon le volume sonore. En inversant le processus, le son enregistré est reproduit par un pavillon.

Le grand ténor italien Enrico Caruso fut l'un des premiers à saisir tout l'avenir d'une telle invention, et il enregistra un disque dès 1902. L'année suivante, Gramophone offrait aux mélomanes la première intégrale d'un opéra, l'*Ernani* de Verdi, en 40 disques monofaces de 25 cm. La qualité de ces enregistrements de l'âge héroïque laissait beaucoup à désirer : l'artiste était en effet contraint de chanter dans un cornet, ce qui ne lui permettait guère de « placer » sa voix, et l'orchestre était quasiment inaudible. Les premiers tourne-disques manuels, dont le mécanisme se remontait à la manivelle, ne laissaient pas présager la puissance et la clarté qu'atteindrait bientôt le son électrique.

Un pas décisif fut franchi en 1925 lorsque la compagnie américaine Bell Telephone mit au point un microphone qui convertissait le son en courant électrique, sous l'impulsion duquel une aiguille en « V » creusait le sillon. L'année suivante, la firme Victor adopta le disque 78 tours de 30 cm de diamètre.

En 1946, le premier microsillon 33 tours fait son apparition chez Columbia. Dix ans plus tard, alors que le 78 tours est abandonné, les premiers enregistrements stéréophoniques séduisent les mélomanes. Dans les années 60, l'électrophone se démocratise et les premières chaînes par éléments ouvrent l'ère de la haute fidélité.

LE WALKMAN SONY

Quand Sony mit en vente le Walkman, ainsi baptisé par le président de la société, Akio Morita, les Anglais suggérèrent de l'appeler Stowaway. Les Américains proposèrent Soundabout, et les Australiens Freestyle. Mais Morita ne céda pas, et, en 1986, le mot Walkman fit son entrée dans le prestigieux Oxford Dictionary. Le Japonais se déclara très honoré d'avoir enrichi la langue anglaise.

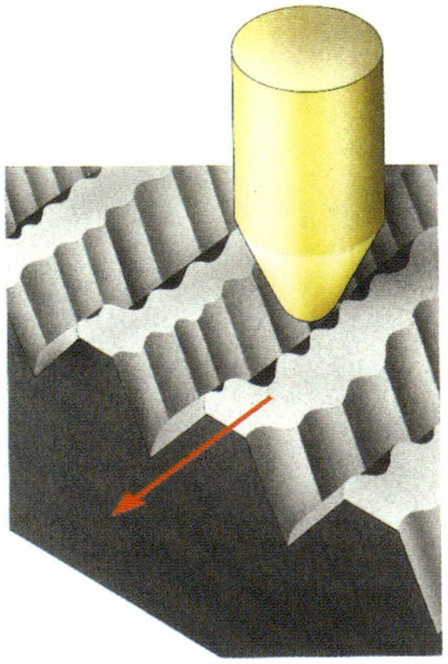

Tourne-disque L'aiguille ou la pointe vibre en passant sur le sillon et génère une spirale magnétique qui reproduit les signaux électriques du son original.

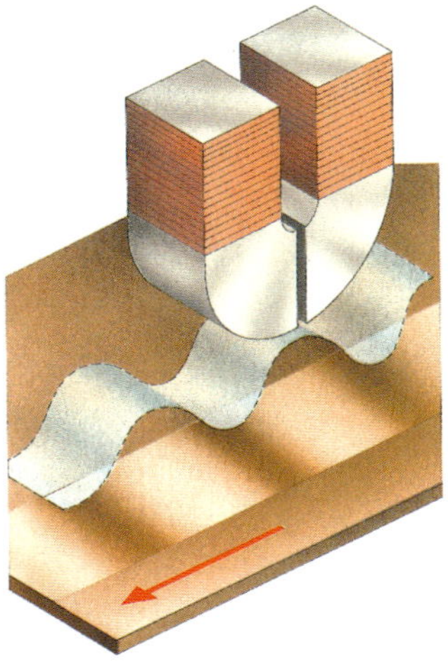

Magnétophone Les signaux électriques stockés sur la bande magnétique sont reproduits par la bobine et amplifiés pour recréer le son original.

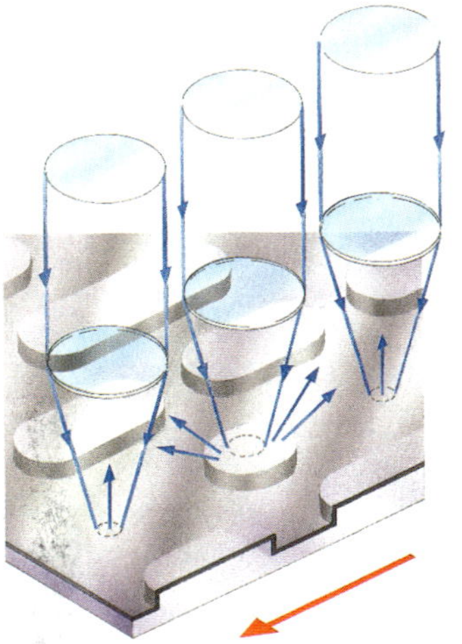

Lecteur de CD Un faisceau laser balaie les microalvéoles de longueur variable creusées sur le disque en rotation. Il est ensuite modulé, converti en signal électrique, et enfin amplifié.

LE SON RESTITUÉ Le tourne-disque, le magnétophone et le lecteur de CD reproduisent des sons enregistrés par signaux électriques.

Vint ensuite, en 1979, la révolution numérique, qui amena une qualité proche de la perfection. Le son numérique n'est pas gravé sur un sillon, mais se matérialise par des millions d'alvéoles microscopiques lues par un faisceau laser. Commercialisés au Japon en 1982, et en Europe en 1983, les Compact Disc (CD) sont moins encombrants et moins fragiles que les microsillons et offrent des durées d'enregistrement deux fois plus longues. Dès 1991, ils distançaient largement les disques vinyle et les cassettes.

MUSIQUE PORTABLE À partir de 1960, on pouvait emporter ses disques favoris et les écouter sur des électrophones à piles.

1900 — 1950

- 1902 Caruso enregistre son premier disque
- 1925 Bell invente le microphone et l'enregistrement électrique
- 1935 Présentation du premier magnétophone
- 1948 Columbia commercialise le 33 tours vinyle

TOUJOURS PLUS PETIT **Le lecteur de cassettes « compact » Stuzzi de 1960 (en haut) pesait 8 kg. Un mastodonte à côté du Walkman de Sony, mis en vente en 1979.**

Bandes magnétiques

En 1900, les visiteurs de l'Exposition universelle de Paris, dont l'empereur d'Autriche François-Joseph, purent entendre leur voix grâce au procédé d'enregistrement magnétique sur fil inventé par le Danois Valdemar Poulsen.

Le principe de l'enregistrement magnétique n'a guère varié depuis lors : un ruban, ou bande, est enroulé autour d'un aimant magnétique et magnétisé selon les impulsions électriques reçues par l'intermédiaire d'un microphone. Quand la bande défile à nouveau autour de l'aimant, elle reproduit ces mêmes impulsions, et le son original est restitué. Le Télégraphone de Poulsen, avec une durée d'enregistrement de 30 minutes, rendait un son aussi clair que les premiers téléphones, et ce remarquable précurseur avait même prévu le mécanisme à deux bobines des magnétophones modernes. Mais il ne put réaliser son appareil, faute de financement.

Les magnétophones furent d'abord adoptés par les firmes cinématographiques, friandes de gadgets, puis par les services de radiodiffusion, qui prirent véritablement la mesure de leur potentiel d'exploitation.

Les premiers magnétophones utilisaient des des rubans d'acier, dont les raccords s'effectuaient par soudure manuelle. Leurs bords tranchants n'étaient pas sans danger en cas de rupture, étant donné leur vitesse de défilement, si bien que les opérateurs se tenaient prudemment à distance une fois l'appareil en marche. Au début des années 30, les Allemands mirent au point un ruban souple, beaucoup plus pratique d'utilisation, dont le support était revêtu d'une couche d'oxyde magnétique.

Les recherches conjointes de la firme AEG et du géant de la chimie Farben aboutirent en 1935 au premier magnétophone moderne, qui fit un triomphe au Salon de la radio de Berlin. Durant toute la Seconde Guerre mondiale, les techniciens de la radio allemande mirent au point de nombreux perfectionnements techniques, si bien que les auditeurs furent bientôt incapables de distinguer un enregistrement d'une émission en direct. En juillet 1945, un soldat de San Francisco, John Mullin, rentra chez lui avec quatre magnétophones allemands, bien décidé à en tirer parti. Il fit fortune lorsque le chanteur Bing Crosby décida – du moins provisoirement – d'abandonner le disque pour enregistrer ses émissions de radio sur des bandes magnétiques.

Lecteurs de cassettes

À la faveur de la croissance économique, une nouvelle et prospère industrie de la bande magnétique prit son essor aux États-Unis. Dès 1950, plus de vingt modèles de magnétophones étaient proposés en magasin.

On pensa aussi aux automobilistes, pour lesquels George Eash, à Cleveland, inventa un appareil portatif qui équipa les voitures Ford à partir de 1965. Entre-temps, Philips avait mis au point en 1961 une « minicassette » qui fut commercialisée en 1963, accompagnée d'un lecteur de dimensions réduites (le E1 3 300). Afin de diffuser ce nouveau produit – la cassette audio standard d'aujourd'hui – à une très large échelle, Philips céda ses droits d'exploitation à tous les autres fabricants. En 1979, la cassette audio connut une foudroyante nouvelle jeunesse : Sony lança cette année-là le Walkman, lecteur portable guère plus gros qu'un paquet de cigarettes et assorti d'un casque d'écoute ultraléger, qui fut instantanément adopté par les pratiquants du jogging, les passagers du métro ou les adeptes du ménage en musique.

Mélodies électriques

Le XXe siècle vit apparaître une nouvelle génération d'instruments de musique, qui retransmettent le son au moyen d'un amplificateur – ce fut le cas de la guitare électrique, introduite en 1935 aux États-Unis par Rickenbacher – ou qui créent des sons synthétiques, reproduisant ou non des timbres existants.

Dans les studios d'enregistrement allemands, les ingénieurs électro-acousticiens et les musiciens avaient commencé après la guerre à créer des sons électroniques et à les recueillir sur bandes magnétiques. Ils furent devancés par l'Américain Robert Moog qui, en 1965, proposa au public son synthétiseur à clavier (un modèle du type guitare verra le jour en 1978). Enfin, en 1971, la société Allen présentait aux musiciens amateurs et professionnels l'orgue numérique, qui recrée les sons de divers instruments stockés en mémoire.

MUSIQUE ÉLECTRONIQUE **Le synthétiseur fut inventé en 1965, et le premier synthétiseur modulable, dont les différents éléments offrent des combinaisons multiples, vit le jour au Japon en 1976.**

1950 — 2000

1951 Premier cours de langue sur bande

1956 Vente du premier livre enregistré sur bande

1965 Moog met au point son synthétiseur

1979 Début de l'enregistrement numérique

1979 Sony lance le Walkman

1982 Mise en vente de CD au Japon

LE CINÉMA, USINE À RÊVES

APRÈS LE SON ET LA COULEUR, LE GRAND ÉCRAN ET LES IMAGES VIRTUELLES

Né officiellement le 28 décembre 1895 avec la première projection payante organisée à Paris par les frères Lumière, le cinéma était déjà en germe dans nombre d'inventions antérieures visant toutes à la représentation du mouvement. Dans le cas de la lanterne magique, en vogue dès le XVIIIe siècle, ou du Praxinoscope du Français Émile Reynaud, breveté en 1877, il s'agissait purement d'une illusion d'optique, mais l'avènement de la photographie ouvrira des horizons neufs. En 1884, un autre Français, Étienne Jules Marey, invente le Chronophotographe à pellicule, ancêtre de la caméra, tandis qu'aux États-Unis Edison dépose en 1891 le brevet du Kinetoscope, visionneuse individuelle pour les bobines tournées avec sa caméra, le Kinetograph. L'inventeur américain

UN NOUVEL ART DU RIRE **Pendant la Première Guerre mondiale, l'Europe découvrit Charlot, le héros comique créé par Charlie Chaplin.**

n'a pas fait le bon choix, car le Kinetoscope sera détrôné par le Cinématographe de Louis et Auguste Lumière, qui a l'avantage d'être à la fois un appareil de prises de vues et un projecteur.

Les effets spéciaux étaient nés presque en même temps que le septième art, qui répondait à une soif de rêve et de fantaisie, assouvie auparavant par le roman-feuilleton, le Grand-Guignol et les tréteaux des foires. Le Français Georges Méliès, qui construisit en 1896 le premier studio de cinéma, inventa à peu près tous les trucages qui auront cours jusqu'à l'intervention de l'ordinateur, le plus simple – mais non le moins efficace – étant le déroulement de l'action à l'envers...

L'avènement du parlant

L'action des premiers films muets était généralement soulignée par un pianiste installé en contrebas de l'écran – voire, dans les salles les plus luxueuses, par un orchestre complet. En janvier 1927, la mise au point d'une pellicule enregistrant simultanément l'image et le son allait bouleverser l'industrie cinématographique, et le 6 octobre *le Chanteur de jazz* inaugurait à grand fracas l'ère du parlant. En réalité, cette production avait été « sonorisée » par des disques Vitaphone, mais n'en resta pas moins devant l'histoire le premier film parlant. Les studios hollywoodiens qui n'avaient pas su prévoir cette révolution – en fait, la majorité d'entre eux – durent en hâte adapter les films en cours aux impératifs du sonore. La prise de son s'avéra contraignante : il fallait placer la caméra dans une boîte capitonnée afin que les micros ne captent pas son ronflement ; on dut également renoncer aux vaporeuses robes en tulle, dont le frou-frou brouillait par trop les dialogues. On vit alors des acteurs adulés tomber du jour au lendemain dans l'oubli à cause d'une voix nasillarde ou d'un accent étranger prononcé ; d'autres, inconnus la veille, se trouvèrent propulsés au premier plan, surtout s'ils savaient chanter. L'engouement gagna l'Europe. À la fin de 1929, quinze studios français étaient équipés pour le sonore, ainsi que seize salles parisiennes. Le public était impatient d'entendre ses idoles : la voix gouailleuse de Mistinguett et de Maurice Chevalier, celle, nonchalante, de Gary Cooper et, miracle ! celle de Greta Garbo, qui n'enlevait rien au magnétisme de la Divine. Cette même année, tous les records de recettes furent battus par *la Vie en rose*, de David Butler. À la différence des verbeuses adaptations des succès de Broadway qui envahissaient

LE CINÉMA EN VITRINE

L'Exposition universelle qui se tint à Paris en 1900 offrit un tremplin idéal au nouvel art : le Cinématographe Lumière inaugura un écran géant de 21 m sur 16 m, tandis que le Cinéorama se distinguait par un écran circulaire de 360° et six projecteurs simultanés. Le Phonorama proposait une sonorisation avec écouteurs individuels.

DOUBLE CHANTAGE **Alfred Hitchcock (au centre) sur le plateau de *Chantage*, film de sa période anglaise tourné en deux versions, muette et parlante.**

LE MOUVEMENT ET LE SON **Dans *le Chanteur de jazz*, Al Jolson, grimé en Noir, chantait le grand succès de Gershwin, *Swanee*.**

1900 — 1950
1917 Première utilisation du procédé bichrome Technicolor au cinéma
1927 Enregistrement simultané de l'image et du son
1930 Premier film en couleurs Technicolor

alors les écrans, cette comédie musicale de la Fox utilisait intelligemment toutes les ressources du son, jouant sur la variété des accents anglais, irlandais, italiens ou suédois, et recréant l'ambiance d'une ville grouillante de vie, avec cris d'enfants, aboiements, bruits de voitures.

Et la couleur fut

La Vie en rose comportait quelques séquences en couleurs, ce qui n'avait rien d'exceptionnel. À l'ère du muet, on peignait fréquemment la pellicule, à la main puis au pochoir : il y a ainsi une jolie scène colorée dans *le Voyage dans la Lune* (1902), de Méliès, et il existe une copie du grand classique soviétique *le Cuirassé Potemkine* (1925) où le drapeau est peint en rouge. Mais rien ne valait, évidemment, la restitution des couleurs dites naturelles par la pellicule. En 1906, le Britannique George Albert Smith inventa le Kinemacolor, procédé bichrome qui provoquait une certaine fatigue visuelle. Basé également sur la bichromie, le Technicolor (nom de la société créée en 1915 par deux ingénieurs américains) était beaucoup plus satisfaisant. Ce procédé fut très souvent employé dans les années 20 pour renforcer le caractère spectaculaire de certaines scènes, par exemple dans le *Ben Hur* muet de 1926 avec Ramon Novarro. Mais l'arrivée du parlant retarda les progrès de la prise de vues en couleurs : les pigments teintant la pellicule altéraient en effet la qualité du son.

La somptuosité du Technicolor

En 1929, Technicolor adopta la synthèse trichrome à partir de trois négatifs, ce qui nécessitait une énorme caméra à prisme diviseur que les studios devaient louer à cette société. Le système était lourd, mais les résultats somptueux, car le procédé de tirage permettait une gamme de couleurs particulièrement riche (souvenons-nous d'*Autant en emporte le vent*, en 1939). Ce monopole de fait cessa lorsque Kodak lança en 1950 l'Eastmancolor, procédé dit monopack (les trois couches sensibles au rouge, au vert et au bleu étant associées sur un support unique).

À cette époque, la couleur ne suffisait toutefois plus à séduire le public. Entre 1948 et 1951, la fréquentation des salles de cinéma américaines était tombée de 90 à 51 millions de spectateurs.

LE SECRET DE L'ANAMORPHOSE L'image, ici comprimée sur cette pellicule de CinémaScope, reprendra ses proportions lors de la projection sur écran large.

Pour faire face à la rude concurrence de la télévision, Hollywood misa sur le grandiose. Le Cinérama fut l'une de ses réponses. Inauguré en 1952, ce système utilisait un écran courbe de très grandes dimensions, qui recevait trois images juxtaposées provenant de trois projecteurs synchrones (la prise de vues se faisait aussi par trois caméras). Le résultat était véritablement impressionnant, mais le coût élevé des équipements (il fallait y ajouter de nombreux haut-parleurs) faisait hésiter les propriétaires de salles. Enfin, ce nouveau format ne convenait qu'aux superproductions à grand spectacle, et non aux drames psychologiques et aux comédies. Le Cinérama – comme son rival soviétique, le Kinopanorama – ne parvint donc pas à s'imposer.

Les systèmes à trois dimensions (3D) n'obtinrent pas non plus le succès escompté, en dépit d'un coût d'installation moindre. Les spectateurs se déclarèrent souvent déçus et considérèrent comme mensongère la publicité annonçant un cinéma « en relief » ; beaucoup furent rebutés par le port obligatoire de lunettes spéciales.

RELIEF ET SENSATIONS FORTES Des spectateurs new-yorkais visionnent un film à trois dimensions au moyen de lunettes spéciales à filtres polarisés.

Lancé par la Fox en 1953, le CinémaScope, qui conviendra si bien aux paysages des westerns, aura en revanche de belles années devant lui. Moins contraignant que le Cinérama, ce format large était basé sur l'anamorphose, un procédé inventé en 1926 par le physicien français Henri Chrétien, qui l'avait baptisé Hypergonar : comprimées par un dispositif additionnel lors de la prise de vues, les images sont rétablies dans leur rapport normal pendant la projection.

TRUCAGE En 1978, Christopher Reeves, alias Superman, vole entre les gratte-ciel de Manhattan. Cette illusion d'optique est créée par deux objectifs zoom.

La première vague de films fantastiques des années 30 (*Dracula*, *Frankenstein*, *King-Kong*) fit la part belle aux trucages. Bricoleurs de génie et parfois même authentiques artistes, les créateurs d'effets spéciaux se muèrent, de *la Guerre des Étoiles* à *Superman*, des *Dents de la mer* à *Jurassic Park*, en supertechniciens, sans toujours retrouver la poésie naïve émanant des premiers monstres préhistoriques de l'écran ou des soucoupes volantes en carton argenté des séries B.

Depuis peu, l'ordinateur et ses images virtuelles, qui permettent de concrétiser tous les délires de l'imagination, ont pris la relève des surimpressions, des pyrotechnies et des maquettes. Mais les cascadeurs risquent toujours leur vie pour nous tenir en haleine.

1950 — 2000

1952 Débuts du CinémaScope sur écran large.

LE DESSIN ANIMÉ : DU CRAYON À L'ORDINATEUR

LE DESSIN ANIMÉ, QUI A PRÉCÉDÉ LE CINÉMA, A TOUJOURS ÉTÉ LE DOMAINE PRIVILÉGIÉ DES RECHERCHES ESTHÉTIQUES ET TECHNIQUES

Le 18 novembre 1928, quand le jeune Walt Disney lance la carrière de Mickey dans *Steamboat Willie*, le dessin animé a déjà une longue histoire avec notamment le Phénakistiscope (1833) du Belge Joseph Plateau, le théâtre d'ombres (1886) de Caran d'Ache, puis le Théâtre optique d'Émile Reynaud, projeté au musée Grévin. Au début du XXe siècle, le dessin animé bénéficie des acquis du cinématographe. Très vite, deux cinéastes, chacun d'un côté de l'Atlantique, parviennent à la perfection: l'Américain James Stuart Blackton ouvre le ban avec *Humorous Phases of Funny Faces* (1906), où l'on voit une main tracer à la craie des traits qui se mettent à bouger pour former différents dessins. Suit en 1907 *l'Hôtel hanté*, où les objets, animés d'une vie autonome, échappent malicieusement au contrôle des protagonistes.

En 1908, le Français Émile Cohl découvre lui aussi les secrets de cette animation « image par image » avec *Fantasmagorie*, qu'il a entièrement dessiné. Jusqu'en 1921, il réalisera plus de deux cents films d'animation – dont *les Joyeux Microbes* (1909), *le Tout Petit Faust* (1910) et *les Aventures des Pieds Nickelés* (1918) – avant de mourir dans la misère en 1938. Blackton, lui, trouva pour *Little Nemo* (1911) un collaborateur de choix en Winsor McCay, dessinateur humoriste doué d'un incomparable sens du burlesque. Il ne laissa à nul autre le soin d'animer son dinosaure Gertie (1909), dont il commenta lui-même les aventures lors de la projection. On lui doit également un dramatique *Torpillage du Lusitania.*

LES VRAIS DÉBUTS DE MICKEY **En 1928, *Steamboat Willie* fut le premier dessin animé postsynchronisé. Le son allait être une source neuve d'effets comiques pour le dessin animé.**

POPEYE
Le populaire marin fut le rival de Mickey à la Paramount.

Du crayon aux « cellulos »

Des innovations techniques décisives vont faire des États-Unis la patrie du dessin animé. Le premier studio d'animation est fondé par John Randolph Bray (qui a fait fortune dans la bande dessinée grâce au personnage de l'ours Teddy Bear, inspiré par Theodore Roosevelt). C'est là qu'Earl Hurd imagine de reporter ses dessins sur des feuilles de Celluloïd transparent (il dépose le brevet en 1915). Un gain de temps énorme, car la figure de base

LE DESSIN ANIMÉ « MADE IN FRANCE »

Cette projection d'images en mouvement, peintes une à une et en couleur sur une bande perforée, est longtemps restée confidentielle, même si le genre est né avant le cinéma grâce à Émile Reynaud, le père du « théâtre optique ». Émile Cohl prit le relais, suivi d'Alexandre Alexeieff.

Le premier dessin animé français de long métrage, *la Bergère et le Ramoneur*, a été conçu entre 1947 et 1950 par Paul Grimault et adapté par Jacques Prévert. Cette œuvre fut présentée en 1952, et désavouée par ses auteurs à la suite d'un conflit avec le producteur. Une seconde version fut alors mise en chantier. Elle fut achevée en 1979 sous un nouveau titre, *le Roi et l'Oiseau*. D'une durée de 1 h 27 min, elle reçut le prix Louis-Delluc en 1979.

Paul Grimault mit son studio à la disposition de nombreux auteurs de dessins animés, parmi lesquels Roland Topor, auteur de *la Planète sauvage*, René Laloux ou Jacques Colombat. Malgré ces œuvres, le dessin animé français est resté relativement discret jusque dans les années 80. Mais la décennie 1985-1995 a marqué un spectaculaire renouvellement. En dix ans, la production de films animés a quadruplé, représentant le tiers des exportations de programmes audiovisuels. Même les États-Unis ont succombé ! Certains dessins animés français y ont fait une jolie percée, comme *Calamity Jane*, vendu à Warner Bros Kids Network et diffusé avec succès, ou *les Zinzins de l'espace*, acquis par la Fox, et qui a obtenu un record d'audience lors de sa diffusion. De son côté, la série *Insektors* a reçu en 1994 un Emmy Award, la plus haute distinction de la télévision américaine. Quand on sait combien il est difficile de vendre outre-Atlantique un film sur lequel les grands studios ne sont pas intervenus, ces succès sont aussi remarquables qu'inhabituels.

Il faut également souligner la place de choix qu'occupent les créateurs français dans le domaine des effets spéciaux, directement dérivés de la technique du dessin animé. Leur compétence est reconnue par les grands studios américains, qui font régulièrement appel à eux. Ce fut le cas pour le film *Toy Story*, un énorme succès auprès du public comme de la critique.

LE ROI ET L'OISEAU
Le chef-d'œuvre animé de Paul Grimault fut présenté en 1952 avant d'être remanié.

1900 — 1950

1906 *Humorous Phases of Funny Faces*, de Stuart Blackton

1908 Émile Cohl découvre l'animation « image par image »

1928 Apparition de Mickey dans *Steamboat Willie*

1937 *Blanche-Neige et les Sept Nains*

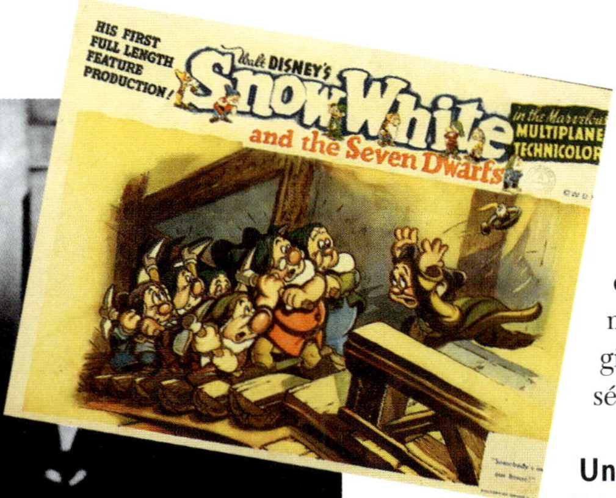

L'EMPIRE DU DESSIN ANIMÉ Walt Disney a su utiliser l'extraordinaire popularité de Mickey, de Donald ou de Pluto pour fonder un gigantesque empire commercial.

pouvait être réutilisée autant de fois que nécessaire ; il suffisait de compléter les parties mobiles de chaque image : les « cellulos » étaient nés !

La Paramount ouvrit alors un studio d'animation qui fut une féconde pépinière de talents. Y débutèrent les frères Dave et Max Fleischer, qui volèrent ensuite de leurs propres ailes et créèrent la pulpeuse Betty Boop, seul personnage de dessin animé à avoir suscité les foudres des ligues de moralité (on leur doit également le désopilant Popeye). Dans les années 20, la vraie star du dessin animé, c'est Félix le Chat, série de l'Australien Pat Sullivan qui s'attire les louanges des critiques par l'élégance de sa stylisation.

Walt Disney rencontre alors un modeste succès avec son Oswald le lapin et une petite héroïne nommée Alice. Mais en 1928, il imagine avec le dessinateur Ub Iwerks une souris très irrévérencieuse qu'ils nommèrent tout d'abord Mortimer avant de la rebaptiser Mickey...

Après quelques petits films muets où le personnage se précise, Mickey fait ses véritables débuts avec *Steamboat Willie*, premier dessin animé postsynchronisé dont le succès prodigieux se confirmera avec la série des *Silly Symphonies*.

Un âge d'or

Piètre dessinateur, Disney sut s'entourer de collaborateurs de talent envers lesquels il se montra exigeant, afin de surclasser les autres studios, qui avaient eux aussi des atouts dans leur jeu : des inventeurs de gags à l'imagination délirante (entre autres, un débutant de génie nommé Tex Avery) et une série de créatures effrontées nommées par exemple Bugs Bunny, Tom et Jerry, Woody Woodpecker...

En 1937, Disney montra d'autres ambitions avec *Blanche-Neige et les Sept Nains*, un long métrage qui lui valut un prix spécial aux Oscars. On salua en lui « le créateur d'un nouveau langage artistique, à qui des millions de personnes doivent la joie et le rire ».

Il aurait fallu une vie entière à Émile Cohl, artiste solitaire, pour produire un tel film... Mais Disney disposait de 570 employés, qui fournirent quelque 250 000 dessins... Il confirma sa réussite avec *Pinocchio* (1940), *Fantasia* (1940) et *Dumbo* (1941).

L'après-Disney

Un quart de siècle après la mort de Walt Disney (1966), son usine de magie tournait toujours à plein régime. Mais les traditionnels Celluloïds avaient disparu, éclipsés par l'ordinateur, qui fera perdre au dessin animé son caractère artisanal. Au début, cet outil représentait surtout un précieux gain de temps en se chargeant des tâches répétitives : reproduction de planches ne présentant que des variations mineures, agrandissement, réduction ou rotation des dessins... Le matériel s'étant perfectionné, les productions Disney lancèrent avec *Tron* (1982) l'animation informatisée. Une révolution technique qui ira hélas de pair avec une spectaculaire baisse de la qualité (les Japonais inonderont le marché de séries médiocres) et qui précédera celle des images de synthèse : les planches à dessin sont désormais renvoyées au musée, mais on continue, comme à l'ère des pionniers, à dessiner directement sur la pellicule...

BETTY BOOP LA SCANDALEUSE Pour dessiner leur pulpeuse héroïne, Dave et Max Fleischer s'inspirèrent, dit-on, des charmes bien réels d'une star de cinéma.

LE MOUVEMENT AMÉRICAIN

En 1907, le film de James Stuart Blackton *l'Hôtel hanté* fit sensation en France. Chez Gaumont, on se demandait comment l'Américain avait réussi à animer des objets avec autant de naturel et de brio.

« Comment ont-ils réussi cela ? Pourquoi n'en faites-vous pas autant ? », clamait Léon Gaumont, patron de la firme à la marguerite (emblème qui la distinguait de Pathé et de son coq). Et il harcelait ses techniciens : « Qu'est-ce que c'est que ce mouvement américain ? Je veux savoir ! »

Émile Cohl, qui venait d'être engagé, élucida le mystère. Il s'était fait un nom dans la presse grâce à ses dessins satiriques, tout en s'initiant à la photographie, puis était venu au cinéma par hasard, à l'âge de 50 ans : découvrant que Gaumont avait plagié un de ses dessins, il avait adressé à la firme une lettre de protestation... et avait reçu par retour du courrier un contrat de scénariste ! Il expliqua aux ingénieurs que le procédé reposait sur le principe du tournage image par image, qu'il mit lui-même en application l'année suivante dans *Fantasmagorie* : ainsi naquit le premier dessin animé du cinéma français.

L'ORDINATEUR ROI En 1996, les studios Disney présentaient *Toy Story*, dont les images et l'animation avaient été conçues par ordinateur.

1950 — 2000

1955 Premier Disneyland, en Californie

1979 Paul Grimault reçoit le prix Louis-Delluc pour *le Roi et l'Oiseau*

1994 *Le Roi Lion*
1996 *Toy Story*
1996 *Le Bossu de Notre-Dame*
1997 *Hercule*

LA TÉLÉVISION, OU LA LUCARNE MAGIQUE

EN ENTRANT DANS CHAQUE FOYER, LA TÉLÉVISION A OUVERT UNE FENÊTRE SUR LE MONDE

RIVALITÉ En 1936, le film *Trapped by Television* donnait une image caricaturale d'une caméra de télévision : vingt ans plus tard, la concurrence du petit écran mettra Hollywood en crise.

Si le « village planétaire » cher aux sociologues existe, alors la télévision en est la place centrale, celle où l'on se retrouve pour apprendre les dernières nouvelles – à cette différence près que le petit écran n'est pas réputé favoriser la convivialité – on l'accuserait plutôt d'enfermer les individus dans leur solitude. Isolés ou non, des centaines de millions de personnes peuvent suivre en direct les jeux Olympiques, le mariage d'une tête couronnée ou les premiers pas de l'homme sur la Lune.

Un œil qui travaille pour nous

Outre son rôle de média, la télévision assume des fonctions plus utilitaires : contrôler la circulation, observer l'intérieur d'un réacteur nucléaire, surveiller les rayons d'un magasin, repérer une épave au fond de la mer... Et on peut imagine cent autres usages pour cette petite lucarne qui n'a pas dit son dernier mot.

Le mot « télévision » fut employé pour la première fois en 1900, mais le concept n'était pas nouveau, et les deux inventions majeures qui en permirent la réalisation avaient depuis longtemps vu le jour en Allemagne. Le disque de Nipkow (breveté en 1884 par l'ingénieur Paul Nipkow) permit l'analyse de l'image par un procédé mécanique : à l'émission, l'image est projetée par un objectif sur le disque en rotation, dont les perforations la balaient de lignes régulières. Les rayons ainsi criblés sont captés par une cellule photoélectrique, qui les convertit en courants de force variable ; à la réception, un disque identique, au mouvement synchrone, est placé devant une lampe, dont l'intensité varie suivant celle des signaux reçus, reconstituant l'alternance d'ombre et de lumière de l'image.

En 1897, un autre Allemand, Karl Ferdinand Braun, formulait le principe de l'oscillographe cathodique, qui consiste en un tube de verre vidé renfermant une cathode ; une fois chauffée, celle-ci émet un flot d'électrons, qui bombardent la face du tube et génèrent de la lumière. Cet appareil est l'ancêtre direct du moderne tube cathodique.

Au début du XXe siècle, la transmission et la réception des images fait l'objet d'une fébrile compétition entre les ingénieurs de tous les pays. En 1923, l'Écossais John Logie Baird dépose un brevet pour un projet de télévision mécanique exploitant le principe du disque de Nipkow. La même année, Vladimir Zworykin, Russe émigré aux États-Unis, conçoit l'Iconoscope, ébauche de la caméra électronique qui convertit l'image optique en impulsions électriques, mais il ne le

LE PIONNIER John Logie Baird, qui réalisa en 1928 la première transmission à travers l'Atlantique, présente ici son Televisor avec la complicité de marionnettes.

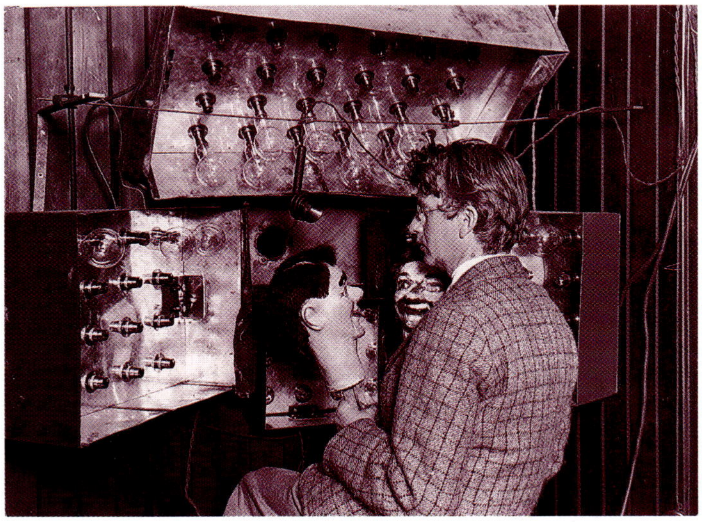

UNE LUMIÈRE VERDÂTRE

« Une image minuscule, qui flotte dans une lumière d'ensemble verdâtre » : c'est en ces termes que la revue *l'Illustration* fustige la mauvaise qualité de la première émission officielle de la télévision française, présentée le soir du 26 avril 1935 dans le grand amphithéâtre du ministère des PTT, rue de Grenelle, devant mille invités privilégiés. Un mois plus tôt, le ministre Georges Mandel avait donné carte blanche à René Barthélémy, qui, depuis 1928, dirigeait à Montrouge le laboratoire de recherche de la Compagnie des Compteurs et qui l'emportait ainsi sur ses concurrents, la Compagnie générale de Télévision d'Henri de France et la Continentale de Télévision qui exploitait le procédé de Baird. Dès lors, les émissions ne cesseront de se multiplier. Le 4 janvier 1937, un horaire de soirée est mise en place, complétant celui de l'après-midi (15 h à 16 h) et le programme de gala du dimanche (17 h 30-19 h 30). Le premier reportage en direct aura lieu le 10 juillet 1937 pendant l'Exposition internationale.

1900 — 1950

1926 Démonstration de la première télévision
1928 Premiers essais de diffusion aux États-Unis
1931 Première caméra électronique
1949 Inauguration du câble

mettra au point qu'en 1931. Entre-temps, Baird avait pris tous ses concurrents de vitesse en réussissant, le 30 octobre 1925, la première transmission d'une image animée ; le 27 janvier 1926, la première démonstration publique avait lieu à Londres : la télévision était officiellement née.

Premières émissions télévisées

Baird appela son appareil Televisor. En 1929, il parvint à convaincre la BBC de lancer un programme expérimental de diffusion télévisée, qui deviendra régulier en 1932. En France, où les recherches étaient menées par René Barthélémy, la première démonstration eut lieu à Malakoff le 14 avril 1931 devant 800 journalistes ; quatre ans plus tard, le ministre des PTT Georges Mandel donnait le coup d'envoi de

UN NOUVEAU MARCHÉ Cette brochure publicitaire de 1936 (année des jeux Olympiques de Berlin) présente un téléviseur britannique.

la télévision française. Mais bientôt le public ne se satisfera plus des images tremblotantes de l'âge des pionniers. En 1936, La BBC adopte le système électronique Marconi-EMI, basé sur l'Iconoscope, qui diffuse en 405 lignes (soit une définition trois fois plus fine qu'avec le procédé mécanique de Baird). Cette nouvelle qualité d'image émerveilla ceux qui suivirent le premier reportage en direct par voie hertzienne : le couronnement du roi George VI, le 12 mai 1937. La guerre mit toutefois un frein à ce développement.

Premier journal télévisé français

En 1949, un nouvel émetteur en 819 lignes (une définition que la France était alors seule à adopter) était installé sur la tour Eiffel, et la même année était inauguré le premier journal télévisé français (15 minutes). Mais le grand exploit télévisé de l'après-guerre reste la retransmission en direct, par 17 caméras, du couronnement d'Élisabeth II (2 juin 1953), suivi dans le monde entier par quelque vingt millions de téléspectateurs :

L'ÈRE DE LA MONDIOVISION Relayée par le satellite Telstar, la première retransmission à travers l'Atlantique, le 11 juillet 1962, fut captée par la station bretonne de Pleumeur-Bodou.

en cette seule semaine, 5 000 téléviseurs furent vendus en France ! En 1954, huit pays européens (Allemagne, Belgique, Danemark, France, Grande-Bretagne, Italie, Pays-bas et Suisse) mirent en place un convertisseur de définition et fondèrent l'Eurovision qui se révéla un succès tant technique que qualitatif.

L'avènement de la couleur

En 1951, la firme CBS présente à New York son procédé de télévision couleur PAL qui, dans les années 60, entrera en concurrence avec le Sécam français (adopté également par l'Union soviétique et nombre de pays africains). Dix ans plus tard, la télévision entrait dans l'ère de la Mondiovision avec la première retransmission par satellite à travers l'Atlantique, dans les deux sens (11 juillet 1962). En 1967, on dénombrait deux cents millions de foyers dotés d'un téléviseur : le petit écran était véritablement devenu un mass media.

C'est ce que comprirent vite les publicitaires, qui se firent attribuer des créneaux horaires de plus en plus importants. Les annonceurs, bien évidemment, préféraient être associés aux programmes recueillant le plus de suffrages, et l'on vit s'instaurer une dictature de l'audience.

La multiplication des chaînes, en particulier des chaînes dite thématiques, rétablit l'équilibre grâce à l'extension du réseau câblé, qui se substitue aux peu esthétiques antennes. Testée aux États-Unis dès 1927, la télévision par câble n'a pris son essor qu'en 1970, avec l'apparition des fibres optiques, tandis que révolution numérique des années 90 a amené une qualité d'image et de son sans précédent. Désormais, chacun composera son propre « bouquet de chaînes », ce qui crée de nouvelles règles de concurrence.

HENRI DE FRANCE

Passionné dès l'adolescence par les télécommunications, l'ingénieur Henri de France (1911-1986) parvint en 1931 à doubler (de 30 à 60 lignes) la définition des premières images de télévision, puis passa à 120 lignes en 1933. On lui doit l'invention du procédé Sécam de télévision en couleurs, breveté en 1956.

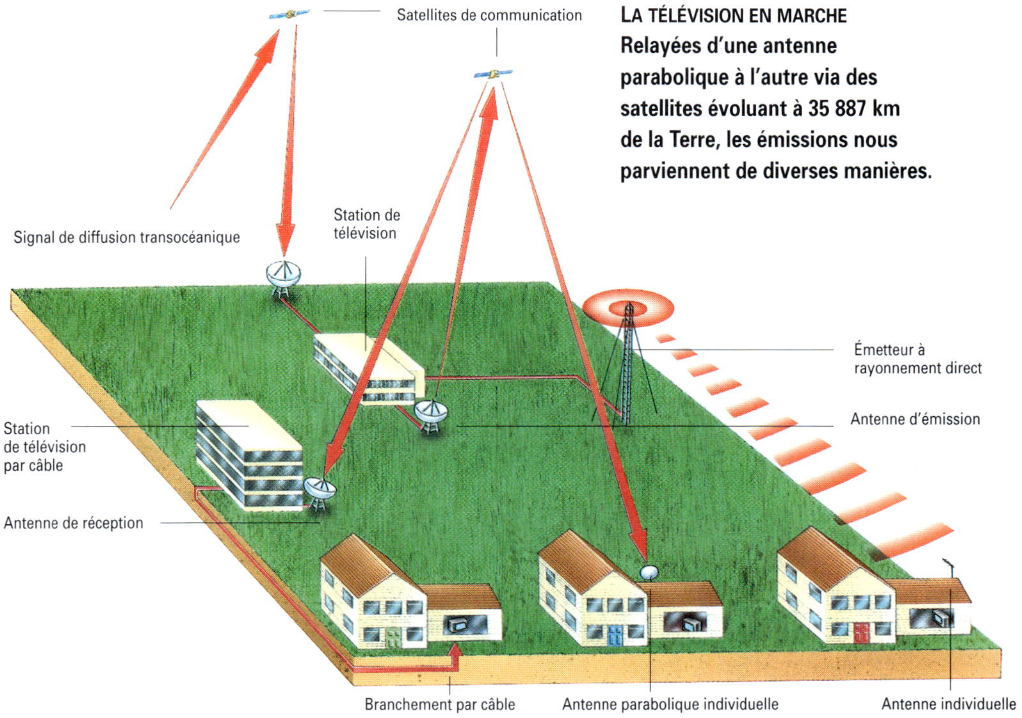

LA TÉLÉVISION EN MARCHE Relayées d'une antenne parabolique à l'autre via des satellites évoluant à 35 887 km de la Terre, les émissions nous parviennent de diverses manières.

1950 — 2000

- 1951 Télévision en couleurs aux États-Unis
- 1953 Diffusion internationale du couronnement d'Élisabeth II
- 1962 Télévision transatlantique relayée par satellite
- 1967 Télévision en couleurs en France (procédé Sécam)
- 1990 Télévision interactive

LA VIDÉO, TOUT UN CINÉMA CHEZ SOI

FILMER ET REGARDER SANS INTERMÉDIAIRE : TEL EST L'ATOUT MAÎTRE DE LA VIDÉO

Comme l'appareil photo, la caméra vidéo a quitté la sphère professionnelle pour devenir un accessoire quotidien, aussi banal que la télévision. Il n'aura fallu pour cela que quelques années. D'abord développée pour le cinéma et les distributeurs de films, la technologie de la vidéo s'est imposée dans des domaines variés : éducation, entraînement sportif, sécurité et surveillance, publicité – et, bien sûr, loisirs.

Grâce à la vidéo, les banques enregistrent le passage de leurs clients, les mères de famille s'initient, les unes à la cuisine, les autres à l'aérobic, cependant que les joueurs de tennis dissèquent leur revers et leurs coups droits, et que les boxeurs analysent avant un match les faiblesses de leurs adversaires.

PREMIERS PAS Il fallut deux ans à la BBC pour mettre au point le Vision Electronic Recording Apparatus (VERA). À peine lancé, en 1958, le système était déjà obsolète.

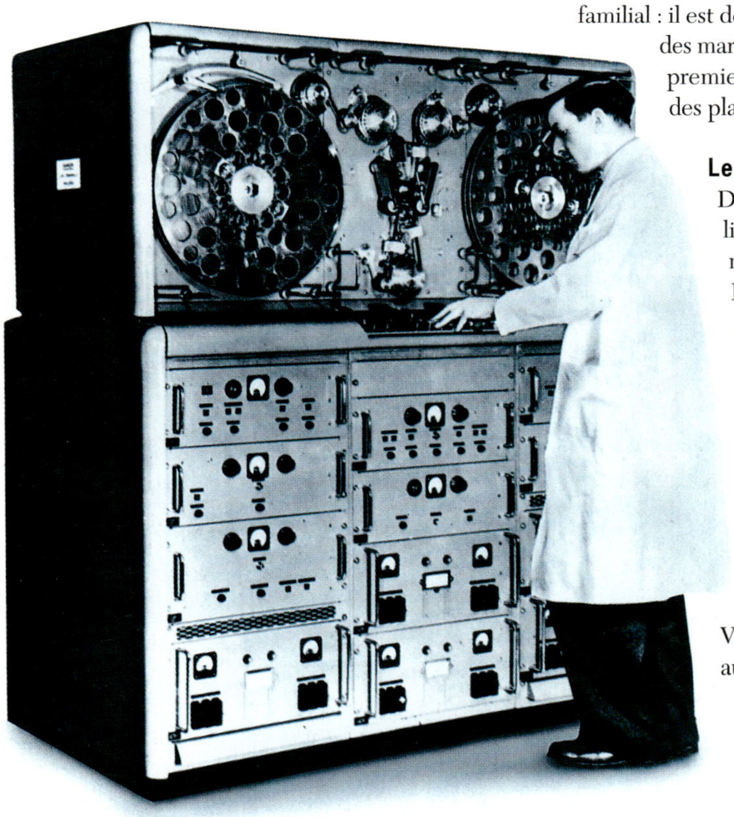

La recherche de la simplicité

Le premier magnétoscope accessible au grand public, lancé en 1964 par Sony, n'enthousiasma guère la clientèle : lourd et onéreux, il présentait un impressionnant labyrinthe de bobines et de têtes de lecture, où l'utilisateur devait glisser lui-même la bande. En 1969, Matsushita, JVC et Sony mettaient sur le marché les cassettes vidéo U-matic, dont la bande était stockée dans un conteneur en plastique, ce qui facilitait grandement la manipulation. La compétition entre les marques ne jouait plus désormais que sur le format et la durée d'enregistrement.

La guerre des standards

Le système VHS (Video Home System), mis au point en 1976 et représentant aujourd'hui 90 % des ventes mondiales, éclipsa rapidement son rival le Betamax. En 1982, les fabricants se prononcèrent en faveur d'un format standard 8 mm, dont les cassettes seraient utilisables sur tous les futurs appareils.

Légère et facile à manier, la caméra vidéo aurait dû combler les adeptes du reportage et du cinéma-vérité, mais le matériel destiné au grand public était loin de souscrire aux normes professionnelles quant à la qualité de l'image et du son. S'il a définitivement détrôné la caméra 8 mm chère aux cinéastes amateurs, le Caméscope reste essentiellement utilisé dans un contexte familial : il est devenu l'indispensable témoin des mariages et des anniversaires, des premiers pas des chers bambins et des plaisirs des vacances.

Les disques vidéo

Dès 1928, John Logie Baird se livre à des essais d'enregistrement d'images sur disque, la Phonovision. Teledec, premier disque vidéo inventé en 1970 et commercialisé en 1974 par le groupe AEG-Telefunken-Decca, fut un échec. Philips expérimenta alors la technologie du laser, mais le Laservision, mis au point en 1972, n'apparut en Europe qu'en 1982. En 1987, avec le Compact Disc Video, Sony et Philips offrirent au public une image de qualité supérieure et un son numérique atteignant à la perfection. Les premiers disques vidéo laser de format compact furent commercialisés en 1990. Cette durée accrue permettait notamment l'enregistrement de la plupart des opéras, un atout propre à séduire les mélomanes.

UNE CONSOLE DE JEUX VIDÉO DANS SA POCHE Lancée en 1989 à grand renfort de publicité, la console Game Boy de Nintendo offrait 80 jeux différents. La Super Nintendo battra un nouveau record avec 300 jeux, dont le best-seller Super Mario II Stars.

Esclaves de l'écran

À partir de 1980, parents, enseignants et sociologues découvrirent le nouvel engouement de l'ère informatique : les jeux vidéo, qui plongeaient les enfants dans un état quasi hypnotique. En 1990, une commission d'experts pédopsychiatres accusa les fabricants de chercher délibérément à instaurer chez l'enfant une dépendance au produit. Accusation plus grave, certains médecins mirent en cause la pratique intensive des jeux vidéo dans le déclenchement de certaines épilepsies dites photosensibles (provoquées par des éclairs très brefs, de l'ordre de 15 à 20 par seconde). On n'a toutefois recensé que 5 à 6 cas pour 100 000 utilisateurs...

Le premier jeu vidéo, Star War, développé à l'Institut de technologie du Massachusetts en 1962 et vendu avec un support lourd et coûteux, sembla n'avoir aucun avenir. Tout changea avec le lancement, par la société japonaise Taito, de Space Invaders, qui battit des records de vente, avant que PacMan ne fasse à son tour des ravages. La console vidéo, devenue abordable, était en passe de détrôner les jouets traditionnels.

Dix ans plus tard, Nintendo sortit sa Game Boy (1989), véritable Walkman du jeu vidéo qui se tailla la part du lion sur le marché. À ce jour, plus de 100 millions de consoles Nintendo ont été vendues de par le monde.

1900 — 2000

1956 Première apparition du magnétoscope et de la bande vidéo magnétique

1962 Lancement du jeu vidéo Star War

1969 Première cassette vidéo

1982 Premier Caméscope

1987 Compact Disc Video

1989 Game Boy de Nintendo

L'EXCEPTION AUDIOVISUELLE FRANÇAISE

LE POIDS ET LE RÔLE DE L'ÉTAT DANS LE SECTEUR AUDIOVISUEL FRANÇAIS CONSTITUENT UNE VIEILLE TRADITION... MENACÉE.

Le « paysage audiovisuel français » possède une spécificité que l'on peut, selon son opinion, trouver bénéfique ou nuisible : depuis les débuts de la télévision, l'État y est omniprésent, à la fois juge et partie. D'un côté, en effet, il réglemente le secteur de la communication et, de l'autre, il en est un acteur majeur à travers les chaînes publiques qu'il contrôle. Étrange mélange des genres !

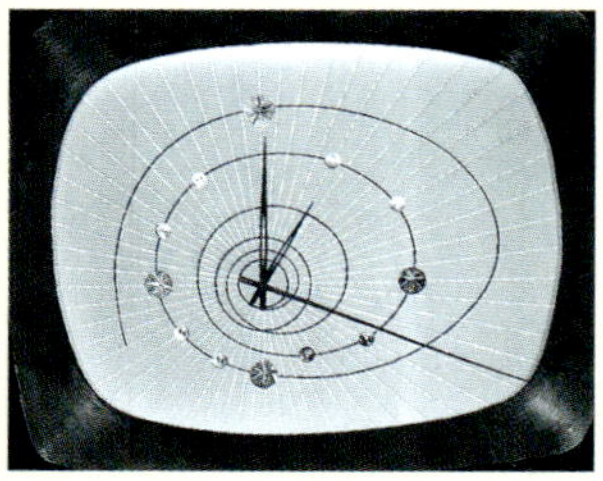

L'ORTF Cette horloge célèbre en fut longtemps la mire.

Les différentes lois sur l'audiovisuel, décidées au gré des changements de majorité politique, témoignent de l'évolution de ces liens de dépendance.

Jusqu'en 1964, la télévision est « la voix de la France ». La loi du 27 juin 1964, qui crée l'ORTF (Office de radio télévision française), regroupant tout l'audiovisuel hexagonal, vise à desserrer cette tutelle trop voyante du pouvoir. Dix ans plus tard, la loi du 8 juillet 1974 instaure une concurrence au sein du secteur public en divisant l'ORTF en six établissements autonomes (TF1, Antenne 2, FR3...). Mais l'État garde encore le monopole de la diffusion – à travers TDF – et nomme... six directeurs au lieu d'un.

La loi du 29 juillet 1982 marque la volonté du nouveau pouvoir en place de garantir une certaine liberté à ce secteur si sensible en créant la Haute autorité de la communication audiovisuelle, une instance autonome dont les membres sont nommés, à parité, par le président de la République, le président de l'Assemblée nationale et celui du Sénat.

Deux ans plus tard, le 4 novembre 1984 – date capitale – marque la fin du monopole de la télévision publique, avec la naissance de Canal +, chaîne payante voulue par le pouvoir. Deux autres chaînes privées vont très vite s'implanter : la 5 et M6.

La loi du 30 septembre 1986 ouvre la porte à la privatisation de TF1 et remplace la Haute autorité par la Commission nationale de la communication et des libertés (CNCL), tout en réattribuant la 5 et M6. Un nouveau changement politique entraîne la loi du 17 janvier 1988, qui substitue le Conseil supérieur de l'audiovisuel (CSA) à la CNCL.

L'ENJEU Le 3 avril 1987, les représentants du groupe Bouygues (à gauche) sont confrontés aux membres de la CNCL avant l'attribution de TF1.

Trois sigles différents en six ans pour trois instances à même vocation… Une autre majorité vote la loi du 1er février 1994, qui autorise un actionnaire privé à détenir jusqu'à 49 % d'une chaîne nationale. Cette disposition sera remise en cause en 1998... Bref, depuis les débuts de la télévision, chaque gouvernement a ajouté sa pierre législative à un édifice déjà incroyablement complexe.

Aujourd'hui, le paysage audiovisuel français (le PAF) est constitué de deux blocs concurrentiels de taille, de vocation et de fonctionnement différents : le service public – qui a connu huit présidents en seize ans, de 1982 à 1998 – et les chaînes privées.

Le premier est financé en partie par la redevance, le second par la publicité. Cependant, il sera sans doute de moins en moins spécifique. La télévision en version mondiale et numérique est une industrie lourde, un enjeu commercial planétaire colossal, une affaire d'argent où les pouvoirs publics sont de plus en plus dépassés. Tous les observateurs semblent, pour une fois, être d'accord : face à ces bouleversements, la sacro-sainte exception française, déjà largement mise à mal, risque de disparaître.

FRANCE-TÉLÉVISION Son nouveau siège, situé dans le XVe arrondissement de Paris, est dû à l'architecte Jean-Paul Viguier. Il fut achevé en 1998.

QUAND BRICOLAGE RIME AVEC PASSION

ACTIVITÉ STRICTEMENT UTILITAIRE AUTREFOIS RÉSERVÉE AUX INITIÉS, LE BRICOLAGE EST DEVENU L'UN DES LOISIRS FAVORI ET A DONNÉ NAISSANCE À UNE INDUSTRIE

Jadis, poser des tentures murales, repeindre son plafond ou aménager des placards demandait de solides compétences, et le profane était contraint de faire appel à un professionnel. Tout changea avec la commercialisation d'une nouvelle gamme d'outils et de fournitures qui, pour reprendre le slogan en vogue, faisait du bricolage « un jeu d'enfant ». Vers 1950 apparurent les premiers outils électriques spécifiquement destinés aux amateurs, notamment des perceuses. La perceuse portable avait été conçue à Stuttgart, dès le début du siècle, par Wilhelm Fein. En 1917, Black et Alonso Decker, fertiles inventeurs qui avaient déjà à leur actif une machine à imprimer les billets de banque, mirent au point une perceuse à poussoir et à moteur refroidi par ventilateur. Mais son poids (11 kg) en limitait l'emploi à l'industrie. Les modèles légers à usage domestique apparurent après 1945, bientôt suivis des engins encore plus maniables et dotés de variateurs de puissance.

LE COFFRET AUX TRÉSORS En 1959, une boîte à outils Black & Decker en acajou éleva le bricolage au rang d'artisanat d'art.

La révolution des matières plastiques fit entrer la décoration d'intérieur dans une nouvelle ère et mit sur le marché un vaste choix de textiles, de revêtements et de colles adaptées à tous les usages. Les colles synthétiques du type Superglue, appartenant à la famille des cyanoacrylates, surpassaient sans conteste toutes les colles naturelles. Cette substance fut découverte par hasard lorsque deux chimistes de Kodak, Harry Cooper et Fred Joyner, voulurent expérimenter la capacité d'un de leurs nouveaux produits à réfléchir la lumière. Effarés devant les dégâts infligés à leur matériel, ils ne comprirent que plus tard l'importance de leur découverte. Le premier produit adhésif à base de cyanoacrylate, l'Eastman 910, fut mis en vente en 1958 et a connu depuis une belle postérité.

Le Workmate, établi pliant et léger – accessoire essentiel pour le bricoleur –, fut dessiné en 1968 par l'Anglais Ronald Hickman. Celui-ci s'associa au groupe Black & Decker pour commercialiser son invention.

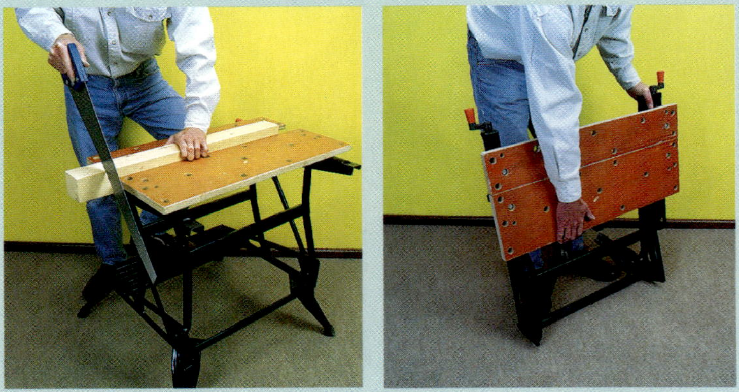

UNE ATELIER CHEZ SOI L'établi Workmate a enchanté une nouvelle génération de bricoleurs à partir de 1968, et transformé les foyers en ateliers de fabrication.

Les nouveaux bricoleurs étaient prêts à tout, même à monter leur propre voiture. Les designers Colin et Chapman relevèrent le défi en 1957 avec la Lotus Élite, une voiture de sport vendue en kit. À partir de 1973, l'acheteur ingénieux put mettre son talent à l'épreuve grâce aux calculatrices de poche Sinclair.

L'essor de l'électronique et l'apparition d'outils automatisés firent la joie des mécaniciens amateurs. Mais les progrès de la technologie s'avérèrent une arme à double tranchant. L'extrême sophistication du matériel découragea toute velléité de réparation et condamna à l'impuissance des millions de mécaniciens amateurs. Depuis 1990, de nombreuses voitures ont été équipées de systèmes informatisés dont les fabricants gardent jalousement le secret.

VOITURE KITSCH EN KIT Dès les années 50, quelques passionnés se mirent en tête de construire leur modèle. Cette Jeffrey de 1974 était dotée d'un moteur Ford de 1500 cm³.

UN SIÈCLE DE SPORT

LA TECHNOLOGIE A REDONNÉ VITALITÉ À LA TRADITION ET A CRÉÉ DES SPORTS NOUVEAUX

Dès 1900, les sports classiques – athlétisme, tennis, football, rugby – avaient acquis leur forme définitive, et le cyclisme s'apprêtait à vivre ses grandes épopées. Tandis que les technologies nouvelles faisaient reculer toujours davantage les seuils de la performance sportive, le XXe siècle vit apparaître le sport-loisir : la randonnée, l'alpinisme, l'équitation, le VTT ont connu un essor spectaculaire, de même que la voile et tous les sports nautiques.

L'amélioration de l'équipement a contribué à développer la pratique du sport – dont l'image de marque a conquis du prestige – tout en assurant une meilleure sécurité. Les joueurs de golf disposent de crosses à manche d'acier (autorisées en compétition depuis 1929), les champions de tennis ont troqué le bois des anciennes raquettes contre les alliages légers et le graphite, tandis que les athlètes de la course et du saut sont équipés de chaussures ergonomiques et de tenues qui favorisent la pénétration dans l'air. Les matériaux synthétiques, qui ont remplacé à partir de 1967 la traditionnelle cendrée, ont permis de nouveaux records ; les machines à lancer les balles ont modifié du tout au tout l'apprentissage du tennis et l'entraînement ; les patineurs et les skieurs évoluent sur de la glace ou de la neige artificielle (depuis 1949) et les alpinistes en herbe disposent de murs d'escalade. Enfin, la plongée sous-marine a vu apparaître le scaphandre autonome (1926) et les palmes (1927).

Au rayon des nouveautés, les sports de notre siècle ont été souvent individuels, et plus marqués par le désir d'affirmer un style que par la volonté de vaincre. La Californie, phare de toutes les excentricités, s'est montrée particulièrement créative avec l'invention du beach-volley (1940), du skateboard (1960), du vélo tout terrain ou VTT (1973) et du rollerblade (1980).

À la vitesse des vagues

Bien que pratiqué par les Polynésiens depuis le XVIIIe siècle, le surf – ainsi que la plupart des sports nautiques – n'est entré qu'assez récemment dans nos mœurs. Après la Californie, il a conquis la côte basque, dont les rouleaux sont particulièrement propices. Les premiers skis nautiques, deux planches en pin légèrement incurvées, furent chaussés par l'Américain Ralph Samuelson sur un lac du Minnesota, en 1925. Puis les surfeurs américains imaginèrent la planche à voile, inventée presque en même temps par le Britannique Peter Chilvers.

La conquête du ciel

Le premier saut en parachute fut exécuté en 1924 par le sergent américain Randall Bose, à la suite d'un pari. Le parachutisme sportif, qui compte parmi ses licenciés une forte proportion de femmes, a connu une progression spectaculaire. La France a d'ailleurs à maintes reprises démontré sa suprématie dans le domaine de la voltige et des figures imposées.

SPORTS POUR CASSE-COU Le skateboard (en haut), sorte de surf des villes, et le deltaplane (ci-dessus), conçu par des ingénieurs de la NASA, ont vu se multiplier leurs adeptes.

En 1948, l'ingénieur de la NASA Francis Rogallo mit au point l'aile delta (ou deltaplane), ainsi appelée en raison de sa forme triangulaire évoquant la lettre grecque ; mais il ne trouva aucun investisseur pour commercialiser son invention. L'Australien Bill Moyes, autre ingénieur de la NASA, présenta en 1964 une aile de 4,5 m d'envergure ; cinq ans plus tard, son compatriote Bill Bennett fit une magistrale démonstration des aptitudes du nouvel engin en survolant la statue de la Liberté. En 1975, les ULM (ultralégers motorisés), apparus simultanément en France, en Australie et aux États-Unis, permirent d'assouvir sans trop se ruiner, les rêves de conquête des airs.

Né en Angleterre vers 1980, le saut à l'élastique a rapidement gagné les autres continents. Mais certains prétendent que cet exercice qui relève plus du défi que du sport fut inventé jadis par les indigènes des Nouvelles-Hébrides qui se donnaient ainsi de délicieux frissons.

VÉLIPLANCHISTES Née dans les années 60, la planche à voile, type même du sport individuel, est devenue un élément du paysage.

1900 — 2000

1924 Première descente en parachute
1925 Skis nautiques
1948 Débuts du deltaplane
1926
1958 Débuts de la planche à voile
1980 Saut à l'élastique
1946 Marilyn's first film contract

JEUX ET PASSE-TEMPS

AU PALMARÈS DES JEUX, DES ENGOUEMENTS ÉPHÉMÈRES ET DES SUCCÈS INDÉTRÔNABLES

Le siècle naissant, placé sous le signe de la fée Électricicité, se prit d'abord de passion pour les jeux scientifiques, petites merveilles que s'arrachent aujourd'hui les collectionneurs. Ce sera aussi le cas des premières boîtes de Meccano, jouet éducatif conçu pour réunir pères et fils, et dont le charme très « rétro » fait rêver. Mais bientôt le jouet se démocratisa et devint une industrie prospère. La publicité trouva là un terrain de choix, et les nouvelles modes venues d'outre-Atlantique firent des millions d'adeptes en Europe. Certains de ces engouements n'ont été que des feux de paille, comme le Rubik's cube ou le Frisbee. D'autres jeux sont devenus au contraire des classiques, et l'on n'imagine même plus une époque où n'existaient ni Lego, ni Scrabble, ni Monopoly...

Ingénieurs en herbe

En 1900, à Liverpool, Frank Hornby conçut pour ses deux fils un nouveau jeu de construction, constitué de tiges et de plaques de métal perforées qui s'assemblaient au moyen de vis et d'écrous. Aux éléments de base vinrent s'ajouter des compléments plus sophistiqués : roues, poulies et même mécanismes d'horlogerie– ou, plus tard, des moteurs qui permettaient de construire grues et locomotives. De quoi satisfaire la vocation d'ingénieur qui, paraît-il, sommeille en chaque petit garçon – ou permettre à son papa d'assouvir ses vieux rêves d'enfant ! D'abord appelé « La mécanique à la portée de tous », le nouveau jeu fut baptisé Meccano en 1907. En 1913, un produit concurrent, l'Erector Set, fut lancé aux États-Unis avec ce slogan : « Bonne nouvelle, les garçons ! Vous allez pouvoir fabriquer vos jouets ! » Enfin, l'équivalent allemand du Maccano prit le nom de Maerklin.

Les briques emboîtables Lego furent le nouveau Meccano de l'âge du plastique. Créé en 1955 par Ole Kirk Christiansen, ébéniste danois, le jeu tire son nom de *leg godt*, ce qui veut dire en danois « joue bien ». Dès 1979, les éléments Lego représentaient un pour cent des exportations du Danemark.

Jeux de mots

La première grille de mots croisés, imaginée par le Britannique Arthur Wynne, apparut dans le supplément hebdomadaire du *New York World* le 21 décembre 1913. Les trente-deux définitions ne présentaient guère de difficultés, mais le public se passionna pour ce nouveau sport cérébral, si bien qu'une brochure entièrement consacrés aux mots croisés – et vendue avec un crayon – fut publiée en 1924 et devint un best-seller. Le nouveau hobby franchit l'Atlantique, et en 1925 mots croisés firent irruption dans la presse européenne (en France, les premières grilles parurent dans le *Dimanche illustré*). Et comme les couturiers des Années folles adoraient les motifs géométriques, on vit aussi des robes, des sacs, des écharpes et des bijoux à motifs « grille ». Retombée imprévue : les ventes des dictionnaires grimpèrent en flèche. Bientôt les définitions se corsèrent et exigèrent des lecteurs une culture quasi encyclopédique en même temps qu'une astuce de détective. Un auteur de grilles prit même le pseudonyme révélateur de Torquemada.

Le succès du Scrabble

Le Scrabble est dérivé d'un autre jeu de lettres, le Lexicon, inventé dans les années 30 par Alfred Butts, architecte au chômage et fanatique de mots croisés. En 1946, il y ajouta une grille et introduisit les valeurs numériques des lettres, rebaptisant le tout Scrabble. Commercialisé en 1949, le jeu reçut d'abord un accueil des plus mitigés : en 1951, année de son introduction en France et en Angleterre, il ne s'en était encore vendu que 8 500 exemplaires. C'est alors que le directeur d'un grand magasin new-yorkais, lui-même joueur assidu, lança une campagne publicitaire qui remporta un succès inespéré. Depuis, plus de cent millions d'exemplaires ont été vendus dans le monde. Le Scrabble est aujourd'hui disponible en trente-cinq langues, et les aveugles n'ont pas

MODE CRUCIVERBISTE Ce modèle créé par un couturier parisien est révélateur de l'irrésistible engouement pour les mots croisés.

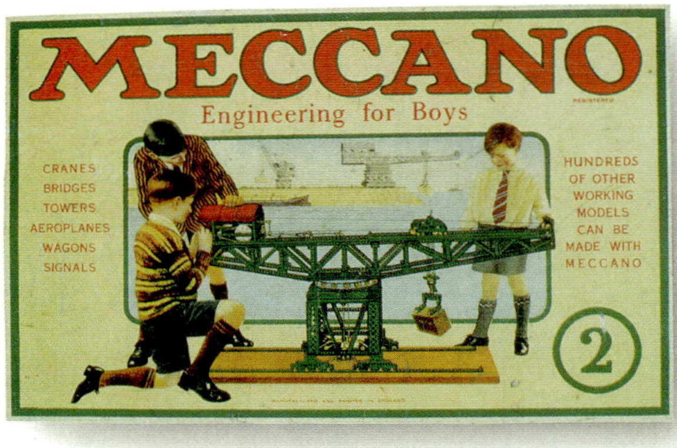

NOUVELLES TECHNIQUES DE VENTE En proposant le Meccano sous divers formats, son inventeur, Frank Hornby, fidélisa sa clientèle et lança la technique de marketing « à achats répétés ».

GOLF MINIATURE

Le premier golf miniature à dix-huit trous, aménagé en 1926 dans le jardin d'un hôtel du Tennessee, devint aussitôt le loisir de prédilection des pensionnaires. En 1929, le propriétaire de l'établissement, Garnet Carter, fit breveter ce type de parcours sous le nom de Golf de Tom Pouce, et la mode se répandit dans tout le sud des États-Unis.

1900 — 1950

- 1907 Lancement du Meccano
- 1913 Parution des premiers mots croisés
- 1926 Premier golf miniature
- 1930 Lancement du flipper
- 1933 Invention du Monopoly
- 1949 Lancement du Scrabble

été oubliés, puisqu'il existe même une version en braille. Parmi les « mordus » les plus célèbres, ont figuré le pandit Nehru et le producteur hollywoodien Darryl Zanuck. En 1995, un sondage révélait que le Scrabble, avec 43 % d'adeptes, était la distraction préférée des Français, devant la belote…

Les spéculateurs pour rire du Monopoly

Le jeu le plus vendu dans le monde fut conçu en 1933 par Charles Darrow, représentant de commerce américain au chômage qui, s'inspirant du jeu de l'oie, dessina ce premier parcours de la spéculation immobilière sur la toile cirée de la table familiale en s'inspirant des rues d'Atlantic City, sa station balnéaire préférée.

Darrow fit réaliser 5 000 exemplaires du jeu et, malgré un prix de vente élevé (10 dollars), le stock fut vite épuisé : dans le contexte morose de la crise économique, les Américains ne demandaient qu'à s'imaginer capitalistes ! Darrow se tourna alors vers le fabricant Parker Brothers, mais essuya un refus (son produit comportait, lui dit-on, cinquante-deux erreurs). Le fabricant se ravisa pourtant, et s'en félicita : dès 1935, il vendait 20 000 exemplaires par semaine. Plus de trois cents millions de Monopoly ont été vendus depuis, en dix-neuf langues et dans trente-deux pays.

BEST-SELLER Inventé par un représentant de commerce américain pendant la crise économique des années 30, le Monopoly est le jeu le plus vendu au monde (300 millions d'exemplaires).

LES DÉLICES DU FLIPPER Un flipper dans un salle de Las Vegas en 1939. Les ligues puritaines réclamèrent l'interdiction de cet appareil, qu'ils accusaient de pervertir la jeunesse.

Les billards électriques

Version mécanisée d'un jeu du XIXe siècle appelé billard anglais ou Bagatelle, l'ancêtre du billard électrique apparut aux États-Unis en 1930. Son inventeur, David Gottlieb, ne vendit pas moins de 50 000 modèles Bafle Ball cette année-là ; en 1931, le Bally Hoo battit ce record. Deux ans plus tard, le billard mécanique fut doté de circuits électriques, et ses lumières multicolores devinrent l'attraction des bars et des palais des jeux. Associations familiales et ligues de vertu s'unirent pour dénoncer cet instrument qui inoculait à la jeunesse le vice du jeu, mais le flipper survécut à ces outrages et conquit le monde entier dans les années 50.

Jeux ou sortilèges ?

En 1957, la jeunesse américaine succombait au charme d'un disque en plastique de 23 cm que l'on vit voltiger dans tous les campus et espaces verts urbains : le Frisbee. Après en avoir vendu des millions d'exemplaires (le prix très modique n'était pas étranger au succès), la firme californienne Wham-O récidiva en 1958 avec le hula hoop, version en plastique coloré du cerceau de bambou dont les écoliers australiens se servaient pour leurs exercices de gymnastique – mais on l'a aussi présenté comme un accessoire des danses hawaiiennes… Toujours est-il que vingt-cinq millions de hula hoop furent vendus dans les quatre mois qui suivirent le lancement. Mais l'engouement fut bref, et Wham-O dut attendre 1965 pour frapper à nouveau : la Super Ball, petite balle synthétique qui rebondissait à des hauteurs prodigieuses, semblait défier les lois de la physique. Les bénéfices atteignirent eux aussi des sommets, avec 7 millions d'exemplaires.

Le Rubik's cube

Inventé en 1974, le Rubik's cube connut un succès similaire (tout aussi éphémère) et fit la fortune de l'architecte hongrois Erno Rubik, inventeur de cet ingénieux casse-tête. Le but du jeu était de faire pivoter les vingt-sept petits cubes multicolores composant ce cube jusqu'à reconstituer des faces unicolores. Des mathématiciens se penchèrent très sérieusement sur la question, et ils dénombrèrent 43 252 003 274 489 856 000 possibilités. La « folie du cube » provoqua plusieurs divorces, de très nombreuses tendinites, beaucoup de crises de rage impuissante et quelques dépressions nerveuses.

Après ces fantaisies, la tradition des vrais jeux de société reprit ses droits avec le Trivial Pursuit, créé en 1979 par deux journalistes canadiens, Chris Haney et Scott Abbott, et adapté en français en 1984. Le succès de ce jeu de connaissances (50 millions d'exemplaires vendus) tient sans doute à son caractère familial.

Mais la plus radicale nouveauté de cette fin du XXe siècle reste sans doute les jeux de rôle, nés de la vogue de la science fiction et de l'*heroic fantasy*, qui inauguraient, avant l'avènement du CDRom, le loisir « interactif ». Le premier (et le plus célèbre), Donjons et Dragons, fit son apparition en 1974.

POUPÉE MANNEQUIN Avec sa garde-robe à la dernière mode, la poupée Barbie (ici, un modèle de 1959) stimula grandement la coquetterie des petites filles. Ce nom de Barbie, diminutif de Barbara, était celui de la fille du créateur.

1955 Invention des Lego
1957 Le Frisbee fait fureur aux États-Unis
1974 Invention du Rubik Cube
1979 Invention du Trivial Pursuit
2000

CHRONOLOGIE

1900

Le mot **télévision** est employé pour la première fois à l'Exposition universelle de Paris.

Découverte des **groupes sanguins** par l'Autrichien Karl Landsteiner.

Kodak lance le Brownie, **appareil photo pour enfants.**

L'HOMME-TRAIN **Le nom de Hornby, l'inventeur du Meccano, devint aussi synonyme de train mécanique.**

Frank Hornby invente un nouveau jeu de construction, commercialisé en 1907 sous le nom de **Meccano.**

Le Norvégien Johann Waaler invente l'attache-lettres, dit **trombone.**

1901

La **Mercedes** de Daimler, première voiture d'allure moderne, prend la route.

Gillette dépose le brevet de la **lame de rasoir jetable,** fabriquée à partir de 1903.

L'ingénieur anglais Hubert Cecil Booth invente **l'aspirateur.**

1902

L'Italien Marconi réussit la première **liaison radio transatlantique.**

Les Anglais William Bayliss et Ernest Henry Starling définissent la notion d'**hormone.**

1903

Le Néerlandais Willem Einthoven invente un appareil qui mesure les irrégularités du rythme cardiaque, ancêtre de l'**électrocardiographe.**

Les frères Wilbur et Orville Wright effectuent le premier **vol propulsé** à Kitty Hawk, en Caroline du Nord.

1904

Inauguration de la ligne Moscou-Vladivostok du **Transsibérien.**

L'ingénieur français Eugène Freyssinet met au point la technique du **béton précontraint,** permettant le développement du béton armé.

À New York, Ira Rubel invente l'**offset,** procédé d'impression par double décalque : la forme est reportée sur une plaque de caoutchouc, puis de celle-ci sur le papier.

La société anglaise Courtaulds lance une **soie artificielle,** plus tard baptisée rayonne.

1906

Une **machine à laver électrique,** conçue par l'Américain Alva Fisher, apparaît sur le marché.

Les Français Calmette et Guérin mettent au point le vaccin antituberculeux **BCG** (initiales de bacille Calmette et Guérin).

Première **communication radiotéléphonique** – un message de Noël à l'intention des bateaux croisant au large de Boston – réalisée par Fessenden.

COURRIER ROYAL **En 1911, la première lettre par avion est envoyée d'Angleterre pour le couronnement du roi George V.**

1907

L'Américain Lee DeForest dépose le brevet de la lampe **triode,** à l'origine du développement de la télévision.

Le Français Édouard Belin met au point un appareil de phototélégraphie dit **bélinographe,** longtemps utilisé pour transmettre des clichés.

Le Français Paul Cornu accomplit le premier vol libre en **hélicoptère** sur l'appareil à deux rotors qu'il a conçu.

1908

Le chimiste suisse J. E. Brandenberger met au point la feuille de cellulose transparente, fabriquée quatre ans plus tard sous le nom de **Cellophane**.

Le tout premier **gyrocompas** est mis au point en Allemagne ; l'Américain Elmer Sperry y apportera plus tard des perfectionnements.

L'Américain William Coolidge produit un **filament en tungstène** utilisé dans les ampoules électriques.

1909

En Allemagne, Fritz Haber produit l'**ammoniac synthétique,** combinaison gazeuse d'azote et d'hydrogène, plus tard utilisé dans la fabrication d'explosifs et d'engrais.

Le comte Ferdinand von Zeppelin inaugure le premier transport de passagers par **dirigeable** entre cinq villes allemandes.

Le chimiste américain d'origine belge Leo Baekeland invente la **Bakélite,** première résine synthétique et ancêtre des plastiques modernes.

1910

Le Danois Johannsen définit le **gène,** support matériel des caractères héréditaires d'un organisme.

La voix du grand ténor italien Enrico Caruso, chantant sur la scène du Metropolitan Opera de New York, est diffusée par radio dans les grands hôtels de la ville C'est la première **radiodiffusion** en direct.

L'Américain Chester Beach conçoit le premier prototype du **robot-mixeur à usage domestique.**

Premier **tube au néon**, inventé par le Français Georges Claude.

1911

Pour célébrer le couronnement du roi George V, la première **lettre par avion** est envoyée de l'aéroport de Hendon, dans la banlieue de Londres.

LES ANNÉES DIESEL **1912 : la première locomotive Diesel est suisse.**

1912

Le Polonais Casimir Funk définit la **vitamine,** nom qu'il a inventé.

Première **enseigne publicitaire au néon,** pour Cinzano.

En Angleterre, Charles Belling met au point le premier **radiateur électrique.** Ses appareils de chauffage Standard à six barres, connaissent un succès immédiat.

La première **locomotive Diesel** est construite par la firme suisse Sulzer.

1913

L'Anglais Harry Brearley obtient l'**acier inoxydable** en ajoutant du chrome à l'acier. En Allemagne, Krupp perfectionnera le procédé en 1914 par l'ajout de nickel.

Achèvement du Woolworth Building de New York, qui restera pendant vingt-cinq ans le plus haut **gratte-ciel** du monde.

Henry Ford installe une **chaîne de montage** dans son usine de Detroit pour assembler sa Ford modèle T. En France, cette méthode de production en grande série sera adoptée par Citroën en 1919.

L'Américain Irving Langmuir perfectionne l'**ampoule à filament de tungstène** en l'emplissant d'un gaz inerte et obtient l'ampoule à incandescence moderne.

Aux États-Unis, William Burton fait breveter un nouveau procédé de **raffinage du pétrole,** la distillation fractionnée, qui double la production et donne un pétrole de qualité supérieure.

À New York, Mary Jacob invente un **soutien-gorge** dos nu.

1914

Premier **feu de signalisation électrique** inauguré aux États-Unis.

Lawrence Sperry fait la démonstration du premier **pilote automatique** en survolant Paris les mains croisées derrière la tête. Ce dispositif ne sera adopté par l'aviation civile que trente ans plus tard.

1915

Pourtant signataire de la déclaration de La Haye qui bannit ce type d'arme, l'Allemagne fait usage de **gaz de combat** à base de chlore. Plus tard, l'ypérite – ainsi appelée car employée pour la première fois dans le secteur d'Ypres, en 1917, et dite aussi gaz moutarde – fit de terribles ravages.

1916

Le premier **téléscripteur,** qui permet la transmission instantanée de messages, voit le jour à Chicago. Mais ce n'est qu'en 1931 que Bell Systems étend son réseau à l'échelle nationale. Adopté dans le monde entier, le télex sera très utilisé dans la presse et les milieux de la finance.

Clarence Saunders ouvre le premier **libre-service** à Memphis, dans le Tennessee.

Le **char** s'impose comme une nouvelle arme redoutable pendant la bataille de la Somme.

1917

Albert Einstein suggère la théorie du futur phénomène **laser :** quand un rayonnement frappe des atomes, ils sont stimulés et émettent à leur tour un rayonnement qui leur est propre.

En Allemagne, la pénurie de matières grasses, ingrédient de base du savon, est à l'origine de l'invention du premier **détergent chimique,** le Nekal.

Les terrains d'aviation étant de plus en plus souvent bombardés, les Anglais lancent l'*Argus*, le premier **porte-avions.**

1919

Le physicien britannique Ernest Rutherford réalise la première **transmutation nucléaire provoquée** par bombardement de particules.

VAISSEAUX AÉRIENS Cet ouvrage des années 20 témoigne de la vogue des dirigeables.

1921

L'Allemand Karl Fritsch conçoit la première **autoroute.**

1922

Les Canadiens Frederick Banting et Charles Best parviennent à isoler l'**insuline** et démontrent son rôle dans le traitement du diabète.

Le chimiste allemand Hermann Staudinger démontre que l'on peut créer artificiellement des **polymères** en liant plusieurs molécules. Cette découverte, capitale pour l'industrie des plastiques, sera à l'origine du polystyrène, du PVC, du polyéthylène, du polyuréthanne et de la plupart des acryliques et polyesters.

Deux générations avant les mini-voitures modernes, le constructeur britannique Herbert Austin dessine l'**Austin Baby 7,** qui devait selon lui supplanter le side-car.

Ralph Samuelson utilise sur le lac Pepin, dans le Minnesota, les premiers **skis nautiques,** constitués de deux planches de pin.

1924

Le physicien français Louis de Broglie fonde la **mécanique ondulatoire,** à la base de la théorie des quanta.

L'horloger anglais John Harwood dessine la première **montre automatique,** qui se remonte toute seule sous l'effet des mouvements de son porteur.

L'Américain William Mason invente l'**Isorel,** un aggloméré souple et résistant, très facile à travailler.

1925

Aux États-Unis, la compagnie Bell Telephone met au point le **microphone** et développe l'enregistrement électrique.

Lancement en Allemagne du **Leica,** premier appareil photo compact de haute précision.

1926

Mise en vente aux États-Unis du premier **fer à repasser à vapeur.**

Devant les membres de la Royal Society de Londres, John Logie Baird fait la démonstration d'un procédé de **télévision mécanique.**

JEUX NAUTIQUES En 1923, le ski nautique, né l'année précédente, séduit les Américains.

L'Américain Robert Goddard lance la première fusée à **ergols liquides.**

Garnet Carter et sa femme installent le premier **golf miniature** dans le jardin de leur hôtel du Tennessee.

1927

Le Français Delbon fabrique la première **semelle en crêpe de caoutchouc** réputée inusable.

Le Français Perraud invente la **cartouche pour stylo.**

Le *Napoléon* d'Abel Gance est le premier film conçu pour **son stéréo et triple écran** (avec trois images différentes apparaissant côte à côte) ; il sera cependant rarement vu sous cette forme.

Premier système de chauffage central doté d'un **thermostat,** dispositif régulateur qui permet de maintenir une température constante.

Une nouvelle pellicule permettant d'enregistrer simultanément l'image et le son va donner naissance au **cinéma parlant.**

1928

L'Allemand Pfleumer invente la **bande magnétique souple.** utilisée dès le début des années 30.

Walt Disney crée le personnage de **Mickey** pour les besoins du dessin animé *Steamboat Willie* ; Mickey s'est d'abord appelé Mortimer.

L'Écossais Alexander Fleming découvre la **pénicilline,** antibiotique qui va révolutionner la médecine.

Juan de la Cierva traverse la Manche en **autogire.**

Le premier **réseau téléphonique transatlantique** est mis en service, mais l'appel coûte encore très cher.

1929

S'inspirant d'une illustration parue dans une revue vétérinaire, l'Allemand Werner Forssmann s'introduit un **cathéter** dans une veine du bras et atteint son cœur. Cette expérience préfigure la chirurgie cardiaque.

Le psychologue allemand Hans Berger invente l'**électroencéphalographe.**

1930

L'Américain Otis Barton crée le **bathysphère,** premier module d'exploration sous-marine.

Michael Cullen ouvre à New York le premier **supermarché.**

UN PICHET DE LUBRIFIANT Dans les années 20, l'huile pour moteur était couramment débitée en petits brocs.

MAGIE DU TECHNICOLOR Dans la comédie musicale *le Magicien d'Oz*, les scènes de la vie quotidienne sont en noir et blanc tandis que le féerique pays d'Oz est montré en Technicolor.

Les chimistes américains Thomas Midgley et Albert Henne produisent les premiers **fluorocarbures,** qui seront utilisés pour les appareils réfrigérants ; l'année suivante, la Suède lance les réfrigérateurs Electrolux.

Technicolor se convertit au système trichrome à trois négatifs, qui donne des couleurs chatoyantes.

1931

Le Français Jean Mantelet, fondateur de la société Moulinex, crée le fameux **moulin à légumes** à manivelle et à grilles perforées.

Aux États-Unis, Karl Jansky étudie les parasites des radiocommunications transatlantiques et identifie l'émission radioélectrique de la constellation du Sagittaire, ouvrant ainsi l'ère du **radiotélescope.**

Le physicien américain Ernest Lawrence invente le **cyclotron,** producteur de radio-isotopes. Il construira son premier modèle pour soigner le cancer de sa mère.

L'Américain d'origine russe Vladimir Zworykin invente l'**iconoscope,** première caméra de télévision électronique, qui convertit l'image optique en impulsions électriques.

À Berlin, Ernst Ruska construit le premier **microscope électronique,** qui grossit 12 000 fois.

1932

L'Américain Harry Jennings invente un **fauteuil roulant pliant** pour son ami Herbert Everest. L'article devient si populaire que l'entreprise Everest & Jennings dominera le marché pendant cinquante ans.

1933

Premier vol du Boeing 247, qui ouvre l'ère du **long-courrier** moderne.

Deux scientifiques anglais obtiennent du **polyéthylène.**

L'Américain Charles Darrow invente le **Monopoly,** le jeu de société le plus vendu au monde.

1934

Frédéric et Irène Joliot-Curie découvrent la **radioactivité artificielle.**

L'entrepreneur anglais Percy Shaw lance, sous la marque Cataphote, le premier **catadioptre,** qui améliore considérablement la sécurité routière.

1935

Le physicien Robert Watson-Watt et son équipe mettent au point le **radar.**

L'Américain Wallace Carothers invente le **Nylon,** première fibre entièrement synthétique.

Des **parcmètres** sont testés avec succès aux États-Unis.

Le **magnétophone,** premier enregistreur à bande, est présenté au Salon de la radio de Berlin.

Kodak lance le **Kodachrome,** première pellicule couleur trichrome, qui ne permet pas encore les tirages et sera surtout utilisée pour les films.

1936

L'ingénieur allemand Heinrich Focke essaie son prototype Fa-61, premier **hélicoptère** opérationnel.

1937

Le Britannique Frank Whittle teste le **moteur à réaction,** ouvrant une nouvelle ère pour l'aéronautique.

En Suisse, Nestlé invente le **Nescafé,** premier café soluble.

Découverte d'un anti-inflammatoire, la **cortisone,** par l'Américain Kendall.

EFFORT DE GUERRE Destinés au ravitaillement de l'Angleterre, les Liberty Ships étaient produits en série.

Premier dessin animé de long métrage de Walt Disney : ***Blanche-Neige et les Sept Nains.***

1938

Chester Carlson reproduit la première image par **photocopie.**

Apparition des premières **lentilles de contact en plastique.**

1939

Saint-Gobain lance le **Duralex,** verre résistant aux chocs et à la chaleur.

Le chimiste suisse Paul Muller dépose le brevet de l'insecticide **DDT.**

La **lumière fluorescente,** due à la couche de phosphore recouvrant la face interne d'un tube de verre, est le clou de la Foire de New York.

L'Américain William Heubner invente un système de **photocomposition,**

1940

Construction navale accélérée pour les fameux **Liberty Ship**, dont les éléments sont préfabriqués dans plusieurs usines.

1941

Apparition d'une **bombe aérosol** conçue pour vaporiser les insecticides.

Le fabricant de machines agricoles Massey-Harris lance la première **moissonneuse-batteuse.**

1942

Les Français Auguste Loubatières et Marcel Janbon découvrent les sulfamides hypoglycémiants, nouveaux **médicaments antidiabétiques.**

La fusée **V-2** de l'Allemand Wernher von Braun préfigure des fusées modernes à longue portée.

Le physicien italien Enrico Fermi conçoit la première **pile atomique.** en jouant au squash.

Le gouvernement américain donne le coup d'envoi au Projet Manhattan : l'élite des savants a pour mission de mettre au point la **bombe atomique** avant les Allemands.

1943

Dans la Hollande occupée par les Allemands, Willem Kolff improvise un dispositif de **dialyse du rein** à l'aide de boyaux et d'un tonneau à bière.

Jacques-Yves Cousteau collabore à l'invention du **scaphandre autonome.**

Le **Colossus** du mathématicien anglais Alan Turing est considéré comme le premier ordinateur ; il sert à décoder les messages de l'ennemi.

1945

À peine commercialisé aux États-Unis, le **stylo à bille**, breveté par Laszlo Biro, est un succès.

1946

Columbia lance les **microsillons en Vinylite,** matière permettant de graver des sillons plus fins, donc des enregistrements plus longs.

1947

Invention du **Polaroid,** qui sera commercialisé l'année suivante. Le Polaroid couleur apparaîtra en 1963.

1948

La société bourguignonne SEB invente la **Cocotte-minute.**

1949

Premier **avion à réaction,** le Comet 1 de l'Anglais De Havilland.

Le **Scrabble** est diffusé partout aux États-Unis. Le jeu sera commercialisé en Europe en 1954.

1950

Ralph Schneider et Frank McNamara lancent la **carte de crédit du Diners' Club**.

1951

La **télévision couleur** est commercialisée aux États-Unis.

1952

L'Amérique fait exploser la première **bombe H** dans le Pacifique.

Un chirurgien américain, Charles Hufnagel, implante la première **valve cardiaque artificielle.**

Test clinique du **stimulateur cardiaque** (pacemaker), à Boston.

1953

Le médecin américain John Gibbon réussit à arrêter un cœur lors d'une intervention chirurgicale, sans danger pour le patient, grâce à un **cœur-poumon artificiel.**

À Cambridge, James Watson et Francis Crick déchiffrent le **code génétique.**

1954

L'ingénieur français Marc Grégoire invente les premières **poêles à revêtement antiadhérent.**

1955

Le Danois Ole Kirk Christiansen invente le **Lego,** jeu de construction constitué de pièces en plastique multicolores à emboîter.

Le premier **sous-marin nucléaire,** le *Nautilus*, peut parcourir des milliers de kilomètres sans faire surface, et donc passer sous la calotte polaire.

ÉNERGIE NUCLÉAIRE 1956 : centrale nucléaire britannique de Calder Hall.

À Londres, Narinder Kapany teste les **fibres optiques,** qui vont révolutionner les télécommunications.

Sony lance le premier **transistor.**

1956

Univac crée la **seconde génération d'ordinateurs,** qui utilise les transistors.

La société Ampex, en Californie, lance le premier **magnétoscope,** et 3M annonce la naissance de la première bande vidéo magnétique.

Pose du premier **câble téléphonique transatlantique.**

Inauguration à Sellafield, dans le nord de l'Angleterre, de Calder Hall, première **centrale nucléaire industrielle.**

1957

Le Français Jean Sterne démontre les propriétés antidiabétiques de la métformine, médicament prescrit aujourd'hui pour le **diabète non insulinodépendant.**

À L'ÉCOUTE DES ÉTOILES L'antenne géante de Jodrell Bank capte et réfléchit les ondes radioastronomiques.

Construction du premier **radiotélescope géant,** à Jodrell Bank, en Angleterre.

1958

Le Français Jean Dausset décrit le « système majeur d'histocompatibilité », qui définit la **carte d'identité des cellules humaines.** Le succès d'une greffe d'organe dépend des affinités entre le système du donneur et celui du receveur.

Un satellite américain est envoyé dans l'espace avec un **panneau solaire en silicium.** L'expérience est si concluante que les voies aériennes vont être perturbées pendant cinq ans.

1959

L'architecte naval britannique Christopher Cockerell construit le premier **hovercraft.**

L'Union soviétique commande le *Lénine*, premier **brise-glace nucléaire.**

1960

La première **pilule contraceptive** par voie orale, la Norethynodrel, est lancée sur le marché américain.

Lancement d'Echo 1, premier **satellite de communications,** qui permet la transmission du son et de l'image des États-Unis à l'Europe.

LE PREMIER HOMME DE L'ESPACE Grâce à Youri Gagarine, un mot nouveau a fait son apparition : cosmonaute.

1961

Le Soviétique Youri Gagarine a accompli le **premier vol spatial** à bord du vaisseau Vostock 1.

1962

Greffe du bras sur un enfant de 12 ans, dans un hôpital du Massachusetts : c'est l'une des premières réussites de la **microchirurgie.**

1963

En France, Carrefour lance les premiers **hypermarchés.**

Kodak met au point l'**Instamatic,** premier appareil photo à chargement de pellicule automatique.

1964

Les IBM 360, qui utilisent des **puces électroniques** fines comme du papier à cigarettes, annoncent déjà la troisième génération d'ordinateurs.

1965

Les médecins André Willemin (Paris) et Charles Gros (Strasbourg) mettent au point la **mammographie,** examen radiographique du sein.

La styliste londonienne Mary Quant crée la **minijupe.**

1966

Le docteur Marcel Lascar crée **SOS Médecins,** à Paris.

Lancement d'Early Bird, premier **satellite commercial de communications,** qui transmettra en 1969 les images des premiers pas de l'homme sur la Lune.

1967

Le Sud-Africain Christiaan Barnard réalise la première **greffe du cœur** au Cap. Le patient succomba après 18 jours d'une infection des poumons et non à cause d'un rejet des tissus.

Inauguration en France de l'**usine marémotrice** de la Rance, dont les turbines tournent 24 heures sur 24. À ce jour, seul le Canada possède une installation similaire.

EN ORBITE **La station soviétique *Mir* sera mise sur orbite en 1986, quinze ans après le lancement de Saliout 1.**

1969

Le **Patient Operated Selector Mechanism** (POSM), plus connu sous le nom de Possum, change la vie des grands paralysés. Conçu à l'hôpital de Stoke Mandeville, en Angleterre, il permet aux malades de communiquer et de contrôler leur environnement grâce à des moyens électroniques.

Un homme a marché sur la Lune : en quelques pas, Neil Armstrong est entré dans la légende.

Premier essai en vol de **Concorde,** avion supersonique franco-britannique.

1970

Invention du **microprocesseur,** qui contient sur une puce l'essentiel d'un ordinateur. C'est la première étape vers le micro-ordinateur.

Lancement par Boeing du 747, le premier **jumbo-jet.**

1971

Le vaisseau spatial soviétique Saliout 1 devient la première **station orbitale.**

L'aéroport londonien d'Heathrow met au point la **gestion informatisée du fret.**

1972

Le Suisse J.-F. Borel découvre les propriétés immunosuppressives de la **ciclosporine,** un extrait de champignon qui s'avérera très efficace contre le rejet des greffons humains.

1973

Les deux tours jumelles du **World Trade Center,** à New York, sont achevées ; elles s'élèvent à 412 m.

1974

Le Français Roland Moréno invente la **carte à puce.**

Face à la crise du pétrole au Moyen-Orient, on cherche de nouvelles sources d'énergie. L'**énergie solaire** commence à se développer.

1977

Le premier **appareil photo autofocus** vendu à un prix abordable est lancé sur le marché.

Les États-Unis envisagent de se doter de la **bombe à neutrons,** arme nucléaire « propre », qui tue les hommes sans détruire les villes ni les industries. Face au violent rejet du public, le projet est abandonné.

Lancement de Meteosat, première **station météorologique géostationnaire** européenne.

Premier réseau de **câbles téléphoniques en fibres optiques,** mis en service à Chicago.

1978

Le **fauteuil roulant Quickie,** modèle ultraléger dont la conception s'inspire du deltaplane, apporte une autonomie nouvelle à des milliers de handicapés.

Grâce à la **fécondation in vitro,** expérimentée par les médecins Patrick Steptoe et Robert Edwards, Louise Brown, premier bébé éprouvette, vient au monde au Royaume-Uni.

1979

Débuts du **téléphone cellulaire portable.**

Sony lance le **Walkman,** lecteur de poche avec casque d'écoute.

Nés des progrès de l'enregistrement numérique, les **Compact Disc (CD),** dont les signaux sonores sont balayés et lus par un rayon laser, apparaissent en 1982 sur le marché japonais. En 1991, la vente des CD dépassera celle des disques vinyle et des cassettes traditionnelles.

L'ÉCOUTE LASER **Depuis 1979, le Compact Disc a éclipsé les autres supports de reproduction du son.**

G. N. Hounsfield, de la société britannique EMI, partage le prix Nobel de médecine pour ses travaux sur le développement des **scanners CAT** (tomographie assistée par ordinateur).

Le satellite canadien Anik B inaugure la première **transmission télévisée** reçue directement sur les postes des particuliers via une antenne parabolique.

Deux Canadiens, Chris Haney et Scott Abbott, inventent le **Trivial Pursuit**. Le jeu se vendra à 50 millions d'exemplaires dans le monde entier.

1980

IBM, aux États-Unis, et NEC, au Japon, perfectionnent un procédé de **code-barres** à lecture laser.

Microsoft fournit à IBM le système d'application de ses micro-ordinateurs.

Des hockeyeurs américains inventent les **rollerblades** pour l'entraînement d'été. Des roulettes remplacent les lames des patins.

1981

Le premier **TGV** relie Paris à Lyon en empruntant une voie spécialement construite à cet effet.

Aux États-Unis, Columbia, première **navette spatiale,** accomplit son premier vol le 12 avril.

Le **microscope à effet tunnel** permet une exploration de la matière atome par atome.

Dans le cadre du développement de nouvelles sources d'énergie, les deux premiers **champs d'éoliennes** sont installés en Californie.

1982

Sony lance le Betamovie, premier **Caméscope** à système Betamax. Les pays occidentaux opteront en majorité pour le système VHS.

La pilule PC4 est disponible en Grande-Bretagne. Baptisée improprement **« pilule du lendemain »** par les médias, elle peut être prise jusqu'à trois jours après un rapport sexuel sans contraception.

L'INSULINE BIS Image informatique de la molécule de l'insuline humaine.

Le génie génétique parvient à produire de l'insuline, naturellement sécrétée par l'homme.

1983

Découverte du **virus du sida** par le professeur français Luc Montagnier.

1984

Apple lance le premier ordinateur **Macintosh.**

1985

Inauguration de **la Géode,** plus grande salle Omnimax du monde (avec un écran hémisphérique de 1 000 m²) à la Cité des sciences et de l'industrie de La Villette, à Paris.

La **publication assistée par ordinateur** (PAO) devient une réalité avec le lancement de PageMaker, premier logiciel destiné aux ordinateurs personnels.

Fuji équipe d'**objectifs en plastique** ses appareils photo jetables.

Les premières chaînes de **téléachat** arrivent aux États-Unis.

Des scientifiques britanniques mettent au point l'**empreinte génétique,** qui permet d'identifier un individu par l'analyse de son ADN, à partir d'un échantillon de sang, d'un fluide corporel, d'un cheveu ou de quelques cellules de peau.

1986

La **pilule abortive** RU486 est inventée en France par le professeur Étienne Émile Baulieu, directeur d'unité à l'Inserm. Elle est utilisable pendant les trois premières semaines de la grossesse et sera commercialisée l'année suivante.

1987

Les **lentilles de contact jetables** sont mises sur le marché. On les conserve entre un jour et un mois selon les modèles.

Des **voitures à énergie solaire** traversent l'Australie du nord au sud, au cours de la première course du genre, le World Solar Challenge.

1988

Le premier générateur électrique utilisant l'**énergie des vagues** est installé au large de l'Écosse. Bien qu'à un stade embryonnaire, ce dispositif permet d'alimenter en énergie une petite ville. Dans un avenir très proche, il fournira en énergie les îles voisines.

SUPER TOUR Ce gratte-ciel, quartier général de NEC, à Tokyo, est entièrement contrôlé par ordinateur.

Un **stimulateur cardiaque au plutonium** muni d'une pile d'une durée de vingt ans est implanté chez un homme. Les premiers stimulateurs (au début des années 60) avaient au plus une durée de vie de deux ans.

La Reserve Bank d'Australie émet un **billet en plastique laminé infalsifiable** de 10 dollars. Plus résistant que les billets ordinaires, il comporte toute une série de dispositifs de sécurité.

1989

L'Américain Jason Lanier s'intéresse aux environnements artificiels générés par ordinateur et mis au point par l'armée américaine et la NASA pour la simulation de vol et l'entraînement. Les systèmes de **réalité virtuelle** ont été bientôt adaptés aux jeux vidéo, puis à la médecine, à l'architecture et à la décoration d'intérieur. Les architectes peuvent ainsi faire visiter à des clients leur future maison, et les chirurgiens éprouver leurs talents lors de simulations réalistes ou même – grâce à un système dont le prototype a été breveté en 1995 – opérer à distance de vrais patients.

La société japonaise Nintendo lance fabrique sa console de jeux vidéo **Game Boy.**

1990

De l'éclairage au système de sécurité, la **Super Tower** – quartier général de NEC à Tokyo – est entièrement contrôlée par ordinateur.

La navette Atlantis place en orbite le **télescope spatial Hubble,** capable de détecter des étoiles cinquante fois moins lumineuses que celles qui sont visibles de la Terre.

Le **génie génétique** est utilisé dans le traitement de maladies humaines. Dans le Maryland, aux États-Unis, des médecins retirent des globules blancs atteints à un enfant de 4 ans, les modifient et les réinsèrent.

ANNÉES 90

En cette dernière décennie du siècle, les innovations concernant notre nourriture, notre habillement, nos conditions de travail, nos modes de transport ou nos loisirs n'ont pas manqué. Seul l'avenir pourra nous dire quelles sont les conséquences à long terme de toutes ces inventions.

Le **génie génétique** entreprend d'accroître les ressources alimentaires en rendant les cultures résistantes aux maladies, et même en modifiant l'aspect et la texture des produits : tomates qui ne pourrissent pas, céleri non filandreux, etc. Les chercheurs peuvent également copier la Nature en fabriquant génétiquement des fibres textiles naturelles. Les avis sont toutefois partagés, surtout en Europe, quant à l'impact à long terme des aliments génétiquement modifiés.

1992 : les chercheurs français du GREG (Groupement d'intérêt public de recherches et d'études sur le génome) mettent au point la **carte physique des chromosomes humains.**

1996 : la société française Hutchinson invente le premier **gant médical antivirus,** contenant un puissant virucide et bactéricide à effet quasi immédiat

VIOLENCE VIRTUELLE Cet enfant tire avec un fausse arme.

Les laboratoires Bell créent le SAM (Speech Activated Manipulator), **robot** capable de voir, de parler et de toucher, et qui répond à la voix. L'objectif est d'étendre les capacités des robots à l'exploration de domaines dangereux pour l'homme ; par exemple, les zones radioactives.

Expérimentation de l'**Intelligent Vehicle Highway System** (IVHS), associant la carte à puce à un nouveau procédé de transmission radio, qui permet aux conducteurs de régler les péages sans s'arrêter, de s'informer de l'état des routes, et de communiquer entre eux. L'industrie automobile – en particulier en France – s'est aussi lancée dans une course acharnée pour créer une **voiture électrique** non polluante.

INDEX

Les chiffres *en italique* renvoient aux illustrations.

CRÉDITS PHOTOGRAPHIQUES

Abréviations :
h = haut ; m = milieu ; b = bas ;
d = droite ; g = gauche

CB = Corbis-Bettmann
HG = Hulton Getty
ROC = Robert Opie Collection
SPL = Science Photo Library
SSPL = Science & Society Picture Library
UB = Ullstein Bilderdienst

3 SSPL, g, mg ; ©Renault Communication/ Ph. Pons, md ; ©Explorer/CNES/Dist. Spot Image, d. **6** CB, mg ; Quadrant Picture Library, bd. **7** Arcaid/Nick Meers. **8** SPL/Jon Wilson, hg , John Howard, bd. **9** Architectural Association Slide Library/ Valerie Bennett ; ©Paris, Collection Kharbine-Tapabor, DR, g ; SSPL, mg ; Anthony Blake Photo Library, md ; SPL, d. **10** CB, mg, d. **11** HG, hd, bd. **12** Architectural Association Slide Library/ Koji Murakoshi, h. **12-13** Arcaid/ Richard Bryant. **13** Arcaid/Alex Bartel, hd. **14** AKG Londres, m ; HG, bg ; Illustration Matthew White/Philips Lighting, mh. **15** HG, hg ; Arcaid/Alex Bartel, bd ; ROC, hd. **16** SSPL, bg ; ROC, hd. **17** Ransome, mg ; Katz Collection, hd ; Illustration Matthew White, bd. **18** ROC, md ; UB, bd ; SSPL, hg. **19** ©Keystone/L'Illustration, hg ; ©Paris, Collection Kharbine-Tapabor, DR, bg ; ©Roger-Viollet/Lapi, hd. **20** SSPL, hg ; AKG Londres, hm ;©Paris, Collection Kharbine-Tapabor, DR, bd. **21** ©Paris, Collection Kharbine-Tapabor, DR, hd ; ©Paris, bibliothèque Forney, par Francis Bernard, DR, bg. **22** ©Paris, Collection Kharbine-Tapabor, DR. **23** Rolex Watch Company, bg ; SPL/David Parker, mb; Topham Picturepoint, hd. **24** HG, hd ; AKG Londres, bg. **25** SPL/Dr Jeremy Burgess, mg ; HG, d ; Illustration Roy Williams/Du Pont, bg. **26** ROC, gm, mb. **27** HG, g ; Superstock, d. **28** Library of Congress, b ; The Advertising Archives, mb. **29** SPL, hd ; Library of Congress, bd. **30** ©Relations extérieures Carrefour France, hg; ©Sygma/J.-P. Amet, bg.**31** ©Sygma/ P. Le Segretain, hg ; ©DGM Conseil Strategic, Paris, bd. **32** The Advertising Archives, h ; Viollet/Boyer, b. **33** SPL/Astrid & Hanns-Frieder Michler, hd ; Anthony Blake Photo Library, bg. **34** ©Hoa Qui/ Liaison int., mh ; ©Diaf/P. Dannic, bg ; ©Diaf/A. Le Bot, bd. **35** SPL/Bruce Iverson ; SSPL, g ; Jean-Loup Charmet, m ; ©Renault Communication/ Ph. Pons, d. **36** Jean-Loup Charmet, bg ; Popperfoto, bd ; Mirror Syndication International, md. **37** Superstock, hg ; ROC, hd. **38** CB, h ; AKG Londres, bg ; Image Bank/GK & Vikki Hart, mb. **39** Magnum/Richard Kalvar, d ; SSPL, mh, hd. **40** Mirror Syndication International, bg ; Mary Evans Picture Library, hd. **40-41** Topham Picturepoint. **41** CB, m, bd. **42** SPL/Hank Morgan, hg ; SPL/Sheila Terry/Rutherford Appleton Laboratory, md ; SPL/Geoff Tompkinson, bg. **43** SPL/Bruce Iverson, hd ; SPL/Will & Deni McIntyre, bd. **44** National Motor Museum, Beaulieu, mg ; Image Bank/ M. Rosenfeld, bg ; HG, bd. **45** SPL/R. Maisonneuve, Publiphoto Diffusion, hd ; ImageBank/Kay Chernush, b. **46** HG, b. **47** SPL/Dale Boyer/NASA, hg ; ©Renault Communication/Ph. Pons, bg. **48** SPL/Philippe Plailly, hd ; John Frost Historical Newspaper Service, mg ; Illustration Martin Woodward, db. **49** SPL/ NASA, mg ; SPL/Roger Ressmeyer, Starlight, b. **50** SPL/Roger Ressmeyer, Starlight, b. **51** SPL/Jeremy Trew, mg ; Illustration Matthew White, b. **52** SPL/ Manfred Kage, md ; Illustration Colin Woodman, hd. **53** SPL/R. Maisonneuve, Publiphoto Diffusion ; SSPL, g ; CB, gm ; ©Explorer/ CNES/Dist. Spot Image, md ; ONE 2 ONE, d. **54** HG, hd ; Mary Evans Picture Library, m ; SSPL, bd. **55** CB, hd ; UB, bg ; Toucan Books Archive, hg. **56** AKG Londres, hd, bd, bg. **57** Coll. Viollet, bg ; BT Archive, mb ; ONE 2 ONE, bd. **58** ©France Télécom/ Archives et documentation historique, hg, bd. **59** ©France Télécom/M. Reynaud, hg ; ©France Télécom/J.-F. Balarot, bd. **60** CB, bg ; SPL/NASA, bd ; Illustration Kevin Jones Associates. **61** ©Explorer/CNES/Dist. Spot Image, hg ; SPL/NOAA, d. **62** HG, hd, bg, bd ; Jean-Loup Charmet, mg. **63** NSF/The Virtual Publishing House Ltd, hd ; The Virtual Publishing House Ltd, md ; SPL/ David Parker, mg. **64** Topham Picturepoint, hd, m ; Viollet/Boyer, bg. **65** SPL/Ben Johnson, m ; SPL/Malcolm Fielding, md ; SPL/Alex Bartel, b. **66** SPL/Hank Morgan, mg ; Illustration Michael Robinson/BICC Cables, bd. **67** SPL/Scott Camazine ; Rex Features, g, md ; Mary Evans Picture Library, mg ; SSPL, d. **68** HG, bg, m ; SPL/CNRI, hd. **69** SPL/CEA-ORSAY/CNRI, hg ; SPL/Simon Fraser, Dép. de neuroradiologie, hôpital général de Newcastle, hd ; SPL/P. Saada/Eurelios, bd ; Illustration Kevin Jones Associates/Systèmes médicaux Toshiba, mb. **70** SSPL, hd ; SPL/Chris Priest, dm ; AKG Photo, bg. **71** SPL, hd ; SPL/David Campion, mh ; ©Sygma/T. Orban, mg. **72** SSPL, bg ; Illustration Matthew White/ Gambro, bd. **73** SPL/Dép. de radiologie clinique, hôpital de district, Salisbury, hd ; SPL/Hank Morgan, bg. **74** Popperfoto, hd ; HG, mm ; Mary Evans Picture Library, bg. **75** Rex Features, m ; SPL/Philippe Plailly/Eurelios, bd. **76** SPL/David Parker, bg ; Illustration Kevin Jones Associates/ Johnson & Johnson Orthopaedics, hd. **77** Sygma/Christine Spengler, hg ; Sygma, mb ; Rex Features, bd. **78** CB, bg ; David Constantine/ Motivation, hd. **79** Allsport/Clive Brunskill, md ; Rex Features/Chris Harris, b. **80** HG, bg ; Illustration by Michael Robinson, bd. **81** SPL/ John Mead ; Centre d'histoire rurale, université de Reading, g ; BIOS/ J.-P. Delobelle, m ; National Motor Museum, Beaulieu, d. **82** CB, mg ; BP Photo Library, b. **83** John Frost Historical Newspaper Service, hg ; Illustration Kevin Jones Associates/Chevron U.K. Ltd, d. **84** ©Sygma/Lorpresse, m ; Illustration Roy Williams, bg. **84-85** BIOS/J.-P. Delobelle. **85** Katz Pictures/Viktor Rudko, mb ; CB, bd. **86** Mirror Syndication International, hd ; SPL/Peter Menzel, md, bg. **87** Environmental Picture Library/Martin Bond, hd ; Magnum/Leonard Freed, b. **88** Environmental Picture Library/Martin Bond, mh ; SPL/James Stevenson, hd ; Still Pictures/Carlos Guarita/Reportage, mg. **88-89** SPL/Peter Menzel. **89** BIOS/ M. Coupard, md ; Illustration Martin Woodward/Nova Scotia Power Inc, hd. **90** Centre d'histoire rurale, université de Reading, bg. **90-91** Popperfoto. **91** Still Pictures/Pierre Gleizes, hg. **92** CB, mg ; Still Pictures/Mark Edwards, bg ; Museum d'histoire naturelle, Londres, md. **93** Image Bank/Barrie Rokeach ; Jean-Loup Charmet, g ; Image Select, mg ; Genesis Space Photo Library, md ; Popperfoto, d. **94-95** Illustrations Matthew White. **95** L'Illustration/Sygma, d. **96** Superstock, md ; Jean-Loup Charmet, bg. **97** UB, h ; Magnum/René Burri, md ; The Advertising Archives, bg. **98** HG, hd ; Ernoult Features/ F. Bolusset, b. **99** Popperfoto, hd ; Pictorial Press/Andrew Morland, md ; HG/Neal Simpson, bd ; HG, mg. **100** UB, hd ; Mary Evans Picture Library, bg. **101** UB, hd ; Popperfoto, bd. **102** National Portrait Gallery, m. **103** HG, bg ; Gamma/FSP, bd ; Illustration Kevin Jones Associates/Royal Institute of Navigation/Civil Aviation Authority, h. **104** Rapho/Ciccione, hd ; ©La Vie du Rail/Maufroid, mg ; ©La Vie du Rail/Pilloux, bg ; ©TGV ImageBank/ Yellow Dog Prods, mb. **105** The Advertising Archives, hg ; Magnum/Richard Kalvar, hd ; Topham Picturepoint, md ; SPL/Alex Bartel, bd. **106** The Mansell Collection, mg, b. **107** Popperfoto, hg ; Illustration Martin Woodward, b. **108** Topham Picturepoint, mh ; HG, m ; Popperfoto, b ; Illustration Martin Woodward, md. **109** Aviation Photographs International, hd ; Magnum/ Fred Mayer, bg. **110** Topham Picturepoint, premier plan, mh ; Günter Endres, fond, mh ; CB, bg ; Illustration Kevin Jones Associates, bd. **111** Popperfoto, hd ; Image Select, m. **112** SSPL, mg ; ©Keystone/ L'Illustration, mb. **112-113** ©Rapho/ J. Dieuzaide. **113** Popperfoto, hg ; Gamma/ FSP, hd. **114** National Geographic Society, bg. **115** Illustration Martin Woodward/ JAMSTEC/Harbor Branch Oceanographic Institution/Woods Hole Oceanographic Institution. **116** AKG Londres, hm ; UB, gm ; Illustration Vincent Chaix, db. **117** ©ESA-CNES-Arianespace. **118** Novosti, mh ; Genesis Space Photo Library, b. **119** Pictorial Press, hg ; Illustration Kevin Jones Associates/Hamilton Standard. **120** SSPL, hg ; SPL/Jim Amos, mg ; Olympus Cameras, hd ; Genesis Space Photo Library, md ; Julie McMahon, bd. **121** Superstock ; Sygma, g ; CB, mg ; Magnum/Steve McCurry, md ; Aviation Photographs International, d. **122** UB, hd, bd ; Imperial War Museum, London, mg. **122-123** Illustrations Martin Woodward. **123** Robert Hunt Picture Library, mg ; CB, md. **124** Robert Hunt Picture Library, mh. **124-125** Illustration Graham White. **125** CB, hg ; UB, hd. **126** Imperial War Museum, London, hd. **126-127** Quadrant Picture Library. **127** ROC, mg ; Planet Earth Pictures/Peter Scoones, hd. **128** UB, mg ; Robert Harding Picture Library, d. **129** Sygma, hg, mg ; Robert Hunt Picture Library, mh, bd. **130** Imperial War Museum, London, hd ; Magnum/Steve McCurry, mg ; Sygma, bg, bd. **131** Aviation Photographs International, b ; Illustration Martin Woodward. **132** Magnum/Steve McCurry, hd ; CB, bg. **133** British Library/National Sound Archive ; Aquarius Library, g ; HG, mg ; SSPL, md ; The Ronald Grant Archive, d. **134** SSPL, hd, mg, bd. **135** Topham Picturepoint, mh, hd ; Magnum/Henri Cartier-Bresson, bg. **136** Mary Evans Picture Library, mg ; Superstock, bd ; Illustration Michael Robinson. **137** Popperfoto, hg ; HG/Martin Austin, mg ; Museum of Synthesiser Technology, bd. **138** UB, hd ; Aquarius Library, mg ; The Ronald Grant Archive, bd. **139** The Ronald Grant Archive, hg, bd ; Aquarius Library, md ; CB, m. **140** Aquarius Library, hd ; ©Les Films Paul Grimault, bg ; The Ronald Grant Archive, bd. **141** Pictorial Press, hg ; The Ronald Grant Archive, mh, mb ; Disney Enterprises Inc, bd. **142** Superstock, hd ; HG, bg. **143** HG, mh ; SSPL, mg ; Illustration Kevin Jones Associates/Ngh/Yorkshire Cable. **144** The Advertising Archives, hd ; Popperfoto, bg. **145** ©INA, hg ; ©Sygma/ Bisson-Malglaive, hd ; ©Sygma/B/. Annebicque, bg. **146** Houses & Interiors, mh, hd ; The Advertising Archives, hg ; National Motor Museum, Beaulieu, bd. **147** Allsport/Didier Givois, hg ; Allsport/C. Le Bozec, bg ; Stockfile/F. Witmer, md. **148** Jean-Loup Charmet, hd ; ROC, bg. **149** Hasbro, h ; CB, mg ; ROC, bd. **150** ROC, hg ; New Sulzer Diesel Ltd, hd ; HG, m. **150-151** Popperfoto, fond de page. **151** Mary Evans Picture Library, mh, md ; National Motor Museum, Beaulieu, bd. **152** Pictorial Press, hg ; HG, m. **152-153** TRH Pictures, fond de page. **153** Jean-Loup Charmet, hd ; SPL/ Dr Jeremy Burgess, m ; SPL/David Parker, bd. **154** CB, fond de page ; SPL/David Parker, hd ; Genesis Space Photo Library, bg. **155** SPL/Martin Dohrn, fond de page ; SPL/AlfredPasieka, hg ; Network/Mike Goldwater, md ; NEC, mb.

Couverture : Hoa Qui/Le Rak, hg ; Viollet/Lipnitzki, hd ; Viollet/Boyer, bg ; BSIP/Krassovsky, bd.

Dos de couverture : De haut en bas : BSIP/Krassovsky ; Viollet/Lipnitzki ; Alcatel-Alsthom ; Viollet/Boyer.

Fond de couverture et quatrième de couverture : Extraits de *Spéciale Dernière* N° 258 et N° 259 ; *le Journal du dimanche* du 16/02/1975 ; *l'Aurore* des 05/06/1973, 14/06/1973, 03/07/1973, 28/06/1974, 23/05/1975 et 25/06/1975 ; *le Figaro* du 19/04/1945 ; Coll. Kharbine-Tapabor.
Pages de garde : Coll. Kharbine-Tapabor ; Coll. S.R.D. ; Extraits de *le Figaro* des 31/01/1977 et 17/12/1993 ; *l'Humanité* des 18/10/1938, 07/12/1938, 24/01/1939, 11/02/1939, 30/04/1939 et 09/05/1939 ; *le Journal* du 25/05/1919 ; *Je sais tout* des 15/06/1925, 12/1930, 07/1936 et 07/1939 ; *Libération* des 31/01/1977, 11/07/1991, 03/09/1994 et 20/01/1995 ; *Que choisir* du 06/1986 ; *le Quotidien de Paris* du 13/06/1990 ; *l'Usine Nouvelle* du 29/06/1990.
Préface : Sygma/R. Melloul.

Légendes des photos page de titre : Page 3 (de gauche à droite) : radiateur électrique, 1912 ; photo en trichromie, 1907 ; chaîne de fabrication de la Mégane Scenic, Renault, Douai ; la Bretagne vue par le satellite Spot.
Légendes des photos fond de tête de chapitre :
9 Enseignes au néon à Piccadilly Circus, Londres
35 Microcircuit sur puce électronique
53 Fibres optiques
67 Scanner d'un cerveau humain
81 Panneau solaire d'une station expérimentale au Nouveau-Mexique
93 Vue aérienne d'un terminal d'aéroport
121 Parachutistes de la 82ᵉ division Airborne, USA
133 Pochettes de 78 tours
150-151 Autogire en vol
152-153 Navire HMS Starfish, 1937
154 Puce de mémoire électronique
155 Médicament en gélule

Les responsables éditoriaux de cet ouvrage remercient les éditeurs suivants pour leur aimable autorisation de citer des passages des ouvrages ci-dessous :
Bantam Press, *Black Holes and Baby Universes and Other Essays*, par Stephen Hawking, 1993
BBC Books, *Seventy Summers*, par Tony Harman, 1986
Facts on File, *The Vietnam War : An Eyewitness History*, par Sanford Wexler, 1992
Hamish Hamilton, *The 'Good War' : An Oral History of World War Two*, par Studs Terkel, 1985
Heinemann, *My Life and Work*, par Henry Ford, 1922
Michael Joseph, *1914-1918 : Voices and Images of the Great War*, par Lynn MacDonald, 1988
McGraw-Hill, *My Father, Marconi*, par Degna Marconi, 1962
Michael O'Mara Books, *ITN Book of Firsts*, par Melvin Harris, 1994
Frederick Muller, *Jet*, par sir Frank Whittle, 1953
Odhams, *Three Steps to Victory*, par sir Robert Watson-Watt, 1957

LES INVENTIONS DU SIÈCLE, publié par Sélection du Reader's Digest
Impression et reliure : Brepols, Turnhout, Belgique

DEUXIÈME ÉDITION
Achevé d'imprimer : février 1999
Dépôt légal en France : mars 1999
Dépôt légal en Belgique : D-1999-0621-55
Imprimé en Belgique
Printed in Belgium

"Cette fois, ça y est !..."
La Radio apporte à domicile le Cinéma
Les promesses du multimédia
Selon le Bipe, le développement du secteur de la communication dans les cinq prochaines années va être porté par les nouvelles chaînes câblées ou satellitaires.
ET LES TEC
LES RAYONS
ET LEUR IN
SUR LA VIE
ACTUALITÉ
FRANCE
Il ne fallait pas construire Beaubo
s à rude épreuve, les industriels attendent la décision du 6 avril
Carte à puce bancaire : un avenir menacé
LE FIGARO
économie
72 PAGES D'OFFRES D'EMPLOIS
SUPPLÉMENT HEBDOMADAIRE DES ENTREPRISES, DES CARRIÈRES ET DE VOTRE
MEDIA
LE TÉLÉPHONE sans fil
UNE MERVEILLE DE MARCONI
Allô ! Allô ! New-York ? Ici, le " Journal "
Pendant ces quatre dernières années les progrès de la télégraphie et de la télépho-
ROULEZ SANS ENNUIS sur CYCLE ou TANDEM LATY qui remet à chaque client une assurance gratuite pour 1 an.
LE ROI DU TANDEM
MACHINE A COUDRE HARRYS
HAUTE PRÉCISION - GARANTIE 10 ANS
795 f.
RENDUE FRANCO FACILITÉS DE PAIEMENT
CATALOGUE GRATUIT
43 Boul. VOLTAIRE PARIS XI
Je sais
La Grande Vulgarisation
E C O N O M
LE PREMIER DES RESEAUX INFORMATIQUES
Internet, le monde entier au bout de l'ordinateur
SEULS LES CYCLES HOEL
FONT DE LA PUBLICITÉ DANS " L'HUMANITÉ " DEPUIS 25 ANS
DONC UNE SEULE ADRESSE 136 RUE DAMRÉMONT PARIS 18e
LE MEILLEUR MARCHÉ DE TOUT PARIS
PNEUS ET ACCESSOIRES AU PRIX DE GROS
GARANTIE 5 ANS CATALOGUE GRATUIT
TAGAZ
BUTANE FRANÇAIS
la bonne adresse :
12, RUE DE CHARONNE PARIS
ES «INTERNATIONAL»
POUR NE PAS URINER AU LIT
DRAGÉES GRIMAUD
L'EVENEMENT
Libération → vendredi 20 janvier 1995
FAST-FO NEFASTE
La France, pays de la gastronomie, a fini par succo rapide. Pratique et plutôt bon marché, celle-ci n'a ce vite, c'est bien. Mais manger « équ
AUGURATION AUJOURD'HUI DU PONT DE NORMANDIE, QUI PERMETTRA DE
Normandie : jour J pou
un maillon de la « route des Estuaires », qui ra